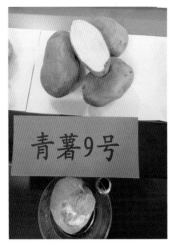

青薯9号

夏波蒂

大西洋

费乌瑞它

华颂7号

华颂7号

冀张薯8号

希森6号

陇薯10号

陇薯 7 号

中薯 18 号

中薯 5 号

兴佳 2 号

坝莜 1 号

坝莜 1 号

早大白

坝莜 3 号

坝莜 3 号

坝莜 8 号   坝莜 8 号   坝莜 18 号   坝莜 18 号

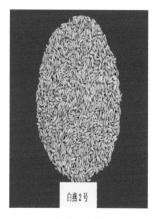

白燕 2 号   白燕 2 号   白燕 2 号   白燕 7 号

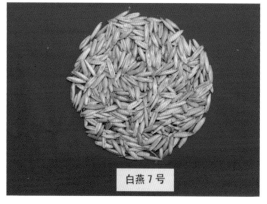

白燕 7 号   白燕 7 号

玉龙 11

利合 16

双星 6 号（花盘）

FS7333

蒙黑谷 8 号

峰红 4 号

蒙丰谷 7 号

蒙金谷 1 号

内亚 9 号

晋亚 7 号

陇亚杂 4 号

HI0474

品甜荞 1 号

通荞 1 号

蒙藜 1 号

陇藜 1 号

中栗 3 号

皇冠迷你

硬粉 8 号

北京新三号

瑞克斯旺 37-79

京研优胜

园杂 5 号

9318 长茄

中甘 21

文图拉西芹

红美

红誉 6 号

乌兰察布市农作物品种志

王凤梧　主编

中国农业大学出版社
·北京·

内 容 简 介

本书紧紧围绕乌兰察布市农业的主导产业、特色产业和比较优势产业的作物品种进行编写,编入适合乌兰察布市生产的主推作物马铃薯、燕麦、玉米、向日葵、杂粮、杂豆和蔬菜等 12 类,共计 243 个品种。入志的品种中,地方品种占 90% 以上,少量的在全国栽培时间较长、种植面积较大的一代杂种也选入其中。

本书较全面系统地反映了乌兰察布市丰富的作物品种资源概貌、研究成果及育种水平,可供育种科研、教学、生产及种子公司、农业行政单位的人员参考。

图书在版编目(CIP)数据

乌兰察布市农作物品种志/王凤梧主编. —北京:中国农业大学出版社,2020.6
ISBN 978-7-5655-2364-9

Ⅰ.①乌… Ⅱ.①王… Ⅲ.①作物-品种-介绍-乌兰察布市 Ⅳ.①S329.226.3

中国版本图书馆 CIP 数据核字(2020)第 097811 号

书 名	乌兰察布市农作物品种志
作 者	王凤梧 主编

策划编辑	张 玉 张 蕊	责任编辑	张 玉 邢永丽
封面设计	郑 川		
出版发行	中国农业大学出版社		
社 址	北京市海淀区圆明园西路 2 号	邮政编码	100193
电 话	发行部 010-62733489,1190	读者服务部	010-62732336
	编辑部 010-62732617,2618	出 版 部	010-62733440
网 址	http://www.caupress.cn	E-mail	cbsszs @ cau.edu.cn
经 销	新华书店		
印 刷	北京鑫丰华彩印有限公司		
版 次	2020 年 7 月第 1 版 2020 年 7 月第 1 次印刷		
规 格	787×1 092 16 开本 10.75 印张 270 千字 彩插 3		
定 价	45.00 元		

图书如有质量问题本社发行部负责调换

编写委员会

主　　任　尹玉和（乌兰察布市农牧业科学研究院）

副 主 任　张　跃（乌兰察布市农牧局）

　　　　　贾　欣（乌兰察布市农牧局）

　　　　　王凤梧（乌兰察布市农牧业科学研究院）

　　　　　张　强（乌兰察布市农牧业科学研究院）

本书编委会

主　　编　　王凤梧

副主编　　韩　冰　尹玉和　梅　雪　张　强　徐振朋　郑成忠

参编人员　（以姓氏笔画为序）

王千军　王玉凤　王雪梅　王越文　朱庆福　司鲁俊

刘　佳　杜晓云　李利平　杨立荣　张子臻　张永虎

林团荣　郝玉莲　贺鹏程　高　洁　高　卿　黄文娟

曹　彦　梁宝钰　焦伟红

项目参加人员　（以姓氏笔画为序）

王　伟　牛　洁　石　军　石　丽　白　岚　邢　进

刘丽华　刘　富　孙慧风　苏　和　李云峰　李慧成

杨瑞霞　吴永梅　宋丽萍　宋翠芬　张　沛　张　鹏

邵　杰　岳志霞　郝　帅　高　利　韩素娥　谭桂莲

主要参编单位

乌兰察布市农牧业科学研究院

乌兰察布市农牧局

序

　　乌兰察布市位于祖国正北方,地处内蒙古自治区中部,辖 11 个区市旗县,总面积 5.479 5 万 km²,总人口约 287 万人。乌兰察布市处于中温带大陆性季风气候区,四季特征明显,气候冷凉,昼夜温差大,雨热同期,降水集中,光照充足。土壤、水、空气清洁,农作物病虫害相对较少,环境承载能力强,发展绿色农畜产品条件得天独厚。同时,乌兰察布市也是传统的农业大市,全市拥有耕地总资源 1 363 万亩,农作物播种面积每年稳定在 1 000 万亩以上,其中粮食作物播种面积稳定在 800 多万亩,正常年景粮食总产 25 亿斤(1 斤=0.5 kg)。

　　马铃薯产业是乌兰察布市农业发展的主导产业。乌兰察布市地处马铃薯产业黄金带,种植面积常年稳定在 400 万亩左右,总产量 450 万 t 左右,面积和产量在全国地级市中居首位。乌兰察布市马铃薯产业发展呈现出良种繁育规模化、种植生产区域化、加储销一体化、产品经营品牌化的产业格局。2009 年被中国食品工业协会授予“中国马铃薯之都”称号,2011 年被国家工商总局成功注册了“乌兰察布马铃薯”地理标志证明商标。乌兰察布荣获“全国特色农产品马铃薯优势区”“中国百强农产品区域公用品牌”和“中国最具影响力品牌”,品牌价值超过 100 亿元。燕麦和其他杂粮、杂豆是乌兰察布市农业发展的特色产业,全市以燕麦为主的杂粮、杂豆种植面积达到 200 万亩,其中燕麦面积稳定在 100 万亩,初步形成了以察右中旗、化德县、商都县、卓资县为主的燕麦产业带和以凉城县、丰镇市、兴和县为主的杂豆生产基地。“乌兰察布莜麦”获得国家地理标志认证。2018 年,乌兰察布市被中国食品工业协会命名为“中国燕麦之都”。“阴山莜麦”“田野杂粮”“凉城糕面”等品牌在市场中竞争力不断提高。冷凉蔬菜产业是乌兰察布市农业发展的比较优势产业,依托得天独厚的区位和气候条件,蔬菜产业发展速度逐年加快、规模不断扩大、品种逐渐递增、品质不断改善、经营效益明显提升,以日光温室为主的蔬菜产业形成全年生产、四季销售的格局。全市蔬菜播种面积 70 万亩,产量达到 65 亿斤。蔬菜产地交易市场发展到 18 个,恒温库贮存量达 4 万 t,各类合作社、协会发展到 200 多个,产品远销京津以及全国 20 多个省区的大中城市,出口俄罗斯、蒙古、日本、韩国及东南亚等地。

　　近年来,乌兰察布市的广大农业科研和育种工作者,围绕乌兰察布市农业发展中的作物

1

品种需求,不断创新育种技术,先后选育、引进和推广出了适宜乌兰察布市气候条件的马铃薯、燕麦杂粮、杂豆、冷凉蔬菜等作物百余种新品种。为了加快乌兰察布市农作物良种推广应用,乌兰察布市农牧业科学研究院组织相关作物研究领域专家、专业技术人员,搜集整理适宜乌兰察布市气候生产的农业主导作物品种资源,编撰了《乌兰察布市农作物品种志》一书。本书紧紧围绕乌兰察布市农业的主导产业、特色产业和比较优势产业的作物品种进行编写,共编入适合乌兰察布市生产的当地主推作物马铃薯、燕麦等12类,共计品种243个。

本书较全面系统而又有重点地反映了乌兰察布市丰富的作物品种资源概貌、研究成果及育种水平,可供育种科研、教学、生产及种子公司、农业行政单位的人员参考。本书在编撰过程中得到了乌兰察布市农业系统党政班子的高度重视及各部门单位的大力支持。作为生于斯、长于斯、工作于斯的我来说,通过此志全面了解乌兰察布市主要农作物品种的特征特性,倍感欣慰。我相信,本书的出版将为乌兰察布市农业产业增效、农民增收以及农产品产业转型升级做出突出贡献。

借此机会,谨向付出了艰辛劳动的全体编写人员致以崇高的敬意,向为此志提供资料的各界人士表示衷心的感谢。

乌兰察布市委农牧办主任
乌兰察布市农牧局党组书记、局长

2020 年 1 月

前 言

乌兰察布市地处内蒙古自治区中部,北纬 39°37′～43°28′,东经 109°16′～114°49′,属于半干旱大陆性气候区,年均气温 2.5℃,≥10℃积温 1 600～3 000℃,无霜期 80～140 天,全年日照时间 2 800～3 300 h,年降水量 150～450 mm,主要集中在夏季,土壤类型以栗钙土、灰褐土为主。乌兰察布市具有土壤洁净、气候冷凉、日照充足、昼夜温差大等特点,这些特点造就了当地马铃薯、燕麦、蔬菜、胡麻、杂粮、杂豆等独一无二的特色农产品品质,是全国优质种薯黄金产区、中国燕麦主产区和全国三大冷凉蔬菜基地之一。其中,马铃薯种植面积达 400 万亩,鲜薯产量 400 万 t,是全国重要的种薯、鲜食薯和加工专用薯基地,2009 年 3 月,中国食品工业协会授予乌兰察布市"中国马铃薯之都"称号。全市燕麦种植面积达 150 万亩,产量 12.5 万 t,营养价值和品质都居全国之首,是我国燕麦原粮最好的产地之一,也是有机燕麦种植的首选地。2016 年,"乌兰察布莜麦"被农业部(现为农业农村部)登记为地理标志产品,2018 年,乌兰察布市被中国食品工业协会命名为"中国燕麦之都"。全市蔬菜种植面积 100 万亩,总产量达到 300 多万 t,主要品种有胡萝卜、西芹、圆葱、荷兰豆、南瓜等特色蔬菜,2013 年,"察右中旗红萝卜"(即胡萝卜)被国家质检总局登记为地理标志产品。近年来,广大农业科研和育种工作者紧紧围绕乌兰察布农业发展中的关键技术需求,不断创新育种技术,先后选育、引进和推广出了适宜乌兰察布气候条件的马铃薯、燕麦、玉米、向日葵、胡麻、甜菜、黍子(糜子)、杂粮、杂豆、谷子、荞麦、藜麦、蔬菜等百余种新品种,为农业增效、农民增收以及农产品产业转型升级做出了突出贡献。

地区作物品种志反映品种变化的历史和现状、品种资源及其开发利用、种子工作的成就与失败,对了解本地作物品种优势及存在的问题、品种研究和农业生产都能起到重要的指导作用。为了进一步加快农作物良种推广应用,加大良种应用覆盖面积,进一步强化优良品种选育、引进和推广,在乌兰察布市农牧局、乌兰察布市科技局、内蒙古农业大学等有关单位的支持和帮助下,乌兰察布市农牧业科学研究院组织市内相关专家、专业技术人员编撰了《乌兰察布市农作物品种志》一书。本书包括马铃薯、燕麦、玉米、向日葵、胡麻、甜菜、黍子、豆类、谷子、荞麦、藜麦、蔬菜共 12 类作物,共编入乌兰察布市当地主推作物品种 243 个,马铃薯共编入品种 20 个；燕麦共编入品种 55 个，其中裸燕麦品种 42 个，皮燕麦品种 13 个；玉米分极早熟品种、早熟品种、中熟品种和晚熟品种 4 个类型，共编入品种 31 个；向日葵共编入品种 24 个，其中食用型向日葵品种 21 个，油用型向日葵品种 3 个；胡麻分为油纤兼用品种、油用品种、胡麻杂交种、胡麻两系杂交种 4 个类型，共编入品种 17 个；甜菜共编入品种 15 个；黍子共编入品种 20 个；豆类分为绿豆、赤小豆、大豆、芸豆、鹰嘴豆、蚕豆 6 种作物，共编入品种 15 个；谷子共编入品种 13 个；荞麦共编入品种 7 个，其中甜荞 4 个，苦荞 3 个；藜麦分早熟品种和中晚熟高产型品种两个类型，共编入品种 2 个；蔬菜共编入品种 24 个，其中番茄 4 个，辣椒 3 个，黄瓜 2 个，茄子 2 个，南瓜 3 个，洋葱 2 个，胡萝卜 2 个，甘蓝 2 个，芹菜 2 个，大白菜 2 个。

《乌兰察布市农作物品种志》是在广泛深入调查研究、收集整理文献资料、多次研讨论证的基础上编撰完成的。该书详细介绍了各作物选育过程、特征特性、产量表现以及栽培技术要点。该书主要内容是把乌兰察布地区多种多样的农作物品种资源加以系统整理和总结，扼要地反映地区农作物品种的情况，是近年来乌兰察布市农作物新品种推广应用工作的阶段性总结。本书可作为农业科技人员推广良种和广大农户应用良种、指导全市农业生产的一部重要工具书，也可供农业科研、教学、生产、经营、推广等各类科研人员以及大中专农业院校师生参考。

由于编者水平有限，疏漏之处在所难免，敬请广大读者批评指正。

编　者

2020 年 1 月

目 录

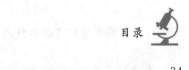

马　铃　薯

马铃薯(*Solanum tuberosum* L.)，又名山药蛋、洋芋、洋山芋、洋芋头、香山芋、洋番芋、山洋芋、阳芋、地蛋、土豆等，属茄科一年生草本植物，块茎可供食用，是全球第四大重要的粮食作物，仅次于小麦、水稻和玉米。马铃薯在不同国度，名称称谓也不同，美国称爱尔兰豆薯、俄罗斯称荷兰薯、法国称地下苹果、德国称地梨、意大利称地豆、秘鲁称巴巴等。马铃薯与小麦、水稻、玉米、高粱并称为世界五大作物。马铃薯块茎含有大量的淀粉，能为人体提供丰富的热量，且富含蛋白质、氨基酸及多种维生素、矿物质，尤其是维生素含量是所有粮食作物中最全的，在欧美国家特别是北美，马铃薯早已成为主食化产品。

马铃薯原产于南美洲安第斯山区，人工栽培历史最早可追溯到大约公元前 5 000 年到公元前 8 000 年的秘鲁南部地区。马铃薯主要生产国有中国、俄罗斯、印度、乌克兰、美国等。中国是世界马铃薯总产量最多的国家。全国马铃薯播种面积 580 万 hm²，内蒙古马铃薯播种面积近 66.67 万 hm²，乌兰察布市位于内蒙古自治区中部，总面积 5.479 5 万 km²，全市总耕地 90.67 万 hm²，常年播种面积 66.67 万 hm² 左右，目前马铃薯是乌兰察布市播种面积最大的作物，全市马铃薯种植面积常年稳定在 26.67 万 hm² 左右，鲜薯总产量 450 万 t 左右，在全国地区级位居第一，马铃薯种植面积和产量约占内蒙古自治区的 1/2，约占全国马铃薯种植面积和产量的 5%。

乌兰察布市平均海拔 1 100～1 300 m，气候冷凉，昼夜温差大，雨热同期，在马铃薯生长需水量最大的结薯期降水量占全年的 70%，这一时期平均气温 17～21℃，对马铃薯生长发育极为有利。目前乌兰察布市已形成了从茎尖脱毒、组培快繁、温网室生产微型薯到原种繁育的一套良繁体系，达到了马铃薯田每三年更换一次良种的能力。目前，全市包括内蒙古民丰种业有限公司、内蒙古中加农业生物科技有限公司、内蒙古希森马铃薯种业有限公司在内登记注册的种薯企业有 8 家，2017 年建成的乌兰察布市马铃薯种薯质量监管中心累积开展了 1.3 万多份马铃薯种薯质量监测工作，进一步规范了全市马铃薯种薯质量。2017 年获批成立国家马铃薯产业技术体系乌兰察布综合试验站、乌兰察布市马铃薯首席专家工作站，增加了新品种的试验示范力度，扩大示范面积，大力培训马铃薯种植技术骨干和农民技术员，实地多人多次培训农牧民种植技术，同时引进马铃薯育种材料 6 万多份，并与马铃薯产业体系首席科学家金黎平研究员合作开展马铃薯育种工作，为我市马铃薯育种工作注入了新的活力、奠定了坚实基础。目前全市建有脱毒组培室 2.6 万 m²，温网室 333.33 hm²，种薯种植每年稳定在 5.33 万 hm² 左右，达到了年产合格种薯 120 万 t 的生产能力，脱毒种薯覆盖率达到 85%。

本章主要介绍了适宜乌兰察布地区种植的以及目前当地主要推广的马铃薯新品种 20 个。

克新1号

选育过程："克新1号"（*Solanum tuberosum* L.）又名"紫花白"，是由黑龙江农业科学院克山分院以"374-128"为母本，以"疫不加"（Epoka）为父本，通过有性杂交选育而成的。1967年经黑龙江省农作物品种审定委员会审定（黑审薯1967001），1984年经全国农作物品种审定委员会审定（国审薯1984001）。1987年获国家发明二等奖。

特征特性：该品种属中熟鲜食品种，生育期95天左右，在陕西、内蒙古、河北等地被称为"紫花白"，也是该品种的主要种植区域。在国内其他省市被称为"克新1号"。株型开展，株高65 cm左右，茎粗壮，茎叶绿色，生长势强，花冠淡紫色，雌雄蕊均不育，块茎椭圆，薯皮光滑，芽眼较深，白皮白肉，块茎整齐，结薯浅而集中，单株主茎数3.1个，单株结薯数4～5块，平均单薯重108 g，商品薯率80％以上。田间表现高抗环腐病，抗PVY和PLRV病，较抗晚疫病。耐旱、耐涝、耐瘠薄。

品质指标：干物质含量18.10％，淀粉含量13％～14％，还原糖含量0.52％，粗蛋白含量0.65％，维生素C含量14.40 mg/100 g。

产量表现：该品种一般亩产量2 000 kg左右，高产地块亩产量达到3 000 kg。

栽培技术要点：该品种适应性广，是我国主栽品种之一，主要分布地点黑龙江、吉林、辽宁、内蒙古、山西等省（自治区），现仍是种植面积较大的品种之一，内蒙古地区5月上旬播种为宜，由于植株繁茂，播种密度3 500株/亩。

夏 波 蒂

选育过程："夏波蒂"（*Solanum tuberosum* L.）原名为"Shepody"，是由加拿大福瑞克通农业试验站以"F58050"为母本，以"BakeKing"为父本，通过有性杂交选育而成的，1987年从美国引进我国试种。

特征特性：该品种属中熟优质加工品种，生育期95天左右，株型开展，株高60～80 cm，主茎粗壮，分枝数多，茎绿色，叶浅绿，花冠浅紫色，花期长，天然结实少。生长势较强，块茎长椭圆，薯皮光滑，芽眼浅，白皮白肉，薯块大而整齐，结薯集中，品质极佳，单株主茎数2.4个，单株结薯数4.4块，商品薯率80％～85％。田间表现易感早疫病、晚疫病、疮痂病和PVX、PVY病毒。

品质指标：干物质含量19％～23％，淀粉含量13.40％，还原糖含量0.20％，维生素C含量14.80 mg/100 g。

产量表现：该品种一般亩产量2 500 kg左右，良好栽培管理下亩产量可达3 500 kg以上。

栽培技术要点："夏波蒂"对栽培条件要求严格，不抗旱、不抗涝，对涝特别敏感。喜通透性强的沙壤土，喜肥水。适宜农场化生产，农民单家独户种植难度较大。

费 乌 瑞 它

选育过程："费乌瑞它"（*Solanum tuberosum* L.）又名"荷兰薯""鲁引1号""荷15""津引8号"等，是由荷兰HZPC公司以"ZPC50-35"为母本，以"ZPC55-37"为父本，通过有性杂交选育而成的。1980年由国家农业部（现为农业农村部）种子局从荷兰引入我国。

特征特性：该品种属早熟鲜食品种，生育期 60 天左右。株型直立，株高 65 cm 左右，主茎粗壮分枝少，茎紫褐色，叶绿色，花冠蓝紫色，天然结实性强，生长势强，块茎长椭圆，表皮光滑，芽眼少而浅，黄皮黄肉，块茎大而整齐，结薯集中，块茎休眠期短。单株主茎数 2.6 个，单株结薯数 3～5 块，商品薯率 75% 以上。田间表现较抗疮痂病和环腐病，易感晚疫病，不耐旱、不耐寒、不耐瘠薄。

品质指标：干物质含量 17.50%，淀粉含量 13.00%，还原糖含量 0.10%，粗蛋白含量 1.94%，维生素 C 含量 13.6 mg/100 g。

产量表现：该品种一般亩产量 2 000 kg 左右，良好栽培管理下亩产量可达 3 000 kg。

栽培技术要点：播前催芽催壮芽，播种密度 4 000～4 500 株/亩为宜。早追肥要在植株封垄前结束。在块茎膨大期应进行中耕松土，并结合灌水追肥，加强病虫害防治措施，以利于块茎膨大。淀粉积累期要少施用或不施用氮肥，以免茎叶贪青徒长。

大 西 洋

选育过程："大西洋"（*Solanum tuberosum* L.）是由美国育种家以"B5141-6（Lenape）"为母本，以"Wauseon"为父本，通过有性杂交选育而成的。1978 年由国家农业部和中国农业科学院引入我国试种。

特征特性：该品种属中晚熟加工专用品种，生育期 80～90 天，株型半直立，株高 75 cm 左右，分枝少，茎基部紫褐色，叶亮绿色，花冠浅紫色，天然结实性强，生长势强，块茎圆形，薯皮麻，芽眼浅，淡黄皮白肉，薯块大小中等而整齐，结薯集中，单株主茎数 2.4 个，单株结薯数 3～4 块，商品薯率 80% 左右。田间表现抗 PVX、PVY、较抗卷叶病毒和网状坏死病毒，感束顶病、环腐病，不抗晚疫病，在干旱季节薯肉有时会产生褐色斑点。

品质指标：干物质含量 19.60%，淀粉含量 18.00% 左右，还原糖含量 0.08%，粗蛋白含量 2.10%，维生素 C 含量 29.70 mg/100 g。

产量表现：该品种一般亩产量 2 000 kg 左右，良好栽培管理下亩产量可达 3 000 kg 以上。

栽培技术要点：选择排灌良好，质地疏松、肥力中上的土壤种植。播种时间 4 月下旬至 5 月上旬，播种密度 3 500～4 000 株/亩，每亩用种薯量 150 kg 左右，施足基肥，整个生育期合理追肥，块茎膨大期间适时浇水，始终保持土壤湿润，适时收获。

希森 6 号

选育过程："希森 6 号"（*Solanum tuberosum* L.）是由乐陵希森马铃薯产业集团有限公司、国家马铃薯工程技术研究中心以"夏波蒂"为母本，以"S9304"为父本通过有性杂交选育而成的。该品种通过内蒙古品种审定和国家品种鉴定（蒙审薯 2016003 号）。

特征特性：该品种属于中熟鲜食品种，株高 60 cm 左右，株型直立，茎叶绿色，花冠白色，生长势强，块茎长椭圆，黄皮黄肉，薯皮光滑，芽眼浅，单株主茎数 2.3 个，单株结薯数 7.7 块，商品薯率 80% 以上。田间表现不耐水肥，抗病性差，不抗早疫病，较抗马铃薯病毒。

品质指标：干物质含量 22.60%，淀粉含量 15.10%，还原糖含量为 0.14%，蛋白质含量 1.78%，维生素 C 含量 14.80 mg/100 g。

产量表现：该品种一般亩产量 2 500～3 000 kg，高水肥条件下亩产量 3 500～4 000 kg。

栽培技术要点:选用优质脱毒种薯,播前催芽,播种时间 5 月中上旬,播种密度 3 500～4 000 株/亩,施用有机肥做基肥,亩施马铃薯专用复合肥 70 kg 做种肥,选择土层深厚,土壤疏松肥沃,排灌良好、微酸性沙壤土或壤土。适时中耕培土,根据天气情况,及时防治晚疫病及其他病虫害。

冀张薯 12 号

选育过程:"冀张薯 12 号"(*Solanum tuberosum* L.)是由张家口农业科学院以"大西洋"为母本,"99-6-36"为父本,通过有性杂交选育而成的。2014 年通过国家农作物品种审定委员会审定。

特征特性:该品种属中晚熟鲜薯食用型品种,生育期 96 天,株型直立,株高 66.7 cm 左右,主茎粗壮,分枝少,茎叶浅绿色,花冠浅紫色,天然结实中等,生长势较强,块茎椭圆,薯皮光滑,芽眼浅,淡黄皮白肉,结薯浅而集中。单株主茎数 2.12 个,单株结薯数 5.35 块,商品薯率 86.98%。田间表现中抗马铃薯 Y 病毒病、马铃薯 X 病毒病,不抗晚疫病。

品质指标:干物质含量 19.21%,淀粉含量 15.52%,粗蛋白含量 3.25%,还原糖含量 0.25%,维生素 C 含量 18.90 mg/100 g。

产量表现:一般亩产量 2 879.84 kg,高的可达 7 500 kg。

栽培技术要点:该品种中晚熟丰产,耐水肥,生长势强,播期 4 月底至 5 月初,播种密度 4 000～4 500 株/亩为宜,注意防治马铃薯早、晚疫病,收获前 15 天停止灌水。

青薯 9 号

选育过程:"青薯 9 号"(*Solanum tuberosum* L.)是由青海省农科院生物技术研究所通过国际合作项目,于 2001 年从国家马铃薯中心引进亲本组合("387521.3"×"APHRODITE")后代材料"C92.140-05",从中选出优良单株,经系统选育而成的。青海省农作物品种审定委员会 2006 年审定通过(青审薯 2006001)。

特征特性:该品种属中晚熟鲜食品种,生育期 125 天左右,株型直立,株高 90～100 cm,茎紫色,叶深绿色,花冠浅红色,无天然果,生长势强,块茎椭圆,薯皮略麻,芽眼较浅,红皮黄肉,结薯集中,较整齐,耐贮性中等,单株主茎数 4.8 个,单株结薯数 8.6 块,平均单薯重 117.39 g,商品薯率 75%左右。田间表现耐旱、耐寒,较耐盐碱,高抗晚疫病、环腐病。

品质指标:干物质含量 25.72%,淀粉含量 19.76%,还原糖含量 0.25%,粗蛋白含量 2.16%,维生素 C 含量 23.03 mg/100 g。

产量表现:该品种亩产量 2 250～3 000 kg,高水肥条件下亩产量 3 000～4 200 kg。

栽培技术要点:该品种生育期长,适宜早播,播种时期为 4 月中下旬,播种密度 2 200～2 500 株/亩。深耕整地,亩施有机肥 2 000 kg,现蕾开花前每亩追施氮肥 20 kg。苗齐后除草松土,及时培土,在开花前后喷施磷酸二氢钾 2～3 次。在整个生育期发现病株,及时拔除,以防病害蔓延。

中薯 18 号

选育过程:"中薯 18 号"(*Solanum tuberosum* L.)是由中国农业科学院蔬菜花卉研究所

以"C91.628"为母本,以"C93.154"为父本,通过有性杂交选育而成的。2011年通过内蒙古农作物品种审定委员会审定(蒙审薯2011004号)。2015年通过国家农作物品种审定委员会审定(国审薯2014001)。

特征特性:该品种属中晚熟鲜食品种,生育期100天左右,株型直立,株高60 cm,主茎粗壮分枝少,茎绿带褐色,叶深绿色,花冠紫色,天然结实少,生长势强,块茎长扁圆,淡黄皮白肉,结薯集中,单株主茎数2.1个,单株结薯数5.5块,商品薯率80%以上。田间表现高抗马铃薯X病毒病、马铃薯Y病毒病,中感晚疫病,易感疮痂病。

品质指标:干物质含量20.50%,淀粉含量12.50%,还原糖含量0.55%,粗蛋白含量2.49%,维生素C含量20.70 mg/100 g。

产量表现:该品种一般亩产量2 500 kg左右,高水肥条件下亩产量3 500～4 000 kg。

栽培技术要点:选用优质脱毒种薯,播前催芽,播种时间4月下旬至5月上旬(10 cm土层温度稳定通过8℃)播种,播种密度3 500～4 000株/亩,一般旱地采用平播平作、灌溉地块采用垄作方式种植。按当地生产水平适当增施有机肥,合理增施化肥。生育期间及时中耕培土,有条件灌溉的要及时灌溉。7月中下旬至8月下旬及时防治晚疫病。

冀张薯8号

选育过程:"冀张薯8号"(*Solanum tuberosum* L.)是张家口农业科学院用国际马铃薯中心提供的以"720087"为母本,以"X4.4"为父本杂交获得的实生种子,通过实生苗培育和后代选择而成的。2006年通过全国农作物品种审定委员会审定(国审薯2006004)。

特征特性:该品种属晚熟鲜食品种,生育期100～120天。株型直立,株高68.7 cm左右,茎叶绿色,花冠白色,花期长,天然结实性中等,生长势强,块茎椭圆,薯皮光滑,芽眼浅,淡黄皮乳白肉,结薯集中,商品性状好,单株主茎数2.0个,单株结薯数4.3块,平均单薯重102 g,商品薯率75.3%。田间表现耐旱,高抗PVX和PVY病毒病,中感晚疫病。

品质指标:干物质含量23.2%,淀粉含量16.8%,还原糖含量0.28%,粗蛋白含量2.25%,维生素C含量16.4 mg/100 g。

产量表现:该品种一般亩产量2 100 kg左右,在良好的栽培管理条件下亩产量可达3 500 kg以上。

栽培技术要点:选择优良脱毒种薯,施足基肥,播种时间4月底至5月初,播种前18℃催芽12天,芽长不得超过1 cm,播种密度3 500～4 000株/亩,施足基肥,及时中耕培土,及时防治马铃薯晚疫病等病虫害,适时收获。

康尼贝克

选育过程:"康尼贝克"(*Solanum tuberosum* L.)又名"抗疫白""Kennebck",是美国育种家以"B-127"为母本,以"96-56"为父本,通过有性杂交选育而成的。1978年中国农科院从丹麦引进。

特征特性:该品种属中晚熟加工鲜食兼用型品种,生育期115天。株型直立,株高65～70 cm,主茎粗壮,茎叶深绿色,花冠白色,天然结实性少,生长势强,块茎椭圆,薯皮光滑,芽眼浅,白皮白肉,结薯集中整齐,商品薯率85%左右。田间表现易感PLRV、PVX病毒,抗PVA

和 PVY 病毒,高抗癌肿病、晚疫病,块茎对光敏感,易发生薯面青皮现象。

品质指标:干物质含量 21.8%,淀粉含量为 13.60%,还原糖含量 0.33%。

产量表现:该品种适宜区域内产量稳定,如华北北部、西北、西南几个南方冬作区,亩产量一般 2 500 kg 左右,良好栽培管理下亩产量可达 3 500 kg 以上。

栽培技术要点:选用优质脱毒种薯,播前催芽,播种时间 4 月下旬至 5 月上旬,播种密度 3 800~4 200 株/亩,播深为 8 cm 以上。适宜垄作或平作,喜水肥,每亩施农家肥 3 000 kg、复合肥 80 kg。适时中耕培土 15 cm 以上。现蕾后适时灌溉追肥,每亩施水溶肥 40 kg,盛花期后控氮稳磷增钾补微肥。

华颂 7 号

选育过程:"华颂 7 号"(*Solanum tuberosum* L.)是由内蒙古华颂农业科技有限公司以"金冠"为母本,以"尤金"为父本,通过有性杂交选育而成的。

特征特性:该品种属中晚熟鲜食品种,生育期 95 天左右。株型直立,株高 65 cm 左右,主茎粗壮,茎绿带紫色,叶片深绿色,花冠紫色,生长势强,块茎椭圆,薯皮光滑,芽眼浅,黄皮黄肉,休眠期长,结薯集中,商品薯率 90% 以上。田间表现高抗马铃薯 Y 病毒和马铃薯卷叶病毒,较抗晚疫病。

品质指标:干物质含量 20.11%,淀粉含量 14.20%,还原糖含量 0.20%,粗蛋白含量 1.94%,维生素 C 含量 22.00 mg/100 g。

产量表现:该品种一般亩产量 2 900 kg 左右,良好栽培管理下亩产量可达 3 500 kg。

栽培技术要点:适期早播,播种前切块,药剂拌种,选择土层深厚土质疏松的田块,施足基肥,追肥时整个生育期合理追肥。块茎膨大期间勤浇水,始终保持土壤湿润。播种密度南方建议 4 000 株/亩左右,北方建议 3 300 株/亩左右。生长期中耕培土 1 次。及时防治病虫害。收获前 1 周停止浇水。该品种休眠期长,南方种植注意要及时打破休眠,晒种催芽,否则容易出苗较晚。

兴佳 2 号

选育过程:"兴佳 2 号"(*Solanum tuberosum* L.)是由黑龙江省大兴安岭地区农业林业科学研究院以来自国际马铃薯中心的资源"gloria"为母本,以来自中国农业科学院蔬菜花卉所的资源"21-36-27-31"为父本,通过有性杂交选育而成的。

特征特性:该品种属中熟鲜食品种,生育期 90 天左右。株型直立,株高 70 cm,分枝中等,茎绿色,叶深绿色,花冠白色,天然结实少,块茎椭圆,薯皮光滑,芽眼浅,淡黄皮淡黄肉,结薯集中。单株主茎数 3.1 个,单株结薯数 3~5 块,平均单薯重 106 g,商品薯率 85% 以上。田间表现较抗晚疫病,耐旱。

品质指标:干物质含量 20.10%,淀粉含量 13.40%,还原糖含量 0.57 g/100 g,粗蛋白含量 2.92%,维生素 C 含量 25.60 mg/100 g。

产量表现:该品种一般亩产量 2 500 kg,高产地块亩产量达到 3 500 kg 以上。

栽培技术要点:丰产性好,食味好,适宜鲜食及淀粉加工。该品种适宜在中等肥力以上田块种植,播种时间为 5 月上旬,播种密度 4 000~5 500 株/亩。播种前施足农家肥,亩施三元复合肥 100 kg,注意疫病等病虫害防治。

铃田红美

选育过程:"铃田红美"(*Solanum tuberosum* L.)是由内蒙古铃田生物技术有限公司以专用鲜食"NS-3"为母本,以"LT301"为父本,通过有性杂交选育而成的。

特征特性:该品种属彩色鲜食品种,生育期 80～90 天,株型直立,株高 57.8 cm,主茎粗壮,茎紫褐色,叶深绿,花冠白色,天然结实性少,生长势强,匍匐茎中等,块茎长椭圆,红皮红肉,薯皮光滑,芽眼浅。单株主茎数 2.0 个,单株结薯数 5.4 块,平均单薯重 106.9 g,商品薯率 79.0%。田间表现抗晚疫病和疮痂病,不抗早疫病,耐旱性差。

品质指标:干物质含量 21.90%,淀粉含量 13.80%,还原糖含量 0.26%,粗蛋白含量 2.56%,维生素 C 含量 23.20 mg/100 g,花青素含量 35.90 mg/100 g,多酚含量 46.30 mg/100 g。

产量表现:该品种一般亩产量 2 000 kg 左右,在良好的栽培管理条件下亩产量可达 3 000 kg 以上。

栽培技术要点:该品种中早熟丰产,耐水肥,生长势强,播种期 4 月底至 5 月初,播种密度 3 600～4 200 株/亩为宜,播深 8 cm,注意防治马铃薯早、晚疫病,收获前 15 天停止灌水。

冀张薯 14 号

选育过程:"冀张薯 14 号"(*Solanum tuberosum* L.)是由张家口农业科学院以 2002 年配制亲本组合"3 号"为母本,以"金冠"为父本,通过有性杂交选育而成的,2014 年通过国家农作物品种审定委员会审定(国审薯 2014005)。

特征特性:该品种属中晚熟鲜食品种,生育期 97 天。株型直立,株高 60 cm,主茎粗壮,分枝中等,茎叶绿色,花冠白色,块茎椭圆,淡黄皮淡黄肉,薯皮光滑,芽眼浅。单株主茎数 2.1 个,单株结薯数 4.0 块,平均单薯重 101.8 g,商品薯率 69%。田间表现较抗马铃薯晚疫病,抗 PVX、PVY 病毒。

品质指标:干物质含量 18.68%,淀粉含量 13.22%,还原糖含量 0.34%,粗蛋白含量 2.12%,维生素 C 含量 17.80 mg/100 g。

产量表现:该品种一般亩产量 2 000 kg 左右,在良好的栽培管理条件下亩产量可达 3 500 kg 以上。

栽培技术要点:华北地区 4 月底至 5 月初播种,播前催芽,9 月中下旬收获,播种密度 3 500～4 000 株/亩。增施有机肥,合理施用化肥,及时中耕培土。及时喷施农药防治马铃薯晚疫病等病虫害,适时收获。

中薯 5 号

选育过程:"中薯 5 号"是由中国农业科学院蔬菜花卉研究所于 1998 年从"中薯 3 号"天然结实后代经系统选育而成的,原代号"C9305-6"。2001 年通过北京市农作物品种审定委员会审定。2004 年通过国家农作物品种审定委员会审定(国审薯 2004002)。

特征特性:该品种属早熟鲜食品种,生育期 60 天左右。株型直立,株高 55 cm 左右,分枝数少,茎绿色,叶深绿,花冠白色,天然结实性中等,生长势较强。块茎扁圆,薯皮光滑,芽眼极浅,淡黄皮淡黄肉,结薯集中。单株主茎数 2.1 个,商品薯率 85% 以上。田间表现较抗晚疫病、PVX、PVY 和 PLRV,生长后期轻感卷叶病毒病,不抗疮痂病。

品质指标:干物质含量 18.50%,淀粉含量 12.00%,还原糖含量 0.51%,粗蛋白含量 1.85%,维生素 C 含量 29.10 mg/100 g。

产量表现:该品种一般亩产量 2 000 kg 左右,在良好的栽培管理条件下亩产量可达 3 000 kg 以上。

栽培技术要点:该品种耐肥水,适合保护地和地势较低的地块种植。不耐旱,不抗疮痂病,因此不适合在干旱的含盐量高的地块种植。播种时间 5 月中上旬,播种密度 4 500～5 000 株/亩,播前催芽,施足基肥,加强前期管理,及时培土中耕,出苗后及时浇水,结薯期和薯块膨大期不能缺水,收获前 1 周停灌,以利于收获贮存。

晋薯 16 号

选育过程:"晋薯 16 号"(*Solanum tuberosum* L.)是由山西省农业科学院高寒区作物研究所以"NL94014"为母本,以"9333-11"为父本,通过有性杂交选育而成的。国家农作物品种审定委员会 2007 年审定(晋审薯 2007001)。

特征特性:该品种属中晚熟鲜食品种,生育期 100 天左右。株型直立,株高 106 cm 左右。茎叶深绿色,花冠白色,天然结实少,生长势强,块茎长扁圆,薯皮光滑,芽眼中等,黄皮白肉,结薯浅而集中。单株主茎数 2.2 个,单株结薯数 4～5 块,平均单薯重 113 g,商品薯率 85% 以上。田间表现耐旱耐涝、耐瘠薄,较抗 PVY 病毒、晚疫病。

品质指标:干物质含量 22.30%,淀粉含量 16.57%,还原糖含量 0.45%,粗蛋白含量 2.35%,维生素 C 含量 12.60 mg/100 g。

产量表现:该品种一般亩产量 2 000 kg 左右,在良好的栽培管理条件下亩产量可达 3 500 kg 以上。

栽培技术要点:该品种中晚熟丰产,播种时间 4 月底至 5 月上旬,播种密度 3 000～3 500 株/亩为宜,播种前施足底肥,最好集中窝施,有灌水条件的地方在现蕾开花期浇水施肥,及时中耕、锄草、高培土,促进薯块膨大和成熟。

早 大 白

选育过程:"早大白"(*Solanum tuberosum* L.)是由辽宁省本溪市马铃薯研究所以"五里白"为母本,以"74-128"为父本,通过有性杂交选育而成的。

特征特性:该品种属极早熟鲜食品种,生育期 60 天左右。株型直立,株高 47.2 cm,主茎粗壮,分枝少,茎绿色,叶浅绿,叶片大,花冠白色,无天然果,生长势强,块茎圆形,薯皮光滑,芽眼浅,白皮白肉,结薯集中,耐贮藏。单株主茎数 2.3 个,单株结薯数 3～5 块,平均单薯重 113 g,商品薯率 80% 以上。田间表现耐旱、耐寒、耐盐碱,较抗环腐病和疮痂病,易感晚疫病。

品质指标:干物质含量 21.90%,淀粉含量 11%～13%,还原糖含量 1.20%,粗蛋白含量 2.13%,维生素 C 含量 12.90 mg/100 g。

产量表现:该品种一般亩产量 2 000～2 500 kg,高水肥条件下亩产量 3 000～3 500 kg。

栽培技术要点:该品种适宜在中等肥力以上田块种植,播种时间5月上旬,播种密度4 000株/亩,播种前施足底肥,有灌水条件的地方在现蕾开花期浇水施肥,及时中耕、锄草、高培土,促进薯块膨大和成熟。

陇薯10号

选育过程:"陇薯10号"(*Solanum tuberosum* L.)是由甘肃省农业科学院马铃薯研究所以固薯"83-33-1"为母本,以"119-8"为父本,通过有性杂交选育而成的,2012年通过甘肃省农作物品种审定委员会审定(甘审薯2012001)。

特征特性:该品种属晚熟鲜食品种,生育期110天左右。株型半直立,株高60~65 cm,主茎粗壮,分枝较多,茎绿色,叶深绿色,花冠浅紫色,无天然结实,块茎椭圆,薯皮光滑,芽眼极浅,黄皮黄肉,结薯浅而集中,单株主茎数2.4个,单株结薯数3~5块,平均单薯重108 g,商品薯率85%以上。田间表现较抗晚疫病、卷叶病毒病。

品质指标:干物质含量22.16%,淀粉含量17.21%,还原糖含量0.57%,粗蛋白含量2.39%,维生素C含量21.57 mg/100 g。

产量表现:该品种平均亩产量2 000 kg左右,高水肥条件下亩产量3 000 kg。

栽培技术要点:选用优质脱毒种薯,播前催芽,播种时间4月下旬至5月上旬,播种密度一般为3 000~4 000株/亩。早追肥,氮肥不宜过量,及时培土,起高垄。收获前割秧,促使薯皮老化,及时防治早晚疫病。

陇薯7号

选育过程:"陇薯7号"(*Solanum tuberosum* L.)是由甘肃省农业科学院马铃薯研究所以"庄薯3号"为母本,以"菲利多"为父本,通过有性杂交选育而成的,2008年通过甘肃省农作物品种审定委员会审定(甘审薯2008003),2009年通过国家农作物品种审定委员会审定(国审薯2009006)。

特征特性:该品种属晚熟鲜食品种,生育期115天。株型直立,株高65 cm左右,主茎粗壮,分枝少,茎叶绿色,花冠白色,天然结实性差,生长势强,块茎椭圆,薯皮光滑,芽眼浅,黄皮黄肉,结薯集中,商品薯率80%以上。田间表现较抗马铃薯X病毒病、中抗马铃薯Y病毒病,轻感晚疫病。

品质指标:干物质含量23.30%,淀粉含量13.00%,还原糖含量0.25%,粗蛋白含量2.68%,维生素C含量18.6 mg/100 g。

产量表现:该品种一般亩产量1 912.10 kg,高水肥条件下亩产量3 000 kg左右。

栽培技术要点:选用优质脱毒种薯,播前催芽,播种时间5月中上旬,播种密度3 500~4 000株/亩,旱薄地2 500~3 000株/亩。重施基肥,早施追肥,氮肥不宜过量。及时培土,起高垄。

布 尔 班 克

选育过程:"布尔班克"(*Solanum tuberosum* L.)是由美国植物育种家布尔班克选育的。他无意中从很不容易开花结籽的"罗斯早熟"马铃薯植株上发现了一个种子球,用种子球里面的种子播种,从后代中选出一个新品种"布尔班克"。

特征特性:该品种属晚熟优质专用炸薯条品种,生育期 110～120 天。株型直立,株高 85 cm,主茎粗壮,茎叶绿色,花冠白色,天然结实性强,生长势强,块茎椭圆,薯皮略麻,芽眼浅,赤褐色皮白肉,结薯集中。单株主茎数 3.4 个,单株结薯数 5～7 块,平均单薯重 110 g,商品薯率 85％以上。田间表现不抗旱、不抗涝,不抗晚疫病、早疫病,且较易退化。对水分敏感,在干旱的情况下易产生畸形薯块或芽眼突出的次生薯。适宜农场化生产,农民单家独户种植难度较大。

品质指标:干物质含量 23.80％,淀粉含量 18.20％,还原糖含量 0.63％,粗蛋白含量 2.18％,维生素 C 含量 17.60 mg/100 g。

产量表现:该品种一般亩产量 2 500 kg 左右,在良好的栽培管理条件下亩产量可达 3 500 kg 以上。

栽培技术要点:选用优质脱毒种薯,播前催芽,播种时间 4 月下旬至 5 月上旬,播种密度 3 300～3 700 株/亩。施足基肥,加强前期管理,及时培土中耕,促使早出苗早结薯,出苗后及时浇水,结薯期和薯块膨大期不能缺水,收获前 1 周停灌,以利收获贮存。该品种对水肥非常敏感,注意水肥的供给。

燕 麦

燕麦又称玉麦、铃铛麦,属禾本科燕麦属一年生草本植物,根据籽实是否带壳可分为皮燕麦(Avena sativa L.)和裸燕麦(Avena nuda L.)两大类,裸燕麦俗称莜麦、玉麦等。燕麦是人类和动物可直接利用的粮食及饲料作物之一,是世界八大粮食作物之一,具有极高的营养保健功能,同时也是重要的加工工业原料,其产业链不断延伸且用途十分广泛,市场需求旺盛,发展潜力巨大。燕麦分布于世界五大洲 76 个国家,主要集中在亚洲、欧洲、北美洲北纬 40°以北地区,在南半球的澳大利亚、新西兰和巴西也有较大规模种植,燕麦是俄罗斯、美国、澳大利亚等主要农业产业之一。

裸燕麦起源于我国,主要以种植大粒裸燕麦为主,少数地区种植普通燕麦,即皮燕麦,主要分布在自然条件恶劣的高纬度、高海拔、高寒山区,如华北北部的冀、晋、内蒙古的高寒山区(阴山、燕山北部),西北的六盘山麓和云贵川的大小凉山。2018 年,我国燕麦种植面积为 1 200 万亩,总产量为 90 万 t 左右,其中内蒙古种植面积为 350 万亩,总产量为 22.5 万 t,占全国总产量的 25%。

乌兰察布市地处内蒙古自治区中部,北纬 40°10′~43°28′,东经 109°16′~114°49′,属于半干旱大陆性气候区,年均气温 2.5℃,≥10℃积温 1 600~3 000℃,无霜期 80~140 天,全年日照时间 2 800~3 300 h,土壤以栗钙土、暗栗钙土为主,年降水量 150~450 mm,主要集中在夏季,雨热同期,因此非常适合生长期短、耐寒喜光的燕麦生长,也是国际公认的莜麦(裸燕麦)黄金生长纬度带,被誉为"全球燕麦黄金产区"。

乌兰察布市种植燕麦历史悠久,据《内蒙古农牧业资源》记载,早在魏晋南北朝时期,阴山地区的农民就开始种植燕麦,已有 1 100 年的栽培历史。至今阴山南北仍是我国燕麦种植的核心区,种植面积约占全区的 50%,燕麦种植面积年均在 150 万亩以上,产量约 12.5 万 t,在全国燕麦主产省区中位居地州市级第一,其中察右中旗处于乌兰察布市燕麦产业核心区,已成为国家重要的燕麦原粮生产基地之一。

目前,乌兰察布市推广的种植品种包括"坝莜 1 号""坝莜八号""白燕 2 号"及"草莜一号"等。该地区所产燕麦外观完整、大小均匀、颗粒饱满、光泽度好、病虫害少、内在品质优良、营养丰富,β-葡聚糖(4.74%)、蛋白质(15.46%)、脂肪(7.8%)含量均高于其他同类产品,并且富含人体所必需的 17 种氨基氮及多种微量元素(其中钙、磷、镁等元素含量特别高,分别为 107.1 mg/100 g、273.94 mg/100 g、86.6 mg/100 g)和维生素。

自 20 世纪 70 年代开始,乌兰察布市农业科学研究所就是全国燕麦育种主要单位,以杨海鹏为代表的我国老一辈燕麦育种科研工作者,经过多年艰辛努力先后选育出了"内燕系列"燕麦新品种多个,科研力量雄厚,科研基础平台扎实。"十一五"末,乌兰察布燕麦科研正式纳入国家科研体系,成立了乌兰察布燕麦、荞麦综合试验站。试验站已完成"十二五",承接了"十三五"现代农业产业技术体系试验任务,在燕麦遗传育种、专用品种选育、病虫害防治、燕

乌兰察布市农作物品种志

麦深加工技术、燕麦生物技术应用、燕麦产业信息、燕麦产品标准化研究方面取得了较大进展。自建站以来累计进行燕麦新品种、新材料、新技术等试验 60 余项,积极引进推广以燕科、坝莜、白燕系列等优质高产燕麦新品种 12 个,已有 3 个燕麦新品种的核心技术及配套技术得到进一步熟化,制定燕麦荞麦种植地方行业标准 3 项。已建立 6 个固定的试验示范区(点),累计开展示范基地建设面积 54 260 亩,示范推广面积 46.8 万亩。已组织各地种植户进行技术培训与现场观摩近 100 次,专家、技术人员下乡讲课近 300 场,发放技术资料 20 000 余份,培训农技人员 2 000 多人,直接和间接带动种植户 10 万余人。2012 年乌兰察布市被教育部、农业部批复为"内蒙古农业大学乌兰察布燕麦荞麦农科教合作人才培养基地"。2016 年 12 月成立了"乌兰察布市燕麦院士专家工作站",组建了以任长忠院士为首席及 10 名岗位核心专家的科研团队。依托国家燕麦产业体系专家的人才技术资源优势,通过"产学研用"相结合的形式,开展新品种的"引育繁推"一体化创新模式,突破了留茬免耕、绿色防控等一批关键技术。在国家燕麦、荞麦产业技术体系首席科学家的直接领导和各岗位科学家的具体指导下,依托产业技术平台已建立 2 站、3 个协同中心、4 个科研基地、6 个旗县推广基地、18 个试验示范区。积极引进推广燕科、坝莜、白燕系列等优质高产燕麦新品种 12 个,开展示范基地建设 5 万亩,示范推广 46.8 万亩,推广燕麦栽培新技术 5 项,形成了以科技支撑带动燕麦产业发展的体系。乌兰察布市农业科学研究院致力于打造国内一流并与国际接轨的现代燕麦产业技术研发和示范基地,形成辐射全区的燕麦产业技术服务体系,为促进燕麦高效安全生产及产业链延伸奠定坚实的基础,力争最终把乌兰察布市建设成为全国知名的燕麦科技创新和示范基地、技术输出基地和高效农业示范基地。

本章选取当前我国主要推广的燕麦品种,包括我国自主选育和引进筛选国外的品种,共编入燕麦品种 55 个,其中裸燕麦品种 42 个,皮燕麦品种 13 个。

(一)裸燕麦品种

坝莜 1 号

选育过程:"坝莜 1 号"(*A. nuda*)是由张家口市农业科学院于 1987 年以"冀张莜 4 号"为母本,品系"8061-14-1"为父本,采用有性杂交系谱法培育而成的,其系谱编号为"8711-12-1-74"。2001 年通过河北省张家口市农作物品种审定小组审定,定名为"坝莜 1 号"。审定编号:冀张审 200001 号。主要育种人员:田长叶、杨才、赵世锋、陈淑萍等。

特征特性:幼苗半直立,苗色深绿色,生长势强。生育期 86～95 天,属中熟型品种。株型紧凑,叶片宽大而上举,株高为 80～123 cm。周散型穗,短串铃,内颖为白色,花梢率低,结实率高,穗部经济性状好,主穗小穗数 20.7 个,穗粒数 57.5 粒,穗粒重 1.45 g,千粒重 24～25 g。籽粒长形,深黄色,含余率 0.1%。该品种茎秆坚韧,抗倒、抗旱、耐瘠性强,分蘖力强,成穗率高,群体结构好。轻感黄矮病和坚黑穗病。落黄好,适应性广,丰产稳产。适宜在河北坝上肥沃平地、坡地、二阴滩地种植,以及内蒙古、山西、甘肃等同类型区种植。

品质指标:籽粒蛋白质含量 15.65%,脂肪含量 5.53%,总纤维含量 9.80%,β-葡聚糖含量 4.63%～5.92%。

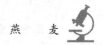

产量表现:经多年多点试验、示范,一般旱地种植籽实产量为亩产 150 kg。1992—1994 年参加全国旱地莜麦区域试验,平均亩产 160 kg,比对照"冀张莜 1 号"增产 21.70 kg;1995—1996 年参加张家口市中熟旱地莜麦区域试验,2 年平均亩产为 165 kg,比对照品种"冀张莜 4 号"增产 23.34%;1996—1997 年在坝上进行生产鉴定试验亩产籽实 156.3 kg,比对照"冀张莜 4 号"增产 20.15%。

栽培技术要点:在河北省坝上地区适宜播期为 5 月 25—30 日。一般每亩播种量 10~11 kg,每亩基本保苗掌握在 30 万株,阴滩地可适当增加播量,结合播种每亩施种肥磷酸二铵 7 kg,播种前 5~7 天用杀菌剂拌种,防治燕麦坚黑穗病。

坝莜 8 号

选育过程:"坝莜 8 号"(*A. nuda*)是由张家口市农业科学院、中国农业科学院作物科学研究所于 1997 年用裸燕麦高代品系"品 2 号"为母本,"8711-40-3"为父本,采用裸燕麦品种间有性杂交系谱法培育而成的,其系谱号为"9752-1-2-1-3"。2013 年通过河北省科学技术厅组织鉴定,定名为"坝莜 8 号"。省级登记号:20132743。主要育种人员:田长叶、李金荣、赵世锋、陈淑萍、李云霞、张宗文、曹丽霞、武永祯、左文博、董占红等。

特征特性:幼苗半直立,苗绿色,生长势强,生育期 92.8 天,属中熟型品种。株型较紧凑,株高 86.0~106.6 cm,最高达 130.0 cm。周散型穗,短串铃,内颖为白色,主穗小穗数 24.1 个,穗粒数 55.9 粒,穗粒重 1.53 g,千粒重 22.9 g。籽粒卵圆形、浅黄色,生长整齐,口紧不落粒,群体结构好,成穗率高。具有抗旱性强,高产稳产和适应性广的特性,其缺点是抗倒伏性和抗黑穗病差。

品质指标:蛋白质含量 14.51%,脂肪含量 5.71%,β-葡聚糖含量 5.42%。

产量表现:2007—2008 年参加河北省裸燕麦品种区域试验,2 年平均亩产 194.05 kg,比对照"冀张莜 4 号"增产 19.05%;2009 年参加河北省燕麦品种生产试验,平均每亩产量为 201.70 kg,比对照"坝莜 1 号"增产 18.72%。

栽培技术要点:在河北省坝上地区阳坡地和沙质土壤地 5 月 25 日至 6 月 5 日播种;肥坡地和旱滩地 5 月 20—31 日播种;坝头冷凉区和二阴滩地 5 月 20—25 日播种。瘠薄旱坡地和沙质土壤地每亩播种量 7~8 kg,肥坡地和旱滩地每亩播种量 9~10 kg,坝头冷凉区和二阴滩地每亩播种量 10~12.5 kg。结合播种每亩施种肥磷酸二铵 5~7.5 kg,于分蘖期至拔节期结合中耕或趁雨每亩追施尿素 5~10 kg。在播种前 5~7 天用杀菌剂拌种,防治燕麦坚黑穗病。

坝莜 18 号

选育过程:"坝莜 18 号"(*A. nuda*)是由河北省高寒作物研究所(张家口市农业科学院)以优质、抗病、抗倒裸燕麦"坝莜 9 号"为母本,以抗旱、丰产性状优良的野燕麦与裸燕麦种间远缘杂交后代"9641-4"为父本,于 2002 年进行有性杂交,经早代表型变异筛选、常规优良性状选择、抗旱与抗病性鉴定等手段进入株系测产、品系鉴定、品种比较,参加了省、市级区试、生产示范,表现优异。主要育种人员:田长叶、李云霞、葛军勇、左文博、董占红等。

特征特性:幼苗直立,深绿色,生长势强,生育期 105 天左右,属晚熟品种。株型紧凑,叶片上举,株高 120 cm 左右,最高可达 135 cm。周散型穗,短串铃,内颖为黄色;穗部经济性状好,主穗小穗数 39 个左右,穗粒数 82 粒左右,穗粒重 2.2 g 左右,千粒重 28 g 左右。籽粒整齐、籽粒卵圆形,粒色金黄,带壳率 1.5%,群体结构优良。免疫坚黑穗病,高抗燕麦红叶病和锈病。耐旱性,避旱性强,耐瘠薄。抗倒伏性强,适合水地生产,成熟一致,落黄好。

品质指标:籽粒蛋白质含量 15.17%,粗脂肪含量 9.89%,粗淀粉含量 58.26%,β-葡聚糖含量 5.31%。

产量表现:该品种一般亩产 171.43～437.71 kg。2014—2015 年参加优质晚熟裸燕麦品种区域试验,两年 14 个点次平均亩籽实产量 213.03 kg,比对照"坝莜 3 号"增产 21.47%;2015 年参加生产鉴定试验,平均亩产 249.92 kg,比"坝莜 1 号"增产 21.19%,比"坝莜 3 号"增产 11.80%。2014 年在康保县良种场示范 3.106 亩,经专家现场测产和公证处全程公证,平均亩产达到 437.71 kg,创造了旱地裸燕麦历史高产纪录。2015 年在河北省坝上地区设置裸燕麦高产创建示范点 3 个,总面积达 180 亩。其中,崇礼区狮子沟乡六号村在山坡地种植 50 亩、张北县油篓沟乡南滩村在缓坡地种植 50 亩,经专家测产和公证处公证,平均亩产分别达到 303.19 kg 和 366.33 kg。康保县良种场在一般平滩地种植 80 亩,实产平均亩产 289.0 kg,2.65 亩阴滩地平均亩产达到了 422.20 kg。

栽培技术要点:在河北省坝上、内蒙古前山地区 5 月中下旬播种,河北坝头冷凉区及内蒙古后山地区 5 月初播种。播种一般平滩地每亩播种量 7.5～8 kg,阴滩地和水浇地每亩播种 9～10 kg。同时结合播种每亩施种肥磷酸二铵 4～5 kg。一般平滩地和阴滩地于分蘖期至拔节期结合中耕或趁雨追施尿素 5～10 kg。水浇地于分蘖期至拔节期结合浇水每亩追施尿素 5～10 kg。播前 5 天用菌剂拌种,防治燕麦坚黑穗病。

花早 2 号

选育过程:"花早 2 号"(A. nuda)是在张家口市农业科学院杨才研究员的主持下,与中国科学院植物研究所孙敬三、路铁刚,首都师范大学生物系赵云云、王景林等合作,采用皮、裸燕麦品种种间杂交与花药单倍体培养相结合的方法培育而成。母本为"冀张莜 2 号",父本为皮燕麦"马匹牙",杂交后取 F_1 代花药进行离体培养,经温室和田间选择、鉴定培育而成,2001 年通过河北省农作物品种审定委员会审定。主要育种人员:杨才、王秀英、王志刚、孙敬三、路铁刚、赵云云、王景林等。

特征特性:株型紧凑,群体结构好,适宜密植。株高 80～90 cm,属矮秆类型,抗倒伏力强。生育期 80 天左右,属早熟品种,周散型穗,穗铃数 56～65 个。籽粒短粗状,椭圆形,千粒重 23～25 g。皮薄,粒大,品质好,出粉率高。抗燕麦坚黑穗,耐黄矮病。

品质指标:籽实粗蛋白含量 14.24%,粗脂肪含量 5.43%。

产量表现:一般栽培每亩产量 260～300 kg,最高可达 405 kg。1995—1997 年 3 年品种比较试验,平均每亩产量 318.3 kg;1996—1997 年两年 18 个点(次)区域试验,平均每亩产量 301.7 kg,比同类对照品种"冀张莜 2 号"增产 20% 左右。

栽培技术要点:适宜在高水肥条件下种植,亦可作为春旱救荒晚播品种应用。在河北省坝上地区 6 月 20 日播种,仍能正常成熟。一般旱地种植每亩播种量 7～9 kg,水地种植每亩播种量 10～12 kg,作为春旱救荒晚播品种时,每亩播种量还可增加 1～2 kg,每亩保持在 40 万株以上为好。在施好基肥的基础上,结合播种每亩施 7.5 kg 磷酸二铵做种肥。水地要

掌握好"三水两肥"的管理措施。播前施杀菌剂拌种,防治燕麦坚黑穗病。

白燕2号

选育过程:"白燕2号"(*A. nuda*)是由吉林省白城市农业科学院从加拿大引进高代材料,采用系谱法选育而成的。2003年1月通过吉林省农作物品种审定委员会审定;2008年通过新疆维吾尔自治区燕麦品种登记认定,定名"新燕麦1号";2009年5月通过内蒙古自治区农作物品种审定委员会认定。2013年10月通过河北省科技厅组织的专家鉴定。主要育种人员:任长忠、郭来春、邓路光、沙莉、魏黎明、李建疆、刘景辉、田长叶等。

特征特性:春性,幼苗直立,深绿色,分蘖力较强,株高99.5 cm。早熟品种,生育期81天左右,可以进行下茬复种。穗长19.0 cm,侧散型穗,小穗串铃形,颖壳黄色,主穗小穗数10.5个,主穗数39.3个,主穗粒重1.11 g,活秆成熟。籽粒纺锤形,浅黄色,表面光洁,千粒重30.0 g,容重706.0 g/L。经张家口农业科学院田间鉴定和白城市植保站田间鉴定,未见病害发生,根系发达,抗旱性强,粮草饲兼用。抗黑穗病、叶锈病,根系发达,抗旱性强。适宜吉林省西部地区中等以上肥力的土地种植。

品质指标:籽粒蛋白质含量16.58%,脂肪含量5.61%;灌浆期全株蛋白质含量12.11%,粗纤维含量27.40%;收获后秸秆蛋白质含量5.12%,粗纤维含量34.95%。

产量表现:2001年区域试验平均每亩产量153.6 kg;2002年区域试验平均每亩产量167.1 kg;2002年生产试验平均每亩产量164.9 kg。

栽培技术要点:在吉林白城3月下旬4月初播种,每亩播种量9.3 kg。每亩施种肥磷酸二铵6.5 kg,硝酸铵10 kg。灌好保苗水,适时灌好三叶水、灌浆水,及时防除杂草,适时收获。

张 莜 13

选育过程:"张莜13"(*A. nuda*)是由河北省农林科学院张家口分院(张家口市农科院)燕麦研发中心,采用核不育育种法培育的品种。从应用核不育"ZY基因"创建的"抗旱丰产目标基因种群库"中入选单穗,又经多次单穗选,进入品系测产、品系鉴定、品种比较,参加了国家及省、市级区试、生产示范,表现优良,有很强的抗旱耐瘠性。2015年5月通过国家审(鉴)定,定名"张莜13"。主要育种人员:杨才、李天亮、周海涛、张新军、杨晓虹等。

特征特性:该品种幼苗半直立,苗色绿。株高120~150 cm,平均可达135.5 cm。侧散型穗,短串铃,穗铃数30个左右,穗铃数50~60粒,穗粒重1.49 g。长粒、千粒重27.8 g左右,属大粒型品种。生育期100天左右,属晚熟品种。抗旱耐瘠性强、抗倒伏、适应性广。经适口性鉴定做传统食品口感好,柔软筋道。

品质指标:籽实含粗蛋白含量17.82%,粗脂肪含量7.18%。

产量表现:该品种一般亩产162.0~341.1 kg,平均亩产可达227.4 kg,比同类品种"坝莜3号"增产10%~15%,比"品16号"增产20%以上。该品种粮草均高产,三年区试15个点(次)平均亩产量749.98 kg,最高亩产量可达到1 142 kg,比同类品种"坝莜3号"增产7.9%。

栽培技术要点:在河北省坝上、内蒙古前山地区5月中下旬播种,河北坝头冷凉区及内蒙古后山地区5月初播种。一般平滩地每亩播种量7.5~8 kg,阴滩地和水浇地每亩播种量9~10 kg。同时结合播种每亩施种肥磷酸二铵4~5 kg。一般平滩地和阴滩地于分蘖期至拔节期结合中耕或趁雨追施尿素 5～10 kg。水浇地于分蘖期至拔节期结合浇水,每亩追施尿素 5～10 kg。播前 5 天用杀菌剂拌种,防治燕麦坚黑穗病。

蒙饲燕 1 号

选育过程:"蒙饲燕 1 号"(A. ndua)是内蒙古农业大学于 1987 年以"永 492"为母本,皮燕麦"歇里·努瓦尔"为父本,采用种间杂交选育而成的新品种。2017 年经第二届内蒙古自治区草品种审定委员会审定登记育成品种备案,品种登记编号 N074。主要育种人员:韩冰、王树彦、高金玉、郭慧琴、武志娟。

特征特性:"蒙饲燕 1 号"燕麦草为一年生 6 倍体(2n = 6x = 42)禾本科燕麦属(Avena L.)植物,裸燕麦。幼苗半直立,叶片为深绿色,植株蜡质层较厚。植株较高,一般在 120～160 cm,平均为 143.7 cm。周散型穗,松散下垂,穗长 24.8 cm,短串铃,穗铃长 4.3 cm,穗铃数 24 个,穗粒数 56 个,穗粒重 1.44 g。籽粒纺锤形,大粒,千粒重 27.7 g,最高可达 30.0 g 左右。生育期在 100 天左右,属晚熟品种。抗旱耐瘠薄,耐黄矮病,适宜在一般旱滩地及坡梁地种植。

品质指标:抽穗期干草粗蛋白含量 8.99%,磷含量 0.232%,钙含量 0.380 5%,灰分含量 7.01%,干物质含量 93.22%,粗脂肪含量 5.21%,粗纤维含量 27.99%,中性洗涤纤维(NDF)含量 49.90%,酸性洗涤纤维(ADF)含量 30.46%。

产量表现:鲜草亩产量 2 277.84 kg,干草亩产量 783.35 kg,种子亩产量 178.35 kg。

栽培技术要点:春季气温稳定在 5℃左右即可播种,内蒙古中西部地区一般 4 月 5 日至 5 月 10 日均可播种,适当早播有利于促进分蘖、提高产量和抗寒性。麦茬复种在 7 月 25 日播种,深秋可长到 100 cm 左右。亩播种量 10 kg,行距 15 cm 左右。适宜播深 4～6 cm,播后及时镇压。

坝莜 3 号

选育过程:"坝莜 3 号"(A. nuda)是由张家口市农业科学院于 1993 年以"冀张莜 2 号"为母本,品系"8818-30"为父本,采用有性杂交系谱法培育而成的,其系编号为"9348-17-2"。2004 年 3 月通过全国小宗粮豆品种鉴定委员会鉴定,定名为"坝莜 3 号"。鉴定编号:国品鉴杂 2004012。主要育种人员:田长叶、赵世锋、陈淑萍、李云霞、董占红等。

特征特性:幼苗直立,苗色深绿色,生长势强。生育期 95～100 天,属中晚熟品种。株型紧凑,叶片上举,株高 110～120 cm,最高可达 165 cm,花梢率低,成穗率高,群体结构好。周散型穗,短串铃,主穗小穗数 23.0 个(最高达 55.0 个),穗粒数 61.7 粒(最高达 142 粒),铃粒数 2.75 粒,穗粒重 1.22 g(最高达 3.5 g)。籽粒椭圆形,粒色浅黄,千粒重 22.0～25.0 g,带壳率 0.1%。抗倒、抗旱性强,适应性广,高抗坚黑穗病,轻感黄矮病。该品种适宜在生产潜力亩产 100～200 kg 的旱滩地、肥坡地种植。

品质指标:该品种品质优异,籽粒粗蛋白含量 16.8%,粗脂肪含量 4.9%,总纤维含量 7.05%。

产量表现:1999 年参加优质莜麦品系鉴定试验,平均亩产 197.75 kg,比对照"冀张莜 4 号"增产 22.17%;2001 年参加中熟旱地莜麦品种比较试验,平均亩产 262.5 kg,比对照"冀

"张莜 5 号"增产 5%；2001—2002 年参加张家口中熟组旱地莜麦品种区域试验,两年 8 个点平均亩产 213.50 kg,比对照增产 9.55%；2002 年参加饲草用品种比较试验,平均亩产干草 864.6 kg,比对照"冀张莜 6 号"增产 31.8%。

栽培技术要点:在河北省坝上地区旱滩地 5 月 15 日左右播种,肥坡地 5 月 20 日左右播种,旱滩地每亩播种量 8～10 kg,肥坡地每亩播量 7.5～9.0 kg。结合播种每亩施种肥磷酸二铵 3～5 kg,拔节期结合中耕或趁雨每亩追施尿素 5～10 kg,播种前 5～7 天用杀菌剂拌种,防治燕麦坚黑穗病。

蒙农大燕 1 号

选育过程:"蒙农大燕 1 号"(A. nuda)是由内蒙古农业大学燕麦产业研究中心从加拿大引进品种"VAO-6"中,经过系统选育方法培育而成的。2011 年通过内蒙古自治区农作物品种审定委员会认定,定名为"蒙农大燕 1 号"。主要育种人员:刘景辉、齐冰洁、李立军、赵宝平、于晓芳。

特征特性:裸燕麦,春性,幼苗直立。生育期 92 天左右,属中熟品种。分蘖力强,株型紧凑,籽粒长卵圆形,黄色。株高平均为 103 cm。侧散型穗,长串铃,穗长 23.76 cm。长芒,颖壳为黄色,主穗小穗数 30.6 个,穗粒数 43.6 粒,穗粒重 2.3 g,千粒重 32.5 g。植株根系发达,茎秆粗壮,抗旱、抗倒伏及耐盐性强。适宜在沙土、壤土、沙壤土、黑钙土,且≥10℃有效积温 1 800℃以上的地区种植,内蒙古及其毗邻省份均可种植。

品质指标:蛋白质含量 17.44%,赖氨酸含量 3.25%,脂肪含量 5.65%,β-葡聚糖含量 8.3%。

产量表现:籽实产量平均每亩 322.8 kg,鲜草产量每亩 1 736.1 kg。

栽培技术要点:内蒙古中西部地区,适宜播种期一般在 4 月 2 日至 5 月 10 日,后山地区适宜播期为 5 月 20 日左右。每亩播种量为 8～10 kg。播种时种肥施用有机肥结合化肥增产效果最好,有机肥可采用牛圈粪或羊粪,每亩施入 1 000 kg。化肥以磷酸二铵为宜,每亩施入 6.5 kg。在燕麦分蘖期以尿素作为追肥,每亩施入 5～6 kg,增产效果明显。若土壤墒情不好,需灌保苗水。三叶期、五叶期和抽穗期适时进行灌水,具有明显的增产效果。

蒙农大燕 2 号

选育过程:"蒙农大燕 2 号"(A. nuda)是由内蒙古农业大学燕麦研究中心从加拿大引进品种"VAO-2"中,经过系统选育方法培育而成的。2011 年通过内蒙古自治区农作物品种审定委员会认定,定名为"蒙农大燕 2 号"。主要育种人员:齐冰洁、刘景辉、于晓芳、云仙、张星杰。

特征特性:裸燕麦,幼苗直立,叶色深绿。生育期 85 天左右,为中熟品种。分蘖力强,株型紧凑,株高平均 98.4 cm。茎秆较粗,抗倒伏性强,侧散型穗,穗长 22.7 cm,主穗小穗数 22.0 个,穗粒数 30.2 粒,穗粒重 1.7 g,千粒重 25.7 g,籽粒呈椭圆形,浅黄色。植株根系发达,抗旱及耐盐性强,发育前期耐低温能力强。生长季内田间观察未发现病、虫危害症状。适宜在沙土、壤土、沙壤土、黑钙土,且≥10℃有效积温 1 800℃以上的地区种植,内蒙古及其毗邻省份均可种植。

品质指标: β-葡聚糖含量 6.5%,蛋白质含量 17.7%,赖氨酸含量 2.5%,脂肪含量 5.8%。

产量表现: 籽实平均每亩产量 304.6 kg,鲜草亩产 1 720.1 kg。

栽培技术要点: 内蒙古中西部(春播夏收区)适宜播种期 4 月 2 日至 5 月 10 日,后山地区(夏播秋收地区)适宜播期为 5 月 20 日左右。每亩播种量 8~10 kg。播种时种肥的施用以有机肥结合化肥增产效果最好,有机肥可采用牛圈粪或羊粪,施入量 1 000 kg,以磷酸二铵做种肥,施入量为每亩 6.5 kg。在燕麦分蘖期以每亩 5~6 kg 尿素作为追肥,增产效果明显。若土壤墒情不好,需灌溉保苗水。三叶期、五叶期和抽穗期适时进行灌水,具有明显的增产效果。播前用杀菌灵拌种,防治燕麦坚黑穗病。

燕科 1 号

选育过程: "燕科 1 号"(A. nuda)是由内蒙古农牧业科学院采用普通栽培燕麦(A. sativa)与大粒裸燕麦(A. nuda)种间杂交培育而成的。母本为"8115-1-2",父本为"鉴17",系谱号为"8631-4-1"。2002 年通过内蒙古自治区农作物品种审定委员会审定,定名为"燕科 1 号"。主要育种人员:付晓峰、刘俊青。

特征特性: 幼苗直立,深绿色,生育期 85~95 天。株型紧凑,株高 90~100 cm,茎秆坚韧,抗倒伏性强,茎叶茂盛,产草量高。周散型穗,穗长 20~25 cm,穗铃数 26.8 个,串铃型。籽粒数 55 粒,最高达 70 粒,铃粒数 2~3 粒。穗粒重 1.0~1.5 g,千粒重 20~21 g,籽粒椭圆形、浅黄色。耐黄矮病,较抗燕麦坚黑穗病,抗旱耐性强。口紧不落粒,落黄好。适宜在华北及西北地区中等肥力的土壤上种植。

品质指标: 蛋白质含量 13.6%,脂肪含量 7.6%。

产量表现: 一般旱地每亩产量 200.0~250.0 kg,旱坡地每亩产量 90.7~150.5 kg。

栽培技术要点: 选择生产潜力在 75~200 kg 的二阴滩地、旱平坡地种植。肥力较低的旱平坡地每亩播种量 7.5~8.0 kg,每亩基本苗 20 万~25 万株;肥力较高的旱平坡地每亩播种量 8~9 kg,每亩基本苗 27 万株;土壤黏重二阴滩地每亩播种量 10 kg 左右,每亩基本苗 25 万~30 万株。春播夏收区播种期在 3 月中下旬,夏播秋收区于 5 月中下旬播种。旱田种植以基肥和种肥为主,一般每亩施 7.5 kg 磷酸二铵做种肥。播前用杀菌灵拌种,防治燕麦坚黑穗病。

草莜 1 号

选育过程: "草莜 1 号"(A. nuda)是由内蒙古农牧业科学院采用普通栽培燕麦(A. sativa)与大粒裸燕麦(A. nuda)种间杂交培育而成的。母本为"578",父本为"赫波 1号",系谱号为"8474-1-1-2"。2002 年通过内蒙古自治区农作物品种审定委员会审定,定名为"草莜 1 号"。主要育种人员:付晓峰、刘俊青。

特征特性: 生育期 95~100 天。株型紧凑,株高 120~150 cm。周散型穗,长 25 cm 左右,茎秆坚韧,抗倒伏性强,茎叶茂盛,产草量高。籽粒椭圆形,颖壳为黄色。铃数 26.8 个,串铃型,铃粒数 2~3 粒。穗粒数 49 粒,穗粒重 0.9~1.2 g,千粒重 20.0~24.0 g。耐黄矮病,较抗坚黑穗病,抗旱耐瘠性强,口紧不落粒,落黄好。全国区试表现强,适宜在华北及西北地区中等肥力的地区种植。春播可解决 6 月底至 7 月初缺乏鲜草的问题。

品质指标: 蛋白质含量 15.7%,脂肪含量 6.1%。茎叶比 0.7:1,干鲜比 0.18:1。青干

草蛋白质含量 8.56%，脂肪含量 2.78%，总糖含量 1.09%，粗纤维含量 25.25%。

产量表现：该品种一般栽培每亩产量 106.6～155.8 kg。春播每亩产鲜草 3 500～4 000 kg，夏播及小麦收获后复种，每亩产鲜草 2 000～3 000 kg。

栽培技术要点：肥力较低的旱平坡地每亩播种量 7.5～8.0 kg，每亩基本苗 20 万～23 万株；肥力较高的旱平坡地每亩播种量 8～9 kg，每亩基本苗 23 万～27 万株；土壤黏重的二阴滩地每亩播种量 10 kg 左右，每亩基本苗 25 万～30 万株。春播夏收区播种期在 3 月中下旬，夏播秋收区于 5 月中下旬播种。旱田种植以基肥和种肥为主，一般每亩施 7.5 kg 磷酸二铵做种肥。

内农大莜 1 号

选育过程："内农大莜 1 号"（*A. nuda*）是由内蒙古农业大学以"73-7"为母本，"歇里·努瓦尔"皮燕麦为父本，进行种间有性杂交，经多代选择培育而成的。母本"73-7"1974 年从河北省坝上农业科学研究所引进。父本"歇里·努瓦尔"为国外皮燕麦品种，1979 年从中国农业科学院品种资源研究所引进。2002 年通过内蒙古自治区农作物品种审定委员会认定，准予在适宜地区推广。主要育种人员：郑克宽、韩冰、樊明寿等。

特征特性：幼苗直立，叶片中宽，叶尖稍披，生长整齐一致。株高 105 cm。穗圆锥形，紧密，穗黄白色，铃数多，穗长 24.4 cm，结实小穗数 60.9 个，小穗粒数 1.42 个，粒数 869 粒，穗粒重 1.84 g，千粒重 19.88 g。生育期 118 天，属于粮饲兼用，晚熟高产的优质裸燕麦品种。

品质指标：籽粒粗蛋白质含量 19.3%～19.6%，粗纤维含量 6.8%，粗脂肪含量 7.1%～8.7%。叶中粗蛋白质含量 15.97%，茎中粗蛋白质含量 9.69%；叶中粗脂肪含量 9.02%，茎中粗脂肪含量 4.67%；叶中粗纤维含量 22.52%，茎中粗纤维含量 38.05%。

产量表现：在夏莜麦产区每亩产量达 181.4 kg，比对照品种增产 0.3%（因倒伏）；在二不秋莜麦产区，每亩产量达 225.5 kg，比"华北 2 号"增产 25.5%；在秋莜麦产区，每亩产量达 190 kg，比"华北 2 号"年增产 22.6%。2011 年进行生产试验，每亩籽实产量达 252.65 kg，比"华北 2 号"增产 6.7%；2002 年每亩籽实产量达 266.5 kg，比"华北 2 号"增产 29%。

栽培技术要点：

1. 水地种植：选择地势平坦，灌溉便利，有机质含量在 2% 以上田地。中等地力每亩播种量为 8.5～9.0 kg，中上等地力每亩播种量一般为 8.5～10 kg，宽幅播种。合理灌溉，二叶一心期到三叶期浇第 1 水，分蘖期到拔节期浇第 2 水，孕穗期到抽穗期浇第 3 水，灌浆期浇第 4、第 5 水。播前晒种 3～5 天，用 0.2% 拌种双拌种。

2. 旱地种植：在旱坡地和旱滩地上的栽培措施参考水地栽培。旱坡地每亩播种量为 8.5 kg，旱滩地每亩播种量为 9.5 kg，宽幅播种。

内农大莜 2 号

选育过程："内农大莜 2 号"（*A. nuda*）是由内蒙古农业大学用裸燕麦"永 492"做母本，皮燕麦"歇里·努瓦尔"做父本，经种间有性杂交培育而成的。2002 年通过内蒙古自治区农作物品种审定委员会认定，准予在适宜地区推广。主要育种人员：郑克宽、韩冰、樊明寿等。

特征特性：生育期 111 天。幼苗直立、挺拔，叶片中细，叶色绿，群体生长整齐一致。株高

107 cm。周散型穗,铃多,穗型紧,内外颖呈红褐色,穗长 21.8 cm,结实小穗数 42.5 个,穗粒数 95.4 粒,穗粒重 2.0 g,千粒重 21.2 g。属粮饲兼用莜麦品种。

品质指标:籽实粗蛋白含量 19.49%,茎叶粗蛋白含量 7.44%;粗脂肪含量 6.46%,茎叶粗脂肪含量 1.86%。

产量表现:在二不秋莜麦区、秋莜麦区和夏莜麦区,每亩产量分别为 193.6 kg、200 kg 和 187.4 kg,分别比对照品种增产 73.6%、29.6% 和 4.1%。

栽培技术要点:选择地势平坦,灌溉便利,有机质含量在 2% 以上田地。中等地力每亩播种量 8.5~9.7 kg,中上等肥力一般每亩播种量 8.5~10 kg,宽幅播种。合理灌溉,二叶一心期到三叶期浇第 1 水,分蘖期到拔节期浇第 2 水,孕穗期到抽穗期浇第 3 水,灌浆期浇第 4、第 5 水。播前晒种 3~5 天,用 0.2% 拌种双拌种。

旱地种植:在旱坡地和旱滩地上的栽培措施参考水地栽培。旱坡地每亩播种量 8~8.5 kg,旱滩地每亩播种量 9~9.5 kg,宽幅播种。

燕科 2 号

选育过程:"燕科 2 号"(A. nuda)是由内蒙古农牧业科学院采用普通栽培燕麦(A. sativa)与大粒裸燕麦(A. nuda)种间杂交培育而成的。母本为"926",父本为"IOD526",系谱号为"833-1-1",2012 年通过内蒙古自治区农作物品种审定委员会审定,定名为"燕科 2 号"。主要育种人员:付晓峰、刘俊青、杨海顺、张志芬。

特征特性:生育期 90~100 天。株型紧凑,叶片上举,株高 90~95 cm。茎秆坚韧,抗性强,茎叶茂盛,产草量高。籽粒卵圆形,浅黄色。周散型穗,穗长 25 cm 左右,穗铃数 26.8 个,串铃形。穗粒数 40~60 粒,最高达 67 粒,铃粒数 2~3 粒,穗粒重 1.0~1.6 g,千粒重 23~24.5 g。耐黄矮病,较抗燕麦坚黑穗病,抗旱耐瘠性强。口紧不落粒,落黄好。适宜在华北及西北地区中等肥力以上的土壤上种植。

品质指标:蛋白质含量 14.68%,脂肪含量 7.20%。

产量表现:该品种一般栽培每亩产量 150~260.5 kg,2003—2006 年参加全国燕麦区域试验,三年平均每亩产量 223.2 kg,比对照"冀张莜 4 号"增产 0.5%。在内蒙古表现优异,2003 年呼和浩特市武川县试点平均每亩产量 231.5 kg,比对照增产 21.8%。

栽培技术要点:肥力较低的旱平坡地每亩播种 7.5~8.0 kg,每亩基本苗 20 万~23 万株;肥力较高的旱平坡地每亩播种量 8~9 kg,每亩基本苗 23 万~27 万株;土壤黏重的二阴滩地每亩播种量 10 kg 左右,每亩基本苗 25 万~30 万株。春播夏收区播种期在 3 月中下旬,夏播秋收区在 5 月中下旬播种。旱田种植,以基肥和种肥为主,一般每亩施 7.5 kg 磷酸二铵做种肥。

蒙燕 2 号

选育过程:"蒙燕 2 号"(A. nuda)是由内蒙古农牧业科学院采用普通栽培燕麦(A. sativa)与大粒裸燕(A. nuda)种间杂交培育而成的。母本为"坝莜 1 号",父本为"C90012",系谱号"W04-96"。2013 年通过全国小宗粮豆品种鉴定委员会鉴定,定名为"蒙燕

2 号"。主要育种人员:付晓峰、刘俊青、杨海顺、张志芬。

特征特性:生育期 85～95 天。株型紧凑,叶片上举,株高 90～108 cm。茎秆坚韧,抗倒伏性强,茎叶茂盛,产草量高。籽粒椭圆形,浅黄色,周散型穗,穗长 19.5～21.2 cm,穗铃数 28.5 个,串铃形。穗粒数 46～71 粒,最高达 80 粒,铃粒数 2～3 粒,穗粒重 1.4～1.8 g,千粒重 23～25 g。耐黄矮病,较抗燕麦坚黑穗病,抗旱耐瘠性强,口紧不落粒,落黄好。适宜在华北及西北地区中等肥力的土壤上种植。

品质指标:蛋白质含量 14.16%,脂肪含量 6.99%。

产量表现:该品种一般旱滩地每亩产量 187～206 kg,旱坡地每亩产量 85～100 kg。2009—2011 年参加国家区域试验,三年 44 点次,增产点次 27 个,占 61.4%,比对照平均增产 6.16%,居首位。在内蒙古、河北、山西、吉林、新疆、甘肃等地莜麦主产区表现良好。

栽培技术要点:肥力较低的旱平坡地每亩播种量 7.5～9.0 kg,每亩基本苗 20 万～23 万株,肥力较高的旱平坡地每亩播种量 10～15 kg,每亩基本苗 25 万～30 万株;土壤黏重的二阴滩地每亩播种量 15 kg 左右,每亩基本苗 25 万～30 万株。春播夏收区播种期在 3 月中下旬,夏播秋收区于 5 月中下旬播种。旱田种植,以基肥和种肥为主,一般每亩施 7.5 kg 磷酸二铵做种肥。播种前用杀菌灵拌种,防治燕麦坚黑穗病。

内燕 6 号

选育过程:"内燕 6 号"(*A. nuda*)是由内蒙古自治区乌兰察布市农牧业科学研究院(原乌兰察布农业科学研究所)采用皮、裸燕麦种间杂交,经 5 代选育而成的。母本为法国裸燕麦"永 492",父本为丹麦皮燕麦"fyris",原代号"小繁 30"。1974 年开始杂交选育,1996 年通过内蒙古自治区农作物品种审定委员会审定,定名为"内燕 6 号"。主要育种人员:杨海鹏、张翠萍等。

特征特性:株高 84～110 cm。侧散型穗,穗长 17.6 cm,主穗小穗数 21～35 个,穗粒重 1 g 左右。单株结实率高,最高可达 70 粒以上,单株分蘖 1.2～1.4 个,成穗率 80%～85%。千粒重 19～23 g。生育期 90～94 天,属中熟品种。该品种生育后期黄穗,绿叶、绿秆,是良好的饲草,抗旱,适应性强,产量弹性大,对红叶病中抗,感染秆锈病,口紧不落粒。

品质指标:蛋白质含量 14.69%,脂肪含量 4.68%。

产量表现:该品种 1980 年在乌兰察布市农业科学研究所品比试验中,两年均比"华北 2 号"增产 25.6%和 17.8%;1984—1986 年参加全区品种区试,三年 18 个点次,均比"多伦大莜麦"对照增产,每亩产量 46.5～290.1 kg,平均每亩产量 129.1 kg,比对照增产 4.1%,居参试品种第一位;1987—1988 年参加全区生产示范,两年 7 个点次,均表现增产,每亩产量 46～130.5 kg,比"华北 2 号"和"雁红 10 号"对照种分别增产 7%～21.2%和 2.5%～43.8%。

栽培技术要点:该品种适宜旱滩地和肥力较高的旱坡地种植,一般低中肥力水平的滩川地也可种植。在内蒙古后山区 5 月 15—20 日播种为宜,旱滩地每亩播种量 8～9 kg,旱坡地每亩播种量 7 kg,滩水地每亩播种量 10 kg 左右。因其感染秆锈病,播种前需用杀菌灵拌种,防治燕麦坚黑穗病。

内燕 1 号

选育过程："内燕 1 号"（*A. nuda*）是由内蒙古自治区乌兰察布市农牧业科学研究院（原乌兰察布市农业科学研究所）采用皮、裸燕麦种间杂交，经 5 代选育而成的。母本为"华北 2 号"，父本为"永 380(milford)"，原品系号为"鉴 19"。1974 年开始杂交选育，1987 年通过内蒙古自治区农作物品种审定委员会审定，定名为"内燕 1 号"。主要育种人员：杨海鹏、杜秉任等。

特征特性：茎秆粗壮，水地株高为 110～120 cm；旱滩地株高为 90 cm 左右；旱坡地株高为 70 cm 左右。穗型紧凑，周散型穗，穗长 12.6～17.4 cm，成穗率 83.49%～85.9%，串铃形。主穗结实数：水地 65～80 粒；旱地、旱坡地分别为 33 粒和 29 粒。籽粒纺锤形，黄白色，单株粒重 29 g 左右，千粒重 20～23.5 g。生育期 84～90 天，属中熟品种。前期生长发育较慢，后期成熟快，耐水肥，抗倒伏，适应性强，对红叶病有一定抗性，感染秆锈病，口紧不落粒。

产量表现：该品种一般水地每亩产量 149.8 kg、旱滩地每亩产量 109 kg、旱坡地每亩产量 62.8 kg。1984 年在卓资县种植，每亩产量 175～200 kg，比"华北 2 号"增产 12% 左右；1985 年在凉城县厂汉营和厢黄地乡种植 34 亩，平均每亩产量 150 kg 左右，比"和丰 1 号"增产 17.5%。

栽培技术要点：该品种适宜在中等肥力的旱坡地、旱滩地和水地上种植，在内蒙古后山地区 5 月底 6 月初播种。每亩播种量：水地 10 kg，保苗 30 万～35 万株；旱地 8～9 kg，保苗 20 万～25 万株为宜。若水地种植，一般在分蘖初期和拔节末期各浇 1 次水为宜，结合浇水施用适量尿素等氮素肥料。播种前用杀菌灵拌种，防治燕麦坚黑穗病。

内燕 2 号

选育过程："内燕 2 号"（*A. nuda*）是由内蒙古自治区乌兰察布市农牧业科学研究院（原乌兰察布农业科学研究所）采用皮、裸燕麦种间杂交，经 5 代选育而成的。母本为"赫波 1 号"，父本为比利时皮燕麦"健壮(vigour)"，品系号"1815"。1975 年开始杂交选育，1987 年通过内蒙古自治区品种审定委员会审定，定名为"内燕 2 号"。主要育种人员：杨海鹏、杜秉任等。

特征特性：株高 80～120 cm，株型紧凑，茎秆粗壮。周散型穗，穗长 16～19 cm，主穗结实数：水地 22～35 个，旱滩地 14～23 个；单株粒数：水地 50～160 粒，旱滩地 40～110 粒。籽粒白黄色，纺锤形，千粒重 20.7～25.6 g。生育期 79～98 天，属中熟品种。耐水肥，中抗倒伏，抗红叶病秆锈病。

品质指标：蛋白质含量 15.5%，脂肪含量 4.42%，淀粉含量 59.67%。

产量表现：该品种 1985 年在察右前旗赛汉特拉乡试种 7.95 亩，比当地主栽品种增产 18.55%。1986 年在察右前旗平地泉乡种植 59.7 亩，虽遇春夏干旱，但平均每亩产量仍达 139.1 kg，比"华北 2 号"增产 22.8%；同年在商都县高乌素、大黑河、十八顷乡种植 1 000 亩坡地，每亩产量 105 kg。1987 年乌兰察布市种植面积 4 900 亩，平均每亩产量 187 kg。

栽培技术要点：该品种适宜在旱地和中等肥力的水浇地种植。在内蒙古后山地区适于 5 月中下旬播种，每亩播种量以 11～12.5 kg 为宜，适时除草灭虫。若在水地种植，每亩施农家肥 1 000～1 500 kg，磷酸二铵 7.5～10 kg。浇好分蘖水、孕穗水和灌浆水，结合浇水每亩施尿素 10 kg。播种前用杀菌灵拌种，防治燕麦坚黑穗病。

郑氏燕麦 1 号

选育过程:"郑氏燕麦 1 号"(*A. nuda*)原名为"保罗",是由内蒙古农业大学从美国引入,后经内蒙古郑氏燕麦开发有限公司与内蒙古农业大学合作选育而成的。2011 年通过内蒙古自治区农作物品种审定委员会认定,准予在适宜地区推广。主要育种人员:郑克宽、郑昌、韩冰等。

特征特性:"郑氏燕麦 1 号"为粮饲兼用品种。生育期 87～100 天。株高 113 cm,幼苗直立,叶色浓绿,茎秆和叶缘光滑无毛,有叶舌。周散型穗,穗大,轮层数为 6 层。主穗长 23.6 cm,主穗小穗数 32.6 个,多花型,串铃形,籽粒颜色为黄色,主穗粒数 81.4 粒,穗粒重 1.3 g,千粒重 25.8 g。抗倒伏性强,适宜在内蒙古自治区夏莜麦区、二不秋莜麦区和秋麦区栽培。在积温较高的呼和浩特市、包头市和巴彦淖尔市适宜两季栽培。

品质指标:籽粒粗蛋白含量 16.56%,粗脂肪含量 8.88%。

产量表现:2008 年参加区域试验,5 点平均每亩产量 234 kg,比对照"内燕 3 号"增产 19.5%;2009 年参加区域试验,5 点平均每亩产量 244 kg,比对照"内燕 3 号"增产 24.4%;2010 年参加区域试验,5 点平均每亩产量 229 kg,2010 年同时参加生产示范,10 个点平均每亩产量 173.5 kg,比对照品种增产 19.2%。

栽培技术要点:水地、旱滩地和旱坡地均可种植。采取 4 年轮作,前茬以小麦、马铃薯、玉米、豆类等茬口较好。进行深秋耕,耕深 25 cm。水浇地应在立冬前进行蓄墒。三九磙地,春季耙糖保墒,保持土壤水分。每亩施有机肥 1 000 kg。用好种肥,每亩施磷酸二铵 7.5 kg,播前用拌种双 0.2% 剂量拌种。5 月 25 日至 6 月 6 日为适宜播种期合理密植,水地每亩播种 11 kg,旱滩地每亩播种 10 kg,旱坡地每亩播种 9 kg。合理灌溉,在水浇地上,三叶期浇第 1 水,拔节期浇第 2 水,孕穗期至抽穗期浇第 3 水,灌浆期浇 2～3 水。在三叶期浇第 1 水时,每亩可追施尿素 10 kg。旱地在雨前每亩追施 7.5 kg 尿素即可。

郑氏燕麦 2 号

选育过程:"郑氏燕麦 2 号"(*A. nuda*)是由内蒙古农业大学从美国引入,后经内蒙古郑氏燕麦有限公司与内蒙古农业大学合作选育而成的。"保罗"裸燕麦为母本,代号"358",皮燕麦为父本,经过种间有性杂交,多代选择培育而成。2011 年通过内蒙古自治区农作物品种审定委员会认定,准予在适宜地区推广。主要育种人员:郑克宽、郑昌、韩冰等。

特征特性:粮饲兼用品种,生育期 90 天。株高 117 cm,幼苗直立、浓绿。周散型穗,穗层数 6 层,主穗长 22.9 cm,小穗数 27.8 个,穗粒数 70 粒,小穗粒数 2.52 个,穗粒重 2.83 g,千粒重 28 g。籽粒纺锤形、黄色,多花型,串铃形,口紧、抗风,不落粒。茎秆黄绿,是优质精饲料。秆硬,抗倒伏性强。

品质指标:籽实粗蛋白含量 15.4%,粗脂肪含量 8.849%。

产量表现:2008 年参加多点区域试验,6 点平均每亩产量 246.8 kg,比对照增产 27.3%;2009 年参加多点区域试验,6 点平均每亩产量 294.2 kg,比对照增产 30.2%;2010 年参加多点区域试验,平均每亩产量 245 kg;2010 年同时进行生产试验,在 5 个生产试验点,每点平均亩产量 235 kg,比对照增产 27%。

栽培技术要点:播种期5月25日至6月6日,在内蒙古前山地区清明后即可播种,在旱坡地每亩播种量9 kg,旱滩地每亩播种量10 kg,水地每亩播种量11 kg。种肥每亩施磷酸二铵7.5 kg、追施尿素10 kg即可。其他栽培措施同"郑氏燕麦1号"品种。

坝莜5号

选育过程:"坝莜5号"(A.nuda)是由张家口市农业科学院于1992年以莜麦品系"品14号"为母本,"753-17-3-1-1-3"为父本,采用品种间有性杂交系谱法培育而成的,其系谱编号为"9244-6-9-1"。2008年通过河北省科学技术厅的鉴定,定名为"坝莜5号"。省级登记号为2008255。主要育种人员:田长叶、超世锋、陈淑萍、温利军、董占红、王志刚、李云霞等。

特征特性:该品种幼苗半直立,苗色深绿,生长势强。生育期100天左右,属中晚熟品种。株型紧凑,叶片上举,株高110~140 cm,最高可达150 cm,产草率高。一般亩产可达350 kg左右。周散型穗,短串铃形,主穗铃数18.9~24.0个,主穗粒数42.4~45.0粒,主穗粒重0.84~1.88 g,千粒重23~26 g,籽粒椭圆。茎秆坚韧,抗倒伏力强,群体结构好,成穗率高。轻感黄矮病和燕麦坚黑穗病。口紧,不落粒,抗旱耐瘠性强。适宜在河北省坝上瘠薄平滩地、旱坡地以及山西,内蒙古等同类型地区种植。

品质指标:蛋白质含量16.30%,脂肪含量6.40%,β-葡聚糖含量5.33%。

产量表现:经多年多点试验、示范,一般旱地种植籽实亩产量100 kg。2002—2003年参加中晚熟旱地莜麦品种比较试验,两年平均亩产213.28 kg,比"坝莜1号"增产10.06%;2004年参加张家口市旱地莜麦生产鉴定,平均亩产207.07 kg,比"坝莜1号"增产10.08%。

栽培技术要点:选择土壤肥力水平在100~150 kg的旱坡地或旱平地种植。在河北省坝上地区选择播期为5月15—25日。一般旱地每亩播种量9~10 kg,每亩苗数掌握在25万~30万株。结合播种每亩施种肥磷酸二铵7 kg。播种前5~7天用菌剂拌种,防治燕麦坚黑穗病。

坝莜6号

选育过程:"坝莜6号"(A.nuda)是由张家口市农业科学院于1988年以"7613-25-2"为母本,"7312"为父本,通过品种间有性杂交系谱法培育而成的,其系谱号为"8836-1-1"。2008年通过河北省科学技术厅组织的鉴定,定名为"坝莜6号"。省级登记号为20082558。主要育种人员:田长叶、赵世锋、陈淑萍、温利军、杨才、董占红、李云霞等。

特征特性:幼苗半直立,苗色深绿,生育期80天左右,属早熟品种。株型紧凑,叶片上举,株高80~90 cm。花梢率低,成穗率高,群体结构好。周散型穗,短串铃形,主穗平均小穗数21.2个,穗粒数54.1粒,铃粒数2.55粒,穗粒重1.21 g。籽粒椭圆形,浅黄色,千粒重20~23.5 g。该品种高产抗倒伏强,适宜在河北坝上肥力较高的阴滩地或平滩地种植。可作备荒救灾品种。

品质指标:籽粒粗蛋白质含量14.2%,粗脂肪含量3.58%。

产量表现:一般生产每亩产量200 kg以上。2003—2004年参加所内品种比较试验,平均亩产253.00 kg,比对照"冀张莜2号"增产32.33%;2004—2005年参加张家口市燕麦品种区域试验,两年9个点平均亩产210.00 g,比对照"冀张莜2号"增产18.29%;2006—2007年在

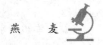

张北、沽源、尚义和崇礼地区进行生产鉴定试验,两年 10 个点平均每亩产量 229.1 kg,比对照"冀张莜 2 号"增产 17.49%。

栽培技术要点: 在河北省坝上地区适宜播种期为 5 月底至 6 月初。一般每亩播种量 10～12.5 kg,每亩基本苗数掌握在 30 万株左右。结合播种每亩施种肥磷酸二铵 4～5 kg,于分蘖期每亩追施尿素 5～10 kg。播种前 5～7 天前用杀菌剂拌种,防治燕麦坚黑穗病。

坝莜 9 号

选育过程: "坝莜 9 号"(A. nuda)是由张家口市农业科学院采用皮、裸燕麦种间复合杂交与花粉管道导入外源 DNA 法相结合培育而成的。于 1994 年以"9034-10-1"("皮燕麦永 73-1"דE578")为母本,"906-38-2"("小 46-5"ד皮燕麦永 118")为父本进行杂交,1998 年用其杂交后代株系"9413-25-1"为受体,经花粉管通道导入耐旱基因,从其后代中选出品系"986D-141-1"。2008 年通过河北省科学技术厅组织鉴定,定名为"坝莜 9 号"。省级登记号为 20082557。主要育种人员:田长叶、赵世锋、陈淑萍、温利君、董占红、李云霞等。

特征特性: 幼苗直立,苗色深绿色,生长势强。生育期 80～85 天。株型紧凑,叶片上冲,株高 85～120 cm。周散型穗,短串铃形,主穗小穗数 29.5 个,穗粒数 60.6 个,穗粒重 1.8 g,千粒重 25.1 g。籽粒整齐,粒色浅黄,粒形椭圆。抗旱、抗病(黄矮病、秆锈病、黑穗病)、抗倒性强,增产潜力大,是一个优质加工型的裸燕麦品种。适宜在旱坡地、旱平地、阴滩地种植。

品质指标: 籽粒粗蛋白质含量 15.8%,粗脂肪含量 7.5%,β-葡聚糖含量 6.0%。

产量表现: 一般生产亩产量在 150 kg 以上。2003—2004 年参加品种比较试验,两年平均亩产量 226 kg,比对照"冀张莜 2 号"增产 18.45%;2004—2005 年参加张家口燕麦品种区域试验,两年平均亩产量 193.68 kg,比对照增产 9.09%;2006—2007 年参加生产试验,两年平均亩产量 216.46 kg,比对照增产 11.30%。

栽培技术要点: 在河北省坝上地区 6 月 5—10 日播种,坝头冷凉区 5 月底至 6 月初播种。一般平滩地每亩播种量 9～10 kg,阴滩地和水浇地每亩播种 10～12 kg。结合播种每亩施种肥磷酸二铵 4～5 kg。一般平滩地和阴滩地于分蘖期至拔节期结合中耕或趁雨追施尿素 5～10 kg,水浇地于分蘖期至拔节期结合浇水,每亩追施尿素 5～10 kg。播前 5 天用杀菌剂拌种,防治燕麦坚黑穗病。

冀张莜 2 号

选育过程: "冀张莜 2 号"(A. nuda)又名"品 1 号",是由张家口市农业科学院(原张家口坝上农业科学研究所)采用大粒裸燕麦(A. nuda)与普通栽培燕麦(A. sativa)种间杂交培育而成的。母本"小 46-5(永 492)",父本"永 118",系谱号为"766-38-2-1"。1987 年通过河北省农作物品种审定委员会审定,定名为"冀张莜 2 号"。1989 年获张家口地区科技进步二等奖,1994 年获河北省星火科技二等奖。主要育种人员:杨才、田长叶、温启录、张志华、王玉萍等。

特征特性: 生育期 80～85 天,属早熟品种。幼苗直立,深绿色,株型紧凑,叶片短而上举,株高 90～100 cm。侧散型穗,长串铃,内外颖为褐色。主穗小穗数 25～30 个,穗粒数 48～78 粒,穗粒重 1.0～1.5 g,千粒重 20～24 g。分蘖力强,成穗率高,群体结构好。喜肥耐水,抗倒性强。耐黄矮病,抗坚黑穗病。适宜在高产高肥力地块和水浇地种植。

25

品质指标:粗蛋白含量 18.02%,粗脂肪含量 4.13%。

产量表现:一般栽培每亩产量 200~300 kg,每亩最高产量可达 397.2 kg。1986—1988年参加"全国莜麦水地品种区域联合试验",17 个点(次)平均每亩产量 247.9 kg,位居参试品种之首。

栽培技术要点:高肥力旱地种植每亩播种量 7.5~9 kg,水地种植每亩播种量 10~11 kg,一般要求每亩苗数掌握在 30 万~35 万株为宜。在河北省张家口坝头高寒区旱地种植 5 月20 日前后播种,坝上中、北部地区 5 月 25 日至 6 月 5 日播种,水地种植在 5 月 15—20 日播种。结合播种每亩施 7.5 kg 磷酸二铵做种肥。水地栽培要掌握好"三水两肥"的管理措施。播前用杀菌剂拌种,防治燕麦坚黑穗病。

冀张莜 4 号

选育过程:"冀张莜 4 号"(A. nuda)又名"品五号",是由张家口市农业科学院(原张家口坝上农业科学研究所)采用普通栽培燕麦(A. sativa)与大粒裸燕麦(A. nuda)种间杂交培育而成的。母本为"永 118",父本为"华北 2 号",系谱号为"726-4v5-11-8-2"。1994 年通过河北省农作物品种审定委员会审定,定名为"冀张莜 4 号"。主要育种人员:杨才、田长叶、温启录、张志华、尹江。

特征特性:生育期 88~97 天,属中晚熟型。株高 100~120 cm,抗倒伏力强。茎叶茂盛,产草量高。侧散型穗,短串铃,穗长 18 cm 左右,穗铃数 26.3 个,平均穗粒数 39.8 粒。籽粒椭圆形,浅黄色,千粒重 20~22.6 g。株型紧凑,分蘖力强,成穗率高,群体结构好,适宜密植。喜肥,耐水,抗倒伏力强,抗旱耐瘠性强。口紧不落粒,落黄好,适宜在华北及西北地区中等肥力的土壤上种植。

品质指标:蛋白质含量 14.8%,脂肪含量 8.09%。

产量表现:一般栽培每亩产量 106.6~155.8 kg,最高每亩产量可达到 240 kg。1984 年、1985 年和 1987 年参加河北省中熟组旱地莜麦区试,平均每亩产量 125.3 kg,比对照"冀张莜1 号"增产;1986—1988 年参加全国旱地莜麦品种区域试验,三年 25 个点平均亩产 155.8 kg,对照"华北 2 号"增产 35.6%,位居 8 个参试品种之首。

栽培技术要点:肥力较低的旱平坡地每亩播种量 7.5~8.0 kg,肥力较高的旱坡地每亩播种量 8.0~9.0 kg,土壤黏重的二阴滩地每亩播种量 10 kg 左右。春播夏收区播种期在 3 月中下旬,夏播秋收区在 5 月中下旬;旱田种植,以基肥和种肥为主,一般每亩施 7.5 kg 磷酸二铵做种肥。播前用杀菌剂拌种,防燕麦坚黑穗病。

冀张莜 5 号

选育过程:"冀张莜 5 号"(A. nuda)又名"品 14",是由张家口市农业科学院(原张家口坝上农业科学研究所)采用大粒裸燕麦与普通燕麦复合杂交培育而成的。其组合为"69-48v5-347(李家场×大铃串)",皮燕麦"永 118",系谱号为"7822-1-4 混"。1994 年通过河北省农作物品种审定委员会审定,定名为"冀张莜 5 号"。主要育种人员:田长叶、杨才、王秀英、尹江、温利军等。

特征特性:生育期 95~110 天,属晚熟品种。幼苗直立,深绿色,生长势强。株型紧凑,叶

片上举。株高 100~120 cm,最高达 140 cm。侧散型穗,短串铃。颖壳为褐色。主穗小穗数 10~25.4 个,穗粒数 25~54.3 粒,穗粒重 0.45~0.98 g,千粒重 20~26.1 g。籽粒长卵形,色泽金黄。茎秆坚韧,抗倒力强。茎叶繁茂,产草量高。抗旱,耐瘠性强,耐黄矮病,轻度感坚黑穗病。适宜在旱坡地和土壤肥力较低的田块种植。

品质指标:籽实粗蛋白含量 15.12%,粗脂肪含量 7.83%。

产量表现:一般旱地栽培每亩产量 80~106.3 kg,最高可达 153 kg。1987—1989 年参加河北省晚熟组莜麦区试,17 个点(次)平均每亩产量 106.25 kg,比同类对照"三分三"增产 21.7%,三年参加晚熟组品种比较试验,平均每亩产量 153 kg,比"三分三"增产 22.2%。

栽培技术要点:在河北省坝上地区适宜播期为 5 月 15—20 日,一般不得晚于 5 月 25 日。每亩播种量:沙质土壤 7.5 kg,黏性较大的土壤 8~9 kg,要求每亩基本苗达到 25 万~30 万株。旱田种植以基肥和种肥为主,一般每亩施 7.5 kg 磷酸二铵做种肥。播前用杀菌剂拌种,防治燕麦坚黑穗病。

冀张莜 6 号

选育过程:"冀张莜 6 号"(A. nuda)又名"品 16",是由张家口市农业科学院(原张家口坝上农业科学研究所)采用普通栽培燕麦(A. sativa)与大粒裸燕麦(A. nuda)复合杂交培育而成的。其组合为"7818"皮燕麦×"434"裸燕麦("青海黑珠子"×"集宁尖莜麦"),系谱号为"80121-3-1"。1994 年通过河北省农作物品种审定委员会审定,定名为"冀张莜 6 号"。1996 年通过内蒙古自治区农作物品种审定委员会认定。主要育种人员:杨才、田长叶、王秀英、尹江、温利军等。

特征特性:生育期 96~105 天,属晚熟品种。幼苗半匍匐,绿色。株型紧凑,叶片上举,株高 95~110 cm,高的达 135 cm。周散型穗,主穗小穗数 12~25 个,穗粒数 16~45 粒,穗粒重 0.4~1.1 g,千粒重 26.0 g,最高达 35.4 g。耐瘠,抗旱,抗倒伏力强,较抗黄矮病。轻度感染燕麦坚黑穗病。适宜在中、下等地的旱地种植。

品质指标:籽实粗蛋白含量 16.1%,粗脂肪含量 5.66%。

产量表现:一般栽培每亩产量 100~150 kg,最高可达 240 kg。1987—1989 年参加河北省晚熟组旱地莜麦区域试验,三年 18 个点(次),平均每亩产量 107.9 kg,比对照"三分三"增产 22.9%。

栽培技术要点:在河北省坝上种植适宜播种期在 5 月 15—20 日,最晚不得超过 5 月 25 日,该品种籽粒大,千粒重高,一般沙质土壤每亩播种量 8.5 kg,黏性土壤每亩播种量 10 kg,每亩基本苗要求达到 25 万~30 万株。旱田种植以基肥和种肥为主,一般每亩施 7.5 kg 磷酸二铵做种肥,播前用杀菌剂拌种,防治燕麦坚黑穗病。

冀张莜 12

选育过程:"冀张莜 12"(A. nuda)又名"核育 2 号",是由张家口市农业科学院采用核不育育种法培育而成的。以核不育"ZY 基因"材料为母本,早熟品种"品 2 号"和中熟品种"坝莜 1 号"材料为父本,采用聚合杂交法育成的大粒、丰产、抗旱、耐瘠、品质优,可作为免秋耕、防风固沙耕作技术配套用莜麦品种,系圃号为"S013"。2012 年通过河北省科技厅组织的专家鉴定,定名为"冀张莜 12"。主要育种人员:周海涛、杨才、杨晓虹、李天亮、张新军等。

特征特性:生育期 80 天左右,属早熟品种。株高 115 cm 左右,最高达 130 cm。周散型穗,短串铃,穗铃数约 19.89 个,穗粒数 51.28 粒,穗粒重 1.37 g,千粒重 25.31 g。籽粒长圆形,浅黄色。适宜在河北省坝上地区的旱坡地、旱滩地种植,也可在山西、内蒙古相似类型区应用,是免秋耕晚播、蓄沙固土耕作技术配套推广的首选品种之一。

品质指标:籽实粗蛋白质含量 16.81%,粗脂肪含量 10.53%。

产量表现:一般每亩产量 187.17 kg,最高产量可达到 219.78 kg。2009 年和 2010 年参加河北省莜麦区试平均每亩产量 172.59 kg,比对照"花早 2 号"增产 10.17%;两年 6 个点生产试验,平均每亩产量 178.92 kg,比对照"花早 2 号"增产 9.24%。

栽培技术要点:一般每亩播种量为 8～10 kg,每亩苗数掌握在 25 万～30 万株。沙质土壤适当减少播量,黏质土壤应适当增大播量。早播减少播量、晚播增大播量。旱地种植随播种每亩施 3～5 kg 的磷酸二铵做种肥。免秋耕栽培的适宜播期是 6 月 5—15 日,每亩的适宜播种量为 12.5～15 kg。

冀张莜 14

选育过程:"冀张莜 14"(A. nuda)由张家口市农业科学院从国外引进的 42 个燕麦品种中,经观察鉴定、品种比较、区域适应性试验、多年多点生产鉴定及大面积示范应用筛选出的早熟适宜免秋耕晚播种植的莜麦品种,系圃号为"STK"。2012 年通过河北省科技厅组织的专家鉴定,定名为"冀张莜 14"。主要育种人员:张新军、杨才、李天亮、杨晓虹、周海涛等。

特征特性:抗旱,耐瘠性较强,适宜免秋耕晚播种植技术的莜麦品种。该品种千粒重 24.6 g。生育期 82 天,属早熟品种。株高 94.5 cm。周散型穗,短串铃,穗铃数 185 个,穗粒数 543 粒,穗粒重 1.35 g,千粒重 24.6 g。籽粒纺锤形,黄褐色。该品种抗旱,耐瘠性强、耐水肥,抗倒伏能力较强,适宜在河北省坝上地区的旱坡地、旱滩地种植,也可在山西、内蒙古相同类型区应用,是燕麦田免秋耕晚播种植的首选品种之一。

品质指标:籽实粗蛋白质含量 14.5%,粗脂肪含量 7.49%。

产量表现:一般亩产 191.3 kg,最高产量可达到 292 kg。2009—2010 年参加河北省莜麦区试,平均亩产 207.7 kg,比对照"坝莜 1 号"增产 4.72%。生产鉴定试验,三年 12 个点平均亩产 189.5 kg,比对照"坝莜 1 号"增产 6.68%。

栽培技术要点:一般每亩播种量 8～10 kg,每亩保苗数掌握在 25 万～30 万株。沙质土壤适当减少播量,黏性土壤应适当增大播量。早播减少播量,晚播增加播量。免秋耕栽培的适宜播期是 6 月 5—15 日,每亩适宜播种量 12.5～15 kg。

远杂 1 号

选育过程:"远杂 1 号"(A. nuda)是由四倍体大燕麦与六倍体莜麦种间杂交和显性核不育与"抗旱丰产目标基因库"相结合的方法培育而成的。首先以高蛋白资源四倍体大燕麦"毛拉"为母本,与大粒、抗旱、耐瘠薄的晚熟莜麦品种"品十六号"为父本进行有性杂交,经幼穗培养获得杂交 F₁ 代植株,将 F₁ 代幼苗在 3 叶时用秋水仙素进行加倍处理,获得可育的 F₁ 代杂交种子,种植后从 F₂ 代中选出 S20 高蛋白株系,再与核不育 ZY 基因进行混合杂交,建立"抗

旱丰产目标基因库",从中选出纯合的品系"H44"。2005 年、2006 年参加品种比较试验,2006 年、2007 年参加区域试验,2007 年、2008 年进行生产鉴定,2009 年、2010 年进行大面积示范和繁种。

特征特性:千粒重 24.8 g(23.5~26.1 g)。生育期 101~111 天,属晚熟品种。株高 128.3 cm(126.4~131.7 cm)。"远杂一号"适宜在中等肥力地块种植,也可作为饲草刈割品种。

品质指标:粗蛋白含量 16.74%,粗脂肪含量 7.51%。

产量表现:一般旱地种植籽实亩产量 197.98 kg。

栽培技术要点:

1. 选地 选择前茬为马铃薯、亚麻和豆科作物的旱滩、旱坡地,在新品种示范推广时期,不选莜麦茬,以免混种,缩短良种使用周期。

2. 播种期 冀晋蒙 3 省秋莜麦产区的适宜播期为 5 月下旬至 6 月初,旱坡薄地适当推迟,阴滩地可适当提前 3~5 天。

3. 播种量 该品种千粒重较高,一般每亩播种量 8~10 kg,苗数掌握在 25 万~30 万株/亩。沙质土壤适当减少播量,黏性土壤应适当增大播量。早播减少播量,晚播增加播量。

4. 施肥 旱地种植随播种每亩施 3~5 kg 的磷酸二铵或每亩施 1 500 kg 优质农家肥作种肥,生育期间有条件的可于拔节期雨天每亩追施尿素 10 kg。

5. 收获 "远杂一号"植株较高,易折秆,应及时收获,防止风甩秆落粒和折秆。

晋燕 1 号

选育过程:"晋燕 1 号"(*A. nuda*)是于 1965 年山西省农业科学院高寒区作物研究所以"华北 2 号"为母本,"华北 1 号"为父本杂交培育而成,原编号"661-1"。1972 年定名为"雁红 1 号""晋燕 1 号"。主要育种人员:李成雄等。

特征特性:生育期 104 天左右,属晚熟品种。幼苗匍匐,分蘖力强,抗旱、耐瘠薄。叶片长大后呈深绿色,内颖褐色,千粒重 24 g,主穗粒数 68.9 粒,穗粒重 1.44 g。适宜阴湿山区种植。

产量表现:1969—1970 年参加品种比较晚熟组试验,每亩产量 132.5~216.5 kg,比对照"华北 2 号"增产 8.9%~44.4%;1971—1973 年 7 个基点示范种植,每亩产量 72.5~200 kg,比对照增产 15%。

栽培技术要点:在华北秋莜麦区 5 月 15 日前播种,每亩播种量 6~8 kg。播前用杀菌剂拌种,防治燕麦坚黑穗病。

晋燕 8 号

选育过程:"晋燕 8 号"(*A. nuda*)是于 1974 年山西省农业科学院高寒区作物研究所以裸燕麦"292"作母本,皮燕麦"赫波"作父本,采用皮、裸燕麦种间杂交技术,经过多年连续单株选择培育而成的,原编号"50-1"。1990 年通过山西省农作物品种审定委员会审定,命名为"晋燕 8 号"。1995 年获山西省科技进步三等奖。主要育种人员:李成维、龚海、崔林、焦艳萍。

特征特性:生育期 85~90 天。幼苗浅绿色、半匍匐,叶片较窄,分蘖力适中,株高 90 cm

左右。周散型穗,长 17 cm,平均小穗数 21.7 个,穗粒数 54.8 粒,千粒重 252 g。籽粒纺锤形、白色、粒大、有光泽。该品种前期生长缓慢,后期生长快,抗旱性强,较抗红叶病。适宜在夏秋燕麦区的旱地及中等肥力水浇地种植。

品质指标:籽粒蛋白质含量 18.806％,脂肪含量 5.75％。

产量表现:1984—1987 年参加旱地品种比较试验,9 个试点平均每亩产量 130.2 kg,比对照"晋燕 5 号"增产 15.9％;1987—1989 年参加山西省区域试验,平均每亩产量 97.4 kg,比对照增产 16.6％;1998 年在左云小破堡、天镇谷大屯、大同新荣区种植 200 亩,平均每亩产量 126.9 kg,比对照增产 20.1％。

栽培技术要点:华北秋莜麦区 5 月底至 6 月初播种。种子发芽顶土力弱,出苗率较低,因此需要适当增加播种量,每亩留苗 30 万～35 万株为宜。墒情好的情况也可适当浅播,以提高出苗率。生育前期生长缓慢,需旱中耕除草,生育后期要加强田间管理,有条件的地方要适当追肥,以弥补后期营养不足,提高产量。

晋燕 9 号

选育过程:"晋燕 9 号"(*A. nuda*)是于 1986 年山西省农业科学院高寒区作物研究所以皮燕麦"555"作母本,裸燕麦"69328"作父本配制杂交组合,经连续单株选择培育而成的。2000 年通过山西省农作物品种审定委员会审定,命名为"晋燕 9 号"。主要育种人员:崔林、徐惠云、李刚等。

特征特性:该品种生育期 88 天,株高 100 cm。幼苗直立、深绿色,叶片短宽上冲,分蘖力较弱,茎秆粗壮,抗倒性强。周散型穗,穗长 15～18 cm,小穗数 25 个,主穗粒数 60 个,穗粒重 1.16 g,千粒重 23 g。籽粒卵圆形、白色。适宜在高寒地区的旱坡地种植。

品质指标:粗蛋白质含量 21.22％,粗脂肪含量 6.33％,赖氨酸含量 0.65％。

产量表现:在品比试验中,三年平均每亩产量 223.7 kg,比对照增产 20.3％。1998—1999 年在省区域试验中,平均每亩产量 127.5 kg,比对照"晋燕 7 号"增产 11.70％。

栽培技术要点:在晋北高寒区 5 月中旬播种,每亩播种量 10 kg,每亩基本苗 30 万株。播前每亩施有机肥 3 000 kg,氮磷复合肥 40 kg。生育前期加强中耕除草,增温保墒。穗期结合降水每亩追施尿素 30 kg,防止后期脱肥早衰。及时防治蚜虫、红叶病等病虫害。

晋燕 13 号

选育过程:"晋燕 13 号"(*A. nuda*)是由山西省农业科学院右玉农业试验站采用"雁红 10号"作母本,皮燕麦"455"作父本,进行有性杂交选育而成的。系谱号为"Yy03-38"。2010 年通过山西省农作物品种审定委员会审定(晋审燕认 2010001),命名为"晋燕 13 号"。主要育种人员:薛志强、刘根科、刘璋、李屹峰。

特征特性:生育期 95～100 天,属中晚熟品种。株高 110～120 cm,株型紧凑,叶片上举。周散型穗,短串铃,穗长 15～18 cm,单株小穗数 25.2 个,穗粒数 45.3 粒,最高达 60 粒,主穗粒重 0.90～1.16 g。籽粒椭圆形,浅黄色,千粒重 22.0～24.8 g。抗逆性强,成穗率高,茎秆粗壮,抗倒性较强,抗旱耐瘠性强,抗病性好。大田未发现感染黑穗病、红叶病等病害。适宜华北及西北燕麦生产区的一般旱地种植,尤其在下湿地种植增产潜力更大。

品质指标:粗蛋白质含量16.37%,粗脂肪含量7.17%。

产量表现:一般亩产量108.5～150.6 kg。2005—2007年参加品系比较试验,三年平均每亩产量160.9 kg,比对照"晋燕9号"增产15.49%;2008年参加山西省裸燕麦品种区域试验,平均每亩产量151.5 kg,比对照"晋燕9号"增产15.2%;2009年参加山西省裸燕麦品种区域试验,平均每亩产量145.8 kg,比对照"晋燕9号"增产17.0%。

栽培技术要点:施肥需以农家肥为主、化肥为辅,基肥为主、追肥为辅,一般每亩施8 kg的磷酸二铵做种肥。夏燕麦区的适宜播期,一般应在春分到清明前后,最迟不宜超过谷雨;秋燕麦区的适宜播期为小满前后5天。肥力较低的旱平坡地每亩播种量8.0～9.0 kg,每亩基本苗20万～23万株,肥力较高的旱平坡地每亩播种量9.0～10.0 kg,每亩基本苗23万～25万株。

晋燕14号

选育过程:"晋燕14号"(A. nuda)是于1999年山西省农业科学院高寒区作物研究所以皮、裸燕麦杂交高代"7801-2"作母本,"74050-50"作父本杂交而成的,原编号:"XZ04148"。2011年通过山西省农作物品种审定委员会认定,定名为"晋燕14号"。主要育种人员:王雄、李刚、李荫藩等。

特征特性:该品种生育期:秋莜麦区90天左右,夏莜麦区85天左右。幼苗为半匍匐、深绿色,分蘖适中,前期生长缓慢,有抗干热风特点。株型紧凑,株高96 cm。周散型,长17 cm,有效分蘖1.9个,主穗小穗数31个,穗粒数62粒,千粒重20.4 g。

品质指标:β-葡聚糖含量5.68%。

产量表现:2008—2010年参加山西省种子总站组织的区域试验,2008年4个试点,平均每亩产量164.8 kg,比对照"晋燕8号"增产25.3%,排名第一;2010年6个试点,平均每亩产量132.6 kg,比对照"晋燕8号"增产13.5%,排名第二;两年在10个试点中全部增产,平均每亩产量148.7 kg,比对照"晋燕8号"增产19.40%。

栽培技术要点:夏莜麦区3月25日至4月5日播种,秋莜麦区5月15—25日播种为宜。在保证墒情的情况下适当浅播,一般每亩播种量6 kg左右。前期生长缓慢,要注意早中耕后期生长快,要注意加强田间管理,一般每亩施复合肥25 kg,分蘖期每亩追施尿素15 kg。

白燕8号

选育过程:"白燕8号"(A. nuda)是由吉林省白城市农业科学院从加拿大引进高代材料ACEsnce/06303-146//0675-410(引进编号:9044),经系谱法选育而成的。2008年通过吉林省农作物品种审定委员会审定;2011年通过内蒙古自治区农作物品种审定委员会认定。主要育种人员:任长忠、郭来春、邓路光、沙莉、魏黎明、赵国军。

特征特性:春性,出苗到成熟74天左右。籽粒长卵圆形、黄色,千粒重20.87 g,株高104 cm左右。侧散型穗,长芒,颖壳黄色,穗长19 cm左右,小穗着生密度适中,小穗数37个,穗粒数81粒,穗粒重1.47 g。适宜吉林省西部地区退化耕地或草原种植。

品质指标:粗脂肪含量8.57%,粗淀粉含量58.64%。

产量表现:2004年参加品比试验,每亩产量158.8 kg;2005年参加产量鉴定试验,亩产量

169.5 kg；2006 年进行生产试验，亩产量 157.2 kg。

栽培技术要点：春播在 3 月初播种，下茬复种在 7 月 20 日前后播种。春播每亩播种量 10 kg，下茬复种每亩播种量 12 kg。每亩施种肥磷酸二铵 5 kg、硝酸铵 3.3 kg。及时防除杂草，适时收获。春播可适当早收，下茬复种可在 10 月 1 日前后收获饲草。

白燕 11 号

选育过程："白燕 11 号"（A. nuda）是由吉林省白城市农业科学院从加拿大引进的高代材料（引进编号：V9），经系谱法选育而成的。2010 年通过吉林省农作物品种审定委员会审定。主要育种人员：任长忠、郭来春、王春龙、赵忠惠、何峰。

特征特性：春性，出苗至成熟 83 天左右。籽实长卵圆形，黄色，千粒重 25.57 g，幼苗直立，叶片鲜绿色、中等大小，株高 95.8 cm。侧散型穗，颖壳黄色，穗长 18.3 cm，小穗着生密度适中，小穗数 31 个。穗粒数 60 粒，穗粒重 1.35 g。适宜吉林省西部地区中等以上肥力的土地种植。

品质指标：粗蛋白质含量 16.48%，粗脂肪含量 8.29%，粗淀粉含量 43.49%。

产量表现：2007 年进行产量鉴定试验，每亩产量 146 kg；2008 年进行产量比较试验，每亩产量 254 kg；2009 年进行生产试验，每亩产量 230 kg，比对照品种"白燕 2 号"增产 7.8%。

栽培技术要点：3 月下旬至 4 月初播种，每亩播种量 9.3 kg。每亩施种肥磷酸二铵 6.5 kg、硝酸铵 10 kg，灌好保苗水，适时灌好三叶水、灌浆水，及时防除杂草，适时收获。

白燕 13 号

选育过程："白燕 13 号"（A. nuda）是于 2004 年吉林省白城市农业科学院以"VAO2"为父本，"VAO-10"为母本进行杂交，经系谱法选育而成的，品种代号为"2004R-3-44"。2012 年通过吉林省农作物品种审定委员会审定。主要育种人员：任长忠、郭来春、王春龙等。

特征特性：裸燕麦，从出苗到成熟 83 天左右。春性。幼苗直立，叶片鲜绿色，株高 102 cm，茎秆有蜡被。周散型穗，穗长 16.2 cm，芒弯曲，黑色。串铃形，小穗数 27 个，穗粒数 53 粒，穗粒重 0.86 g。籽粒圆形、黄色，千粒重 25.8 g。经田间鉴定，未见病虫害发生。适宜吉林省西部具备水浇条件、中等以上肥力地区种植。千粒重 26.81 g，容重 721.56 g/L，籽粒长 6.96 mm，籽粒宽 3.51 mm。

品质指标：粗蛋白含量 16.05%，粗脂肪含量 7.349%，粗淀粉含量 55.60%，蛋白质含量 12.55%，脂肪含量 6.24%，淀粉含量 53.5%，β-葡聚糖含量 1.12%，粗纤维含量 5.53%。

产量表现：2010 年区域试验，平均每亩产量 174.7 kg，比对照品种"白燕 2 号"增产 10.5%；2011 年区域试验，平均每亩产量 190 kg，比对照品种"白燕 2 号"增产 12.4%。两年区域试验，平均每亩产量 182.3 kg，比对照品种增产 11.5%。2012 年生产试验，平均每亩产量 184.5 kg，比对照品种"白燕 2 号"增产 9.12%。

栽培技术要点：适种地区一般于 3 月下旬至 4 月初播种，每亩播种 9.3 kg，每亩保苗 30 万株。每亩施用氮、磷、钾复合肥（氮、磷、钾含量各 15%）10 kg 做种肥，结合三叶水，每亩追施尿素 5 kg。若春季土壤墒情不好，需灌保苗水。三叶期、五叶期和抽穗期根据降水情况适时增减灌水次数。

宁莜1号

选育过程： "宁莜1号"(*A. nuda*)是由宁夏固原市农业科学研究所1992年从内蒙古农业科学院引进,经过6年系统选择培育而成的。1998年通过宁夏回族自治区农作物品种审定委员会审定并命名,准予在宁夏南部山区莜麦主产区推广种植。主要育种人员：马均伊、王建宇、常克勤、杜燕萍、穆兰海等。

特征特性： 生育期96天左右,属中早熟品种。幼苗直立,嫩绿色,叶片上举。株型紧凑,株高75 cm。穗长14.8 cm,小穗数9.4个,穗粒数36粒。籽粒椭圆形,浅黄色,含水率8.83%,千粒重20.5 g。田间生长整齐,长势强,中抗锈病,抗倒伏,抗旱、抗寒性较强。适宜在宁南半干旱及阴湿地区种植。

品质指标： 粗蛋白含量15.88%,粗脂肪含量5.94%,粗淀粉含量46.55%。

产量表现： 1994年参加区域试验,每亩产量186.5 kg,比对照增产34.5%;1995年参加区域试验,每亩产量290.9 kg,比对照增产148.1%;1996年参加区域试验,每亩产量135 kg,比对照增产22.6%;1997年区域试验,每亩产量80.8 kg,比对照增产47.9%。

栽培技术要点： 宁南山区莜麦主产区应在3月下旬至4月上旬抢墒播种,每亩播种量约17 kg,播深3～5 cm,播种前施入适量农家肥作基肥,随播种每亩施入7.5～10 kg磷酸二铵做种肥。

定莜1号

选育过程： "定莜1号"(*A. nuda*)是由定西市农业科学研究院(原定西市旱农中心)用大粒裸燕麦(*A. nuda*)种间杂交培育而成的。母本为"当955",父本为"小46-5",系谱号为"79-16-22"。1996年通过甘肃省农作物品种审定委员会认证登记,定名为"定莜1号"。主要育种人员：曹玉琴、姚永谦、王晓明、边淑娥、朱鹤英。

特征特性： 幼苗直立,绿色,圆锥花序,株高80～115 cm。周散型穗,穗长18.59～21.9 cm,小穗数16.9～36.5个,穗粒数35.6～75.7粒,穗粒重0.74～1.64 g,千粒重15.6～24.3 g,容重638～657 g/L,籽粒长筒形。抗倒伏,抗旱性较强,个别年份有轻微的坚黑穗病,红叶病秋季较抗、春季表现感病。

品质指标： 籽粒粗蛋白质含量18.38%,赖氨酸含量0.75%,粗脂肪含量8.58%,亚油酸含量39.52%(占不饱和脂肪酸)。

产量表现： 1991—1993年在甘肃省区域试验中,三年35点次,每亩平均产量126.1 kg,比对照增产9.4%;1994年进行生产示范,每亩平均产量134.7 kg,比对照增产23.29%。

栽培技术要点： 选择小麦茬或马铃薯茬,每亩施用有机肥1 000～2 500 kg,氮、磷、钾配施比例为1∶0.75∶(0.6～0.7)。播种期4月上中旬,抢墒播种,播深5～7 cm,每亩播种量6～8 kg。播种前7天用0.2%拌种双拌种,防治燕麦坚黑穗病;5月下旬至6月上中旬,用40%的乐果乳油或80%敌敌畏稀释800～1 000倍液喷雾防蚜虫,预防红叶病发生。适宜在年降水量340～500 mm,海拔1 400～2 400 m干旱及半干旱二阴区种植,特别适宜海拔2 000 m左右的干旱及半干旱地区推广种植。

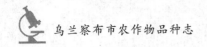

定莜9号

选育过程:"定莜9号"(A. nuda)是于1992年以大莜麦为母本,以"7633-112-1"为父本组配杂交,经系谱法多代选育而成的高产、耐旱、抗病,适宜加工的高蛋白莜麦新品种,原代号为"9227-3"。该品种于2009—2013年参加甘肃省燕麦多年多点试验和生产试验示范,2014年1月通过甘肃省农作物品种审定委员会认定定名。

特征特性:株高106～135 cm,穗长23～27 cm,叶片上举,无芒,生育期102～107天。籽粒椭圆形,淡黄色。抗旱性强,无坚黑穗病,黄矮病较轻。

品质指标:2012年经甘肃省农业科学院农业测试中心(兰州)测定,粗蛋白含量211.7 g/kg,粗脂肪含量65.8 g/kg,粗灰分含量21.1 g/kg,赖氨酸含量7.09 g/kg,亚油酸含量45.01%(占不饱和脂肪酸)。

产量表现:"定莜9号"于1998—1999年参加品系鉴定试验,平均亩产量149.00 kg,比对照"定莜1号"增产2.58%,居参试品种(系)第三位;2006—2007年参加品系比较试验,平均亩产量分别为70.47 kg和68.00 kg,比对照"定莜4号"分别增产12.8%和2.77%,均居参试品种(系)第一位;2009—2011年参加甘南卓尼、白银会宁、定西安定、通渭、陇西和定西农业科学研究院6个试点区域试验,平均亩产量174.67 kg,比对照"定莜6号"增产13.65%,居参试品种(系)第一位;三年17点次试验中,第一位14点次,第二位3点次。2012年和2013年在定西市通渭、陇西、安定、漳县、白银会宁多点示范,"定莜9号"平均亩产量分别为244.30 kg和160.52 kg,比对照"定莜6号"分别增产31.98%和32.55%。"定莜9号"参加国家燕麦荞麦产业技术体系育成品种展示试验,产量最高,平均亩产量224.00 kg。

栽培技术要点:"定莜9号"适宜在海拔1 400～2 600 m、年降雨量340～500 mm的甘肃中部干旱半干旱二阴地区及宁夏、青海、内蒙古、山西、河北等国内同类地区种植。最佳播期4月上中旬,旱川地中低水肥区播种量20万～27万粒/亩,陡坡地高寒二阴区因地适播,播前用拌种双按种子量的2%拌种防治坚黑穗病。秋季结合深耕每亩施有机肥1 000～2 500 kg,播种前每亩施纯氮1.4～4.3 kg、磷3.9～8.7 kg和钾0.3～6.3 kg。在具备灌溉条件的地区苗期和灌浆期及时灌水,苗期至拔节期中耕松土、人工除草2～3次,抽穗期前后及时防治燕麦红叶病,适时收获。

(二)皮燕麦品种

蒙饲燕2号

选育过程:"蒙饲燕2号"(A. sativa)是以母本"永492"和父本"歇里·努瓦尔"进行种间杂交选育而成的新品种。母本"永492"为裸燕麦(A. nuda L.),是于1980年内蒙古自治区品种审定委员会第二次会议决定推广的燕麦品种,父本"歇里·努瓦尔"为皮燕麦(A. sativa L.),为引进品种。

特征特性:幼苗半直立,植株高大,平均高度135 cm,全株绿色。侧散型穗,呈松散下垂状,燕尾铃,穗长20.4 cm。叶为长披针形,叶脉绿色,穗粒数65.5个,穗粒重1.25 g,小穗数

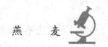

20个,穗铃长5.8 cm。千粒重31.0 g。生育期90天,属中熟类型。每株具叶片5~6片,叶宽0.8~1.5 cm。平均分蘖数2.15个(有效分蘖1.12个)。根系强大,抗倒伏。

品质指标:抽穗期晾制干草时,粗蛋白含量7.51%。

产量表现:品比试验鲜草亩产量2 156.24 kg,干草亩产量733.59 kg,种子亩产量180.21 kg。

栽培技术要点:

1. 适宜播种期 "蒙饲燕2号"燕麦春季气温稳定在5℃左右即可播种,内蒙古中西部地区一般4月5日至5月10日均可播种,适当早播有利于促进分蘖,提高产量和抗寒性。麦茬复种在7月25日左右播种,深秋可长到90 cm左右。

2. 播种方法 适宜播种量及播种深度采取条播方式,亩播种量10 kg,行距15 cm左右,适宜播深为4~6 cm,播后及时镇压。

3. 田间管理 在燕麦拔节至孕穗期浇水1~2次。如果土地贫瘠,生长不良时,可在分蘖或拔节期结合灌水每亩追施尿素5~8 kg。在分蘖期人工除草1次,人工除草尽量锄早锄小;或选用高效、低毒除草剂进行防除。

4. 新品种适宜区域 在沙土、壤土、沙壤土、黑钙土上均能良好生长,生态适应性广,适宜在≥10℃有效积温2 400℃的地区种植,在内蒙古及其毗邻省区均可种植,在年降水量≥300 mm地区可旱作栽培。

蒙燕1号

选育过程:"蒙燕1号"(A. sativa)是由内蒙古农牧业科学院采用普通栽培燕麦(A. sativa)与大粒裸燕麦(A. nuda)种间杂交培育而成的。母本为"永492",父本为"80-13",系谱号为"8707"。2010年通过全国农作物品种审定委员会审定,并命名为"蒙燕1号"。主要育种人员:付晓峰、刘俊青。

特征特性:生育期85~95天。株型紧凑,株高90~100 cm。茎秆坚韧,抗倒伏性强,茎叶茂盛,产草量高。周散型穗,穗长16.3~21.2 cm,颖壳为黄色,穗铃数26.8个,穗粒数25.9~55.0粒,铃粒数2~3粒。籽粒椭圆形,穗粒重1.5~2.58,千粒重33~35 g。耐黄矮病,较抗燕麦坚黑穗病,抗旱、耐瘠性强,口紧不落粒,落黄好。适宜在华北及西北地区中等肥力的土壤上种植。

品质指标:粗蛋白含量14.46%,粗脂肪含量4.95%,粗淀粉含量53.42%。

产量表现:旱滩地平均亩产量200~273 kg;旱坡地平均亩产量80~100.5 kg。2006—2008年参加全国皮燕麦区域试验,平均每亩产量273.2 kg,比对照增产11.89%。2009年参加国家皮燕麦生产试验,4个试点中平均每亩产量348.1 kg,比对照增产29.20%;鲜草平均每亩产量3 278.8 kg,比对照"青引1号"平均增产10.39%。

栽培技术要点:肥力较低的旱平坡地每亩播种量7.5~8.0 kg,每亩基本苗20万~23万株;肥力较高的旱平坡地每亩播种量10~15 kg,每亩基本苗25万~30万株;土壤黏重的二阴滩地每亩播种量15 kg左右,每亩基本苗25万~30万株。春播夏收区播种期在3月中下旬,夏播秋收区播种期在5月中下旬。旱田种植,以施基肥和种肥为主,一般每亩施7.5 kg磷酸二铵做种肥。

冀张燕 4 号

选育过程： "冀张燕 4 号"是从国外引进的 42 个皮燕麦品种中经观察鉴定、品种比较、区域适应性试验、多年多点生产鉴定及大面积示范应用,筛选出的中早熟、适宜在水肥地种植的麦片加工专用皮燕麦品种。2010 年 12 月通过河北省鉴定,定名为"冀张燕 4 号"。

特征特性： "冀张燕 4 号"幼苗直立,苗绿色,株高 86.43 cm。生育期 92.4 天,属中早熟品种。周散型穗,燕尾铃,单株穗铃数 20.36 个,穗粒数 42.05 个,穗粒重 1.26 g。壳黄白色,千粒重 35.73 g,籽粒整齐度好。

品质指标： 经中国农业科学院谷物品质分析中心测试,该品种粗蛋白含量 13.74％,粗脂肪含量 5.95％,出米率 82.09％,出米率高,脱壳后籽粒整齐度高,适宜作为麦片加工专用型品种。

产量表现： 2007 年和 2008 年连续两年品种比较试验,亩产量分别为 313.00 kg 和 296.00 kg,分别比对照"红旗 2 号"亩增产 125.93 kg 和 124.33 kg,增产幅度分别为 67.97％ 和 72.41％。平均亩产量 304.47 kg,比对照"红旗 2 号"亩增产 125.47 kg,增产幅度为 70.10％。

栽培技术要点：

1. **选地** 选择中等以上地力的非禾本科作物茬(特别是忌种莜麦、燕麦茬)地块,保证有灌溉条件。

2. **播种期** 在华北秋燕麦区水地种植时,适宜播种期为 5 月 20 日。采用免秋耕晚播种植技术时,适宜播期为 6 月 10 日。在不能保证灌水的旱地种植时,应在 5 月底至 6 月初播种。在旱沙坡地种植时晚播,在二阴滩地种植时适当早播。

3. **播种量** 基本苗要求达到 30 万～35 万株/亩。高肥力、水肥供应充足时,可以适当减少播种量。沙质土壤出苗率高,可减少播种量。土壤黏重的阴滩地出苗率低,可适当增加播种量。

4. **施肥与灌水** 每亩施磷酸二铵 10 kg 或优质农家肥 1 500 kg 做种肥。水地可采取追"两肥三水"的措施,即分蘖肥和拔节肥,分蘖水、拔节水和孕穗水,一般施肥 2 次,每亩共追尿素 50 kg。

5. **收获** 燕麦的蹄口易脱落,比莜麦口松,易遭风甩,所以要及时收获。

坝 燕 4 号

选育过程： "坝燕 4 号"(*A. sativa*)是由河北省高寒作物研究所从中国农业科学院作物科学研究所引进的加拿大品系"AC MORkAN"中单株系选,后经株行试验、品系鉴定、区域试验和生产试验培育而成,系谱号为"2003-N7-4"。2013 年通过全国小宗粮豆品种鉴定委员会鉴定,定名为"坝燕 4 号"。鉴定编号：2013011。主要育种人员：田长叶、李云霞、武永祯、左文博、董占红、赵世锋、曹丽霞等。

特征特性： 该品种幼苗半直立,株型中等,株高 105.9 cm。生育期 95 天左右,属中熟品种。叶绿色,叶片下披,旗叶挺直,锐角,叶鞘无茸毛。茎秆直立且绿色,茎节数 6 节,抽穗后有蜡质,茎粗 3.5～4.5 mm。籽粒纺锤形,浅黄色。周散型穗,主穗小穗数 35.3 个,穗粒数

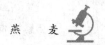

77.1 粒,穗粒重 2.6 g,千粒重 36.0 g。籽粒浅黄,纺锤形。生长整齐,生长势强。抗倒抗病,抗旱耐瘠。全国皮燕麦区域试验表明,该品种适宜在河北坝上,新疆奇台,内蒙古武川、克什克腾,青海西宁,吉林白城以及其他同类型土壤肥力中上等的旱坡地、旱滩地种植。

品质指标:籽粒粗蛋白质含量 9.32%,粗脂肪含量 4.98%,碳水化合物含量 57.97%,水分含量 8.23%(备注:以上为皮燕麦带壳结果)。

产量表现:在旱坡地和沙质土壤条件下一般每亩产量 100～170 kg,在肥坡地和旱滩地条件下每亩产量 170～200 kg,在阴滩地和水浇地条件下每亩产量 200 kg 以上。

栽培技术要点:在河北省坝上地区的瘠薄地和沙质壤地 5 月 25—30 日播种,在肥坡地和旱滩地 5 月 20—25 日播种,坝头冷凉区和阴滩地 5 月 15—20 日播种。瘠薄旱坡地和沙质壤地每亩基本苗数 20 万株,坝头冷凉区和阴滩地(水浇地)每亩基本苗数 25 万～30 万株。结合播种每亩施种肥磷酸二铵 5～7 kg,于分蘖至拔节期结合中耕或降水每亩追施尿素 5～10 kg。待穗上部籽粒变硬、穗下部籽粒进入蜡熟期时及时收获。

冀张燕 5 号

选育过程:"冀张燕 5 号"(A. sativa)是从国外引进的 42 个皮燕麦品种中经观察鉴定、品种比较、区域适应性试验、多年多点生产鉴定及大面积示范应用筛选出的抗倒伏、耐水肥适宜加工麦片的中熟皮燕麦品种。2010 年 12 月通过河北省鉴定,定名为"冀张燕 5 号"。

特征特性:生育期 105 天。幼苗直立、绿色。株型紧凑,株高 101 cm。周散型穗,穗长 20.33 cm,小穗纺锤形,小穗数 42.33 个。籽粒纺锤形,黄色,千粒重 34.87 g,籽粒长 9.01 mm,籽粒宽 3.28 mm。抗旱性强。

品质指标:蛋白质含量 10.55%,脂肪含量 7.14%,淀粉含量 51.85%,β-葡聚糖含量 1.31%,粗纤维含量 6.56%。

产量表现:"冀张燕 5 号"在 2007 年和 2008 年两年品种比较试验中亩产量分别为 245.00 kg,320 kg,分别比对照"红旗 2 号"增产 31.50% 和 86.40%。2008 年 3 个旱地区试点的亩产量分别为 208.93 kg,227.33 kg 和 220 kg,所有区试点全部比对照增产,增产幅度 13.5%～78.2%;2009 年和 2010 两年共计 9 个区试点全部比对照增产,增产幅度 4.0%～23.4%,平均亩增产 27.12 kg,平均增幅 12.50%;2008—2010 年的生产鉴定试验在塞北管理区、沽源长梁中试示范园区、崇礼狮子沟中试示范园区、张北马莲滩中试示范园区进行三年取得试验结果的 9 个点全部增产,三年平均亩产量在 241.25 kg,平均亩增产 51.37 kg,增幅在 27.1%,在参试品种中居第一位。

栽培技术要点:在华北秋燕麦区水地种植时,适宜播种期为 5 月 20 日。旱地种植时,应在 5 月底至 6 月初趁雨播种。在旱沙坡地种植时晚播,在二阴滩地种植时适当早播。基本苗要求达到 30 万～35 万株/亩。沙质土壤、高水肥地块,可以适当减少播种量。土壤黏重的阴滩地可适当增加播种量。播种时亩施磷酸二铵 10 kg 或优质农家肥 1 500 kg 做种肥。水地可采取追"两肥三水"的措施,即分蘖肥和拔节肥,分蘖水、拔节水和孕穗水,一般施肥 2 次,每亩共追尿素 50 kg。及时收获,防止口松脱落。

冀张燕 1 号

选育过程:"冀张燕 1 号"(A. sativa)是利用核不育莜麦 ZY 基因与四倍体大燕麦×六倍

体莜麦品种"578"的杂交后代"S109"复交后选育而成的。2008年通过鉴定。

特征特性：旱坡地饲草与麦片加工兼用型皮燕麦新品种"冀张燕1号"幼苗半直立,绿色。株高126.9.cm,千粒重34.5 g,脱壳裸粒千粒重24.67 g,出米率为71.17％。穗铃数27个,穗粒数53.9粒,穗粒重1.66 g。生育期97天,属中晚熟品种。根据多年多点田间观察调查,该品种抗旱耐瘠性强,抗倒伏能力较差,抗燕麦坚黑穗病。

品质指标：蛋白质含量18.1％,脂肪含量7.84％。

产量表现：经多年多点试验、示范,一般旱地种植籽实亩产量217.7 kg,最高亩产量可达280.45 kg,比对照"马匹牙""红旗2号"分别增产18.62％和10.96％。亩生物产量一般旱地种植534.33 kg,比对照"红旗2号"增产20.29％。

栽培技术要点：

1. *适应范围* 经多年区试、生产鉴定和示范种植,证明"冀张燕1号"适宜在河北省坝上地区的旱地种植,也可在相同生态类型区的内蒙古、山西引种。可作为麦片加工用的籽实用品种,也可作刈青用的饲草品种种植。

2. *选地* 选择非莜麦、燕麦茬的旱坡地种植。

3. *播种期* 河北省坝上燕麦产区种植籽用为主的应在5月下旬至6月上旬播种;刈青草用燕麦可在6月20日左右播种。

4. *播种量* 籽实用一般每亩播量15 kg左右,苗数掌握在25万～30万株/亩;刈青用一般亩播为20 kg。沙质土壤适当减少播量,黏性土壤应适当加大播量,早播减少播量,晚播增加播量。

5. *施肥* 旱地种植随播种每亩施3～5 kg的磷酸二铵或每亩施1 500 kg优质农家肥做种肥,生育期间有条件的可于拔节期冒雨每亩追尿素10 kg。

6. *收获* 燕麦的蹄口较易脱落,易遭风甩,籽实要及时收获。刈青田应在扬花结束后的灌浆前期收获,此时收获秸草营养价值高。

冀张燕2号

选育过程："冀张燕2号"(*A. sativa*)是利用核不育莜麦 ZY 基因与四倍体大燕麦×六倍体莜麦品种"品16号"的杂交后代"S20"复交后选育而成。2008年通过鉴定。

特征特性：旱滩地饲草与麦片加工兼用型皮燕麦新品种"冀张燕2号"。幼苗直立,绿色。株高110.cm,千粒重34.4 g,脱壳裸粒千粒重24 g,出米率为68.8％。穗铃数22.6个,穗粒数42.1粒,穗粒重1.45 g。生育期100天,属晚熟品种。根据多年多点田间观察调查,该品种抗旱耐瘠性强,抗倒伏能力较差,抗燕麦坚黑穗病。

品质指标：出米率68.8％,蛋白质含量17.85％,脂肪含量7.05％。

产量表现：经多年多点试验示范,一般旱地种植籽实亩产244.40 kg,最高亩产量可达294.44 kg,比对照"马匹牙""红旗2号"分别增产31.02％和15.6％。一般旱地种植秸草亩产量7 262.70 kg,比对照"红旗2号"增产10.56％;刈青鲜草比"马匹牙"增产36.87％。

栽培技术要点：

1. *适应区域* 经多年区试,生产鉴定和示范种植,证明"冀张燕2号"适宜在河北省坝上地区的旱地种植,也可在相同生态类型区的内蒙古、山西引种。可作为麦片加工用的籽实用

品种,也可作刈青用的饲草用品种种植。

2. 选地　选择非莜麦、燕麦茬的旱地种植。

3. 播种期　河北省坝上燕麦产区种植籽用燕麦在 5 月下旬至 6 月上旬播种;刈青草用燕麦可在 6 月 20 日左右播种。

4. 播种量　籽实用一般亩播量 15 kg 左右,苗数掌握在 25 万～30 万株/亩;刈青草一般亩播量 20 kg,沙质土壤适当减少播量,黏性土壤应适当加大播量,早播减少播量,晚播增加播量。

5. 施肥　旱地种植随播种每亩施 2～3 kg 的磷酸二铵或每亩施 1 500 kg 优质农家肥做种肥,生育期间有条件的可于拔节期冒雨每亩追尿素 10 kg。

6. 收获　燕麦的蹄口较易脱落,易遭风甩,籽实要及时收获。刈青田应在扬花结束后的灌浆前期收获,此时收获秸草营养价值高。

白燕 7 号

选育过程: "白燕 7 号"($A.sativa$)是由吉林省白城市农业科学院从加拿大引进高代材料,经系谱法选育而成的。2003 年通过吉林省农作物品种审定委员会审定,2008 年通过新疆维吾尔自治区燕麦品种认定登记,定名为"新燕麦 2 号";2009 年通过内蒙古自治区农作物品种审定委员会认定;2013 年通过青海省农作物品种审定委员会认定。主要育种人员:任长忠、魏黎明、郭来春、邓路光、沙莉、李建疆、胡跃高、刘景辉、周青平等。

特征特性: 春性,出苗至成熟 80 天左右。幼苗直立,深绿色,分蘖力较强,株高 126.8 cm,茎秆较强。穗长 17.5 cm,侧散型穗,颖壳黄色,主穗小穗数 22.3 个,主穗粒数 37.9 个,主穗粒重 0.9 g。籽实长纺锤形,黄壳,籽粒浅黄色,表面有绒毛,千粒重 23.7 g。抗黑穗病,抗锈病,根系发达,抗旱性强。适宜吉林省西部地区退化耕地或草原种植。

品质指标: 籽实蛋白质含量 13.07%,脂肪含量 4.64%;春播脱粒后干秸秆蛋白质含量 5.18%,粗纤维含量 35.01%;下茬复种灌浆期全株饲草蛋白质含量 12.3%,粗纤维含量 28.5%。

产量表现: 2001—2002 年两年春播产量试验,平均每亩产量 120.3 kg,每亩干秸秆 220 kg;2002 年春播示范试验,平均每亩产量 122.5 kg,每亩干秸秆产量 226.7 kg。

栽培技术要点: 适种地区春播一般于 3 月下旬至 4 月初播种;下茬复种在 7 月 20 日前后播种,春播每亩播种量 10 kg,下茬复种每亩播种量 12 kg。每亩施种肥磷酸二铵 5 kg,硝酸铵 3 kg,及时防除杂草,适时收获。春播可适当早收,下茬复种可在 10 月 1 日前后收获饲草。

白燕 14 号

选育过程: "白燕 14 号"($A.sativa$)是由吉林省白城市农业科学院 2005 年从加拿大引进的 F_4 代,引进代号为 DC1358667。2012 年通过吉林省农作物品种审定委员会审定。主要育种人员:任长忠、郭来春等。

特征特性: 皮燕麦,春性,从出苗到成熟 84 cm 左右。籽粒椭圆形,黄色,千粒重 26.3 g。幼苗直立、叶片绿色、株高 120 cm,茎有蜡被。周散型穗,穗长 20 cm,小穗数 24 个,粒数 55 粒,粒重 1.49 g。经田间鉴定,未见病虫害发生。适宜吉林省西部地区具备水浇条件的中等以上肥力的土壤种植。

品质指标:经农业部谷物及制品质量监督检验测试中心分析,粗蛋白含量 11.25%,粗脂肪含量 4.75%。

产量表现:2010 年参加区域试验,平均亩产量 236.7 kg,比对照品种"白燕 7 号"增产 11.99%;2011 年区域试验,平均亩产量 255.3 kg,比对照品种"白燕 7 号"增产 15.02%,两年区域试验,平均每亩产量 246 kg,比对照品种增产 13.54%;2012 年生产试验,平均亩产量 281.1 kg,比对照品种"白燕 7 号"增产 13.96%。

栽培技术要点:适种地区一般于 3 月下旬至 4 月初播种,每亩保苗 30 万株。每亩施氮、磷、钾复合肥(氮、磷、钾含量各 15%)20 kg 做种肥。结合三叶水,每亩追施尿素 5 kg。若春季土壤墒情不好,需灌保苗水。三叶期、五叶期和抽穗期根据降水情况适时增减灌水次数。

定 燕 2 号

选育过程:"定燕 2 号"(*A. sativa*)1996 年在定西市农业科学研究院以"品 7 号"为母本,"定引 1 号"为父本通过有性杂交,2016 年通过甘肃省农作物品种审定委员会审定,编号:甘审麦 2016003。

特征特性:"定燕 2 号"春性,幼苗深绿色,直立状,穗型侧紧,株型紧凑。圆锥花序,内外颖黄色,轮层数 3~5 层。茎秆粗壮,籽粒呈淡黄色,纺锤形。单株分蘖 1.6 个。生育期 115 天,属中熟品种。株高 128 cm,穗长 24 cm。抗旱性强,无坚黑穗病。主穗铃数 44.51 个,单株粒数 82.88 粒,单株粒重 2.16 g,千粒重 27.07 g,容重 425 g/L。

品质指标:经甘肃省农业科学院分析中心检测,籽粒水分含量 86.7 g/kg、粗蛋白含量 181.8 g/kg、粗脂肪含量 46.6 g/kg、粗灰分含量 40.2 g/kg、赖氨酸含量 4.3 g/kg、亚油酸含量 43.71 g/kg。乳熟期全株水分含量 55.0 g/kg、粗蛋白含量 121.0 g/kg、粗脂肪含量 35.0 g/kg、粗灰分含量 66.0 g/kg、粗纤维含量 286.0 g/kg、中性洗涤纤维(ADF)含量 586.0 g/kg、酸性洗涤纤维(NDF)含量 340.0 g/kg、无氮浸出物含量 492.0 g/kg、钙含量 2.1 g/kg、磷含量 169 mg/100 g。

产量表现:2008—2009 年在定西市农业科学院国家旱地作物育种创新基地进行的品鉴试验中,"定燕 2 号"两年平均亩产量 134.32 kg,比对照品种"定引 1 号"增产 34.73%;2010—2011 年在定西市农业科学研究院国家旱地作物育种创新基地进行的品比试验中,"定燕 2 号"两年平均亩产量 227.33 kg,比对照品种"定引 1 号"增产 34.01%;2012—2014 年在定西市安定区、通渭县、漳县、陇西县,临夏州卓尼县,白银市会宁县进行的多年多点试验中,"定燕 2 号"表现适应性广、抗逆性强、综合性状优、饲草产量高。三年 16 点(次)有 11 点(次)增产,5 点(次)减产,平均亩产量 225.40 kg,比对照品种"定引 1 号"增产 5.5%;鲜草平均亩产量 3 331.70 kg,比对照品种"定引 1 号"增产 8.4%。

栽培技术要点:选择麦类、豆类或者马铃薯茬,每亩基施有机肥 1 000~2 500 kg。4 月上中旬根据气候和降水抢墒播种,播前药剂拌种防治坚黑穗病,每亩施尿素 10~25 kg,普通过磷酸钙 30~67 kg,硫酸钾 6~13 kg 作种肥,氮、磷、钾的比例 1:0.7:0.6。采用人畜或机械播种,播种深度 6~8 cm。梯田、川地产草田每亩播种量 19~20 kg,产籽田每亩播种量 17~18 kg 为宜;陡地、坡地产草田每亩播种量 15~16 kg,产籽田每亩播种量 13~14 kg 为宜。三

叶期前后灌水 1～2 次,及时中耕松土、除草,抽穗前后施药剂防治燕麦红叶病。乳熟期收获鲜草,完熟期收获籽粒。

青引 2 号

选育过程:"青引 2 号"(A. sativa)原产于加拿大,品名为"Glen",1968 年由中国农业科学院畜牧研究所引入。原编号:"青永久 473 燕麦"。2000—2003 年参加以目前正在推广的优良品种"巴燕 3 号"和"黄燕麦"为对照的品种比较试验,表现出生育期短、产草量高、适口性好,适应农牧区建立一年生人工草地的需要。通过不同地区的品比试验、区域试验和生产推广,"青永久 413"表现出成熟早,产量高,草籽兼用,抗倒伏,适应性强,适宜高寒地区推广种植。2004 年通过全国牧草品种审定委员会审定,定名为"青引 2 号",并登记为引进新品种。2006 年获青海省科技进步二等奖。主要育种人员:周青平、韩志林、颜红波、徐成体、刘文辉。

特征特性:生育期 103～125 天,在西宁地区种植生育期 96～105 天。株型紧凑,株高 144～161 cm。周散型穗,主穗长 18.1～22.0 cm,主穗铃数 31.0 个,主穗穗粒数 56.2 粒,铃粒数 1.87 粒,千粒重 30.2～34.8 g。茎叶柔软,适口性好,各类家畜均喜食。具有耐薄、耐寒、抗倒伏强等特征。适宜在青藏 4 000 m 的地区作为青饲草种植;2 000～2 700 m 的河湟灌区及低位山旱区种植收获籽实;2 700～3 200 m 的高位山旱区及小块河谷地区既可作青饲草种植,又可收获籽实。

品质指标:开花期全株干物质中粗蛋白质含量 7.8%,粗脂肪含量 3.62%,粗纤维含量 36.48%,无氮浸出物含量 43.55%,粗灰分含量 8.55%。

产量表现:每亩青干草产量 945～1 204 kg,比"巴燕 3 号"增产 37.09%～73.2%,比"黄燕麦"增产 69.8%～96.5%;青海东部农区每亩种子产量 228～324 kg,分别比"巴燕 3 号"和"黄燕麦"分别增产 19.4%～67.5%、42.8%～86.2%。

栽培技术要点:农区 4 月上中旬播种,牧区 5—6 月中旬播种。种子生产:条播,行距 20～25 cm,每亩播种量 12～13 kg。饲草生产:条播,行距 20～25 cm,每亩播种量 15～16 kg,撒播,每亩播种量 17～18 kg。

林 纳

选育过程:"林纳"(A. sativa)原产于挪威,1998 年由青海省畜牧兽医科学院从挪威引进,原名"LENA"。1999—2005 年在青海省畜牧兽医科学院试验田进行引种试验与原种扩繁。2006—2010 年通过品比、区域和生产试验,该品种遗传性稳定,产量高,籽粒品质优,落黄性好,草籽兼用,耐旱,抗倒伏,适应性强。2011 年通过青海省农作物品种审定委员会审定,定名"林纳",属皮燕麦,品种合格证号:青审麦 2011005。主要育种人员:周青平、颜红波、雷生、梁国玲、贾志锋、刘文辉、刘勇、韩晓亮、包成兰、陶延英。

特征特性:生育期 125～131 天,属晚熟品种。株型紧凑,株高 110～150 cm。茎秆坚韧,抗倒伏性强,茎叶茂盛,产草量高。周散型穗,短串铃,穗长 22 cm 左右,穗铃数 40 个,铃粒数 4.72 粒,粒重 1.87 g,千粒重 24.8～35.8 g。适宜在青海省海拔 3 000 m 以下的低、中、高位山旱地及小块河谷地建立种子田;适宜在海拔 3 000 m 以上的高位山旱地、海拔 1 700 m 以下的农区河谷地复种。

品质指标:籽粒蛋白质含量11.03%,粗脂肪含量3.96%,β-葡聚糖含量4.20%。

产量表现:一般肥力旱作条件下,每亩籽实产量187~270 kg;较高肥力旱作条件下,每亩籽实产量280~330 kg。一般肥力旱作条件下,开花期每亩鲜草产量2 000~3 000 kg;较高肥力旱作条件下,开花期每亩鲜草产量3 000~3 500 kg。

栽培技术要点:每亩施有机肥2 000~3 000 kg,或配合施纯氮(N)2.3~3.5 kg,纯磷(P_2O_3)5.4~7.2 kg,深翻20~25 cm。种子田:4月上旬至5月上旬播种,条播或撒播,行距15~20 cm,每亩播种量9~13 kg。饲草田:4月下旬至6月上旬播种,条播或撒播,行距15~20 cm,每亩播种量14~16 kg,播深3~4 cm。

魁 北 克

选育过程:"魁北克"(A. sativa)2007年定西市农业科学研究院从加拿大交流引进燕麦种质资源30份,2008—2009年在定西市农业科学研究院创新园种质资源圃单株混选,品系鉴定试验,2010—2015年参加皮燕麦品系比较试验、多年多点区域试验、生产示范和推广均表现优异。2016年通过甘肃省农作物品种审定委员会认定,认定编号:甘认麦2016004,依据引进属地,定名为"魁北克"。

特征特性:春性。幼苗深绿色,呈直立状,出苗率高,单株分蘖4.0个。生育期101天,属中熟品种。周散型穗,株型紧凑,圆锥花序,内外颖黄色,轮层数3~6层,茎秆粗壮,籽粒呈黄色、纺锤形。株高85.77 cm,穗长16.20 cm,主穗铃数41.30个,单株粒数57.30粒,单株粒重3.47 g,千粒重36.00 g,容重479 g/L。

品质指标:2015年甘肃省农业科学院测试中心(兰州)检验报告:籽粒水分含量8.31%,籽粒粗蛋白含量15.91%,粗脂肪含量6.45%,粗灰分含量2.89%,赖氨酸含量0.43%,亚油酸含量41.05%。

产量表现:2009年品系鉴定,每亩产量146.67 kg,比对照"定引1号"增产34.69%,居参试品系第2位;2010—2011年皮燕麦品系比较,两年平均每亩产量206.45 kg,比对照"定引1号"增产18.48%;2012—2014年皮燕麦多年多点试验,三年16个位点增产幅度12.92%~21.35%,平均亩产量251.71 kg,比对照"定引1号"增产21.35%,居参试品系第1位;2014—2015年进行生产试验示范,两年平均亩产量300.95 kg,比对照"定引1号"增产20.12%。

栽培技术要点:施肥以底肥为主,旱川地每亩施优质农家肥1 600 kg、氮肥5~7 kg、磷肥4~5 kg、钾肥3~4 kg,氮、磷、钾的比例1∶0.7∶0.6;山梁坡地可适量少施。先施种肥,后播种子,防止烧苗。最佳播期为4月上中旬,最迟不要超过谷雨,应根据降雨情况,抢墒播种尤为关键。播种前晒种4~5天,可提高发芽率,杀死种皮上的病菌。旱川地每亩播30万~35万粒,山坡地播22万~25万粒。

玉 米

玉米(Zea mays L.)是禾本科玉蜀黍属一年生草本植物,别名玉蜀黍、棒子、苞谷、苞米、珍珠米等。玉米是一年生雌雄同株异花授粉植物,植株高大,茎强壮,是重要的粮食作物和饲料作物,其种植面积和总产量仅次于水稻和小麦。

玉米原产于中南美洲,现在世界各地均有栽培。主要分布在30°～50°的纬度之间。栽培面积最多的国家是美国、中国、巴西、墨西哥、南非、印度和罗马尼亚。我国的玉米主要产区是东北、华北和西南山区。玉米在我国的栽培历史有470多年。由于产量高,品质好,适应性强,栽培面积发展很快。目前我国播种面积在3亿亩左右,仅次于稻、麦,在粮食作物中居第三位。

玉米是喜温作物,全生育期要求较高温度。玉米生物学有效温度为10℃。我国早熟品种要求积温2 000～2 200℃,苗期能耐短期－3～－2℃的低温。不同玉米品种、不同生育时期对温度的要求也不相同。玉米的植株高,叶面积大,因此需水量较多,整个生长期间最适降水量为410～640 mm,干旱影响玉米的产量和品质。一般认为夏季低于150 mm的地区不适于种植玉米,而降水过多,影响光照,增加病害、倒伏和杂草危害,也影响玉米产量和品质的提高。虽然玉米需水较多,但相对需水量不太高,蒸腾系数240～370,耗水量较为经济。玉米有强大的根系,能充分利用土壤中的水分。玉米对土壤要求不十分严格。土质疏松,土质深厚,有机质丰富的黑钙土、栗钙土和沙质壤土,pH在6～8范围内都可以种植玉米。

玉米产量高,适应性强。玉米的籽粒、茎营养丰富,是各种家畜的优质饲料。玉米整个植株都可饲用,利用率达85％以上,是著名的"饲料之王"。玉米的粗蛋白质含量5％～10％,纤维素少,适口性好,各种家畜都喜食。玉米籽粒为猪、鸡、奶牛、肉牛的精料。青刈和青贮玉米,是奶牛必不可少的饲料。随着生产的发展,玉米作为饲料作物在我国的地位日趋重要。

乌兰察布市位于内蒙古自治区的中部,年降水量一般在300 mm左右,多集中6～8月,也正是玉米生长需水量最大的时期,占全年降水量的70％左右。玉米是乌兰察布市的第二大作物,常年种植面积在200万亩左右,青贮玉米与籽玉米各占一半,不同年份因市场需求有所变化,整体看青贮玉米种植面积有逐年增长趋势。由于乌兰察布市气候差异较大、种植面积较小,品种选择困难。种植品种集中在早熟与极早熟品种上,晚熟玉米基本上只能做青贮。当地农牧民习惯将籽玉米作为粮饲兼用型。

本章玉米按极早熟品种、早熟品种、中熟品种、晚熟品种分类,共编入31个玉米品种,是乌兰察布目前主要推广和种植的品种。

(一)极早熟品种

粮饲兼用品种

冀承单3号

选育过程:"冀承单3号"(*Zea mays* L.)是由河北省承德市农业科学研究所以"北711"为母本,"承18"为父本杂交组配而成的。1996年12月经山西省品种审定委员会三届一次会议认定通过。2003年甘肃省农作物品种审定委员会审定通过。

特征特性:极早熟,生育期105~110天。幼苗深绿色,拱土力强,上部叶片上举。株型紧凑、较矮。株高150~165 cm,穗位40~50 cm。雌穗花丝浅黄色,雄穗分枝多,花粉量大,花药黄色。果穗锥形,穗长13.30 cm,秃顶长0~0.30 cm。穗行数14~16行,行粒数28~34粒。穗轴以浅红色为主,兼有白色。籽粒黄色,半马齿形,百粒重23.6~24.8 g。抗倒性强、抗逆性强。中抗大斑病,抗丝黑穗病和红叶病,感矮花叶病。

品质指标:粗蛋白含量11.35%,淀粉含量74.10%,粗脂肪含量4.18%,赖氨酸含量0.32%。

产量表现:一般亩产350~450 kg,可达500~560 kg,高肥力耕地亩产可达650 kg。

栽培技术要点:

1. 适种区域 河北坝上地区、内蒙古乌兰察布市、兴安盟等国内早熟极早熟区域。

2. 播种期 4月上旬播种。

3. 种植密度 亩留苗6 200~6 800株。

4. 施肥 亩施农家肥4 000 kg,过磷酸钙40~50 kg,硝铵10 kg做种肥,在四叶一心期再每亩施硝铵30~40 kg。

利合16

选育过程:"利合16"(*Zea mays* L.)是由山西利马格兰特种谷物研发有限公司以"CK-EXI13"为母本,"LPMD72"为父本选育而成的。母本来源于"Mo17"×"旬骨11A",引自黑龙江省农业科学院克山农业研究所;父本来源于"LPDP53A"(欧洲硬粒型自交系)×"NNEG5"连续6代自交选择的二环系。

特征特性:极早熟,生育期101~104天。幼苗期叶片绿色,叶鞘紫色。植株为平展型,株高275 cm,穗位104 cm,叶数15片。雌穗花丝黄色,雄穗一级分枝12~15个,护颖绿色,花药浅绿色。果穗长锥形,白轴,穗长17.6 cm,穗粗4.3 cm,秃尖0.3 cm,穗行数12~14,行粒数36粒,单穗粒重137.0 g,出籽率81.8%。籽粒硬粒型,橙黄色,百粒重30.9 g。

品质指标:农业部谷物及制品质量监督检验测试中心(哈尔滨)测定,籽粒容重782 g/L,粗蛋白含量7.61%,粗脂肪含量4.60%,粗淀粉含量74.40%,赖氨酸含量0.32%。

产量表现:2005—2006年参加极早熟玉米品种区域试验,两年平均亩产517.3 kg,比对照"冀承单3号"增产24.6%;2006年生产试验,平均亩产528.0 kg,比对照"冀承单3号"增产14.8%;2012年参加极早熟组试验,平均亩产666.0 kg,比平均值增产2.8%。

栽培技术要点:

1. 适种区域　内蒙古地区≥10℃活动积温2 100℃以上地区种植。

2. 播种期　4月中下旬至5月初,适时早播。

3. 种植密度　4 500～5 000株/亩。

4. 施肥　施足底肥,于大喇叭口期每亩追施氮肥尿素15 kg,适当增施磷钾肥。

玉龙11

选育过程:"玉龙11"(*Zea mays* L.)是由翁牛特旗玉龙种子有限公司选育,以"Y5384"为母本,"L44"为父本杂交育成的。母本是以"B73"×"Mo17"为基础选育而成的;父本是以"8012"×"黄早四"为基础经多代自交选育而成的。

特征特性:极早熟,生育期110天。叶片绿色,叶鞘浅紫色。植株半紧凑型,株高244 cm,穗位92 cm,叶数18片。雄穗一级分枝9个,护颖绿色,花药橙色。花丝黄色。果穗长筒形,红轴,穗长19.2 cm,穗粗4.5 cm,秃尖1.2 cm,穗行数14～16,行粒数39粒,单穗粒重129.3 g,出籽率79.2%。籽粒偏硬粒型,橙黄色,百粒重25.0 g。2012年吉林省农业科学院植保所人工接种、接虫抗性鉴定,感大斑病(7S),感弯孢病(7S),抗丝黑穗病(3.0% R),高抗茎腐病(0% HR),感玉米螟(6.8S)。

品质指标:2012年农业部谷物及制品质量监督检验测试中心(哈尔滨)测定,容重748 g/L,粗蛋白含量10.00%,粗脂肪含量4.92%,粗淀粉含量71.87%,赖氨酸含量0.31%。

产量表现:平均亩产652.6 kg。2010年参加极早熟组区域试验,平均亩产667.9 kg,比对照"大地1号"增产20.5%;2011年参加极早熟组区域试验,平均亩产623.0 kg,比对照"大地1号"增产12.3%;2012年参加极早熟组生产试验,平均亩产652.6 kg,比组均值增产0.7%。

栽培技术要点:

1. 适种区域　内蒙古自治区≥10℃活动积温2 200℃以上地区种植。

2. 播种期　4月下旬至5月上旬。

3. 种植密度　一般肥力地块亩保苗4 000株为宜。

4. 施肥　结合秋翻地撒施有机底肥。播种时每亩条施种肥磷酸二铵15～20 kg,拔节前期结合培土每亩施尿素30 kg。

5. 注意事项　注意防治大斑病、弯孢病、玉米螟。

金垦10

选育过程:"金垦10"(*Zea mays* L.)是由内蒙古丰垦种业有限责任公司选育,以"K454"为母本,"K101"为父本杂交选育而成的。母本来源于"K161"×"扎917"(外引系);父本来源于外引"四早八二"选系。

特征特性:极早熟,生育期110天左右。幼苗叶片黄绿色,叶鞘紫色。植株株高216 cm,穗位59 cm,叶数15.4片。雌穗花丝上粉色。雄穗一级分枝3～4个,护颖绿色,花药黄色。果穗短筒形,红轴,穗长16.6 cm,穗粗4.4 cm,秃尖0.2 cm,穗行数14～16,行粒数36.5粒,出籽率75.6%。籽粒偏硬粒,橙红色,百粒重38.1 g。

品质指标:2014年农业部谷物及制品质量监督检验测试中心(哈尔滨)测定,容重777 g/L,粗蛋白含量9.27%,粗脂肪含量3.39%,粗淀粉含量75.68%,赖氨酸含量0.28%。

产量表现:2012年参加极早熟组预备试验,平均亩产643.7 kg,比对照"大地1号"增产12.9%;2013年参加极早熟组区域试验,平均亩产734.0 kg,比组均值增产8.6%;2014年参加极早熟组生产试验,平均亩产668.1 kg,比对照"九玉五"增产6.1%。

栽培技术要点:

1. 适种区域 内蒙古自治区≥10℃活动积温2 000℃以上地区种植。

2. 播种期 5月上旬(5月5—15日)。

3. 种植密度 亩保苗4 500~5 000株。

4. 施肥 有机肥作基肥,亩施有机肥1.0~1.5 t,化肥氮、磷、钾配比,比例为2:1:0.5,亩用量50~55 kg(纯量),磷、钾以基肥为主,氮肥以追肥为主,早熟品种氮肥要早追肥,避免贪青晚熟。

5. 注意事项 注意防治大斑病。

青贮玉米品种

沁单712

选育过程:"沁单712"(*Zea mays* L.)是由喀喇沁旗三泰种业有限公司以"沁601"为母本,"沁602"为父本选育而成的。母本是以"北711"变异植株为基础连续自交5代而成的;父本是以"海104"变异植株为基础连续8代自交而成的。

特征特性:用作青贮较多,极早熟,生育期112天左右。幼苗叶片绿色,叶鞘浅紫色,叶缘绿色,第一叶卵圆形。植株平展型,株高248 cm,穗位84 cm,总叶片数19片。雌穗花丝黄色,雄穗一级分枝4~7个,护颖黄绿色,花药黄色。果穗长柱形,红轴,穗长21.3 cm,穗粗4.6 cm,秃尖0.2 cm,穗行数14~16行,行粒数42.7粒,穗粒数603粒,单穗粒重148.6 g,出籽率87.2%。籽粒偏硬粒型,黄色,百粒重31.7 g。2008年吉林省农业科学院植保所人工接种、接虫抗性鉴定,中抗大斑病(5MR),高抗丝黑穗病(HR),高抗茎腐病(3.1%HR),感玉米螟(7.1S)。

品质指标:2008年农业部谷物及制品质量监督检验测试中心(哈尔滨)测定,容重755 g/L,粗蛋白含量9.84%,粗脂肪含量4.34%,粗淀粉含量73.01%,赖氨酸含量0.25%。

产量表现:2007年参加内蒙古自治区玉米极早熟组区域试验,平均亩产量565.6 kg,比对照"冀承单3号"增产20.6%;2008年参加内蒙古自治区玉米极早熟组区域试验,平均亩产600.6 kg,比对照"大地1号"增产24.0%;2008年参加内蒙古自治区玉米极早熟组生产试验,平均亩产576.3 kg,比对照"大地1号"增产11.7%。

栽培技术要点:

1. 适种区域 内蒙古自治区呼伦贝尔市、兴安盟、通辽市、赤峰市、乌兰察布市≥10℃活动积温2 200℃以上地区种植。

2. 播种期 4月下旬至5月初。

3. 种植密度 每亩保苗3 500~4 000株。

4. 施肥　常规施肥。

5. 注意事项　注意防治玉米螟。

种星 98

选育过程："种星 98"（*Zea mays* L.），是内蒙古种星种业有限公司 2011 年以自选系"D70"为母本，自选系"Z34"为父本杂交育成的极早熟玉米杂交种。母本"D70"是以"冀承单 3 号"为基础材料，采用系谱法，结合南繁北育连续自交 6 代选育而成的。父本"Z34"是以德国玉米杂交种为基础材料，经南繁北育连续自交 7 代选育而成的。

特征特性：极早熟，生育期 111 天左右。幼苗叶片绿色，叶鞘紫色。植株为半紧凑型，株高 245 cm，穗位 84 cm，叶片数 17.4。雌穗花丝紫色，雄穗护颖绿色，花药黄色。果穗长锥形，穗轴红色，穗长 19.5 cm，穗粗 4.7 cm，穗行数 13.6 行，行粒数 35.1 粒，出籽率 79.9%。籽粒偏硬粒型，黄色，百粒重 34.5 g。大斑病（3R）、抗弯孢叶斑病（3R）、感丝黑穗病（13.3%S）、抗茎腐病（6.8%R），中抗玉米螟（5.1MR）。

品质指标：农业部谷物及制品质量监督检验测试中心（哈尔滨）测定，籽粒容重 788 g/L，粗蛋白含量 9.68%，粗脂肪含量 3.89%，粗淀粉含量 75.49%，赖氨酸含量 0.28%。

产量表现：2013 年参加极早熟组预备试验，平均亩产 726.8 kg，比对照增产 19.3%；2014 年参加极早熟组区域试验，平均亩产 815.5 kg，比对照增产 6.89%；2016 年参加极早熟组生产试验，平均亩产 623.3 kg，比对照增产 7.64%。

栽培技术要点：

1. 适种区域　适宜在内蒙古自治区≥10℃活动积温 2 100℃以上地区种植。

2. 播种期　4 月末至 5 月初。

3. 种植密度　每亩留苗 4 500 株，播种量 3.0 kg 左右，种子包衣处理。内蒙古中西部区适宜 4 000～4 500 株/亩。宽窄行种植或间套作，宽行行距 70 cm，窄行行距 30 cm，株距 33～40 cm。

4. 施肥　施足底肥，亩施磷酸二铵种肥 25 kg 以上，大喇叭口期追施尿素 30 kg 为宜。

5. 注意事项　确保全苗，加强中后期肥水管理。

（二）早熟品种

粮饲兼用品种

承单 16 号

选育过程："承单 16 号"（*Zea mays* L.）是由承德长城金山种子科技有限公司 1995 年用"C6373"为母本，"C610"为父本育成的。

特征特性：早熟，生育期 110 天左右。幼苗绿色，叶鞘红色。植株紧凑型，叶片上冲，株高 250～260 cm，穗位 104～109 cm，总叶片数 18 片。雄穗护颖绿色，花药黄褐色。花丝红色。果穗长筒形，穗长 19.6～23.2 cm，穗粗 4.7 cm，穗行数 12～16 行，出籽率 86.0%。籽粒黄色、穗轴红色、马齿形，百粒重 30.9 g 左右。抗大、小斑病，抗旱性好。

品质指标:经河北省农作物品质检测中心检验结果,粗蛋白含量 11.82%,赖氨酸含量 0.27%,粗脂肪含量 4.27%,淀粉含量 70.77%。

产量表现:一般亩产 570～650 kg。

栽培技术要点:

1. 适种区域　需≥10℃活动积温 2 300～2 500℃地区种植,内蒙古、东北、西北春播早熟玉米区种植。

2. 播种期　4月20—25日。

3. 密度　适宜密度 4 000～4 200株,地膜覆盖 4 500～5 000株。

4. 施肥　田间管理亩施复合肥 15～20 kg,追肥尿素 30～35 kg。

龙单 13

选育过程:"龙单 13"(*Zea mays* L.)是由通化市园艺研究所于 1994 年从黑龙江省农业科学院引入的早熟玉米单交种,母本为"K10",父本为"龙抗 11"。原试验代号为"黑 301"。

特征特性:早熟,生育期 114～117 天。幼苗拱土能力强,幼苗苗壮,发苗快,幼苗叶色鲜绿。株型半收敛,株高 270 cm 左右,穗位 100 cm 左右,花药、花丝黄色,叶数 17 片。果穗呈圆柱形,不秃尖。籽粒橙红色,半马齿形,红轴。穗长 24～26 cm,穗粗 4.8～5.0 cm,每穗行数 14 行,棒大粒深,百粒重 40 g 左右。高抗大斑病、丝黑穗病,中抗茎腐病。

品质指标:籽粒含蛋白质含量 10.81%,脂肪含量 5.0%,淀粉含量 72.23%,赖氨酸含量 0.28%。

产量表现:1996—1998 年三年区域试验平均亩产量 521.58 kg,比对照"海玉 4 号"增产 19.6%;1997—1998 年两年生产试验平均亩产量 540.51 kg,比对照增产 16.2%。

栽培技术要点:

1. 适应区域　早熟区,需≥10℃活动积温 2 300℃左右。

2. 播种期　4月下旬。

3. 种植密度　每亩保苗 3 300株左右。

4. 施肥　每亩施磷酸二铵 10 kg,追肥硝铵 20 kg。

禾源 15 号

选育过程:"禾源 15 号"(*Zea mays* L.)是由承德禾源种业有限公司利用母本"H05",父本"H06"杂交选育而成的。

特征特性:早熟,生育期 116～118 天。叶鞘浅紫色。植株株型半紧凑,株高 270～300 cm,穗位 85～100 cm,叶数 19～20 片。雌穗花丝浅紫色,雄穗分枝 7～15 个,护颖绿色,花药绿色。果穗锥形,穗轴红色,穗长 20～22 cm,穗行数 14～18 行,秃尖 0.4 cm。籽粒黄色,硬粒型,百粒重 34.1 g,出籽率 80.1%。中抗弯孢叶斑病、丝黑穗病、茎腐病,感玉米螟。高抗茎腐病,抗玉米螟,中抗大斑病。

品质指标:2012 年农业部谷物品质监督检验测试中心测定结果,水分含量 12.7%,粗蛋白质(干基)含量 9.09%,粗脂肪(干基)含量 4.54%,粗淀粉(干基)含量 71.46%,赖氨酸(干基)含量 0.31%。

产量表现:2010 年承德春播早熟组区域试验,平均亩产 640.6 kg;2011 年同组区域试验,平均亩产 657.4 kg;2012 年生产试验,平均亩产 681.7 kg。

栽培技术要点:

1. 适种区域　中等肥力,中早熟区域。

2. 播种期　春播区一般在 4 月下旬至 5 月上旬适时抢墒播种,确保一次全苗。

3. 种植密度　适宜种植密度 3 500 株/亩,覆膜可 4 000 株/亩。

4. 施肥　种肥每亩施复合肥 20 kg,磷酸二铵 15～20 kg。注意早施肥,在玉米 10 叶期,每亩追施尿素 25～30 kg。大喇叭口期再追施尿素。

真金 202

选育过程:"真金 202"(*Zea mays* L.)是由内蒙古真金种业科技有限公司以"真 247"为母本,"真 324"为父本杂交选育而成。母本是以"444"×"四 287"为基础材料选育而成的,父本是以合"344"×"杂 C546"为基础材料回交转育而成的。

特征特性:早熟,生育期 110～116 天。幼苗叶片绿色,叶鞘浅紫色,第一叶匙形。植株平展型,株高 271 cm,穗位 96 cm。雌穗花丝浅粉色,雄穗护颖浅绿色,花药黄色,花粉量较大,一级分枝 8～10 个。果穗长锥形,红轴,穗长 19.4 cm,穗粗 4.6 cm,秃尖 0.3 cm,穗行数 12～14 行,行粒数 41 粒,穗粒数 542 粒,单穗粒重 191.1 g,出籽率 86.2%。籽粒偏马齿形,黄色,百粒重 35.3～37.0 g。高抗茎腐病(HR),中抗大斑病(5MR),抗丝黑穗病(3.0%R),感玉米螟(7.2S)。

品质指标:2008 年农业部谷物及制品质量监督检验测试中心(哈尔滨)测定,容重 754 g/L,粗蛋白含量 11.00%,粗脂肪含量 4.66%,粗淀粉含量 69.83%,赖氨酸含量 0.29%。

产量表现:一般亩产 680～730 kg,高肥力地段亩产可达 800 kg。

栽培技术要点:

1. 适种区域　适宜在≥10℃活动积温 2 250～2 300℃的内蒙古、黑龙江等早熟地区。

2. 播种期　4 月底至 5 月初。

3. 种植密度　内蒙古中西部区适宜 4 000～4 500 株/亩。宽窄行种植或间套作,宽行行距 70 cm,窄行行距 30 cm,株距 33～40 cm。

4. 施肥　以促为主,重施底肥、苗肥,促早发。亩施种肥磷酸二铵 15 kg,大喇叭口期追施尿素 25 kg 以上,并在此期防玉米螟一次。

5. 灌水　浇足底墒水,大喇叭口期结合施肥浇一次水,灌浆期根据降水情况决定。

6. 注意事项　注意防治玉米螟。

郝育 20

选育过程:"郝育 20"(*Zea mays* L.)是由吉林省郝育农业科学院以外引系"合 344"为母本,自选系"792112"为父本杂交育成的。外引系"合 344"是"MO17"和"白头霜"为基础材料选育而成的早熟自交系;自交系"792112"是用引自辽宁瓦房店原种场"矮 112"为母本,早熟杂交种为父本,经杂交后南繁北育,连续自交 6 代稳定育成的。

特征特性：早熟，生育期 115 天左右。幼苗叶鞘紫色。植株株高 265 cm 左右，穗位 106 cm 左右，叶数 19 片左右，雄穗分枝 8～10 个，花药黄色。雌穗花丝浅粉色。穗长 21.3 cm 左右，穗粗 4.8 cm 左右，穗行数 14～16 行，行粒数 41 粒左右，百粒重 33 g 左右，单穗粒重 185.9 g 左右。果穗柱形，红轴。籽粒硬粒型，橙黄色。2005 年吉林省农业科学院植保所鉴定，中抗大斑（5MR）、弯孢病（5MR）、茎腐病（17.0MR）、高抗丝黑穗病（0HR）、黑粉病（0HR）、玉米螟（5.3MR）。

品质指标：2005 年农业部谷物品质监督检验测试中心测定（哈尔滨），粗蛋白含量 10.48％，粗淀粉含量 72.57％，粗脂肪含量 4.44％，赖氨酸含量 0.28％，容重含量 788 g/L。

产量表现：2005 年参加内蒙古中早熟组生产试验，平均亩产量 606.5 kg，比对照"哲单 37"增产 8.3％；平均生育期 116 天，比对照"哲单 37"晚 1 天。

栽培技术要点：

1. 适宜地区　内蒙古自治区≥10℃活动积温 2 300℃的区域种植。

2. 播种期　4 月下旬。

3. 种植密度　每亩保苗 3 300 株。

4. 施肥　基肥及种肥每亩施 15 kg 磷酸二铵，1 kg 硫酸锌，有条件每亩加施 2.67 kg 硫酸钾，在拔节期每亩追肥 13.33～16.67 kg 尿素。

5. 注意事项　种子包衣，播种不宜过深。

先达 201

选育过程："先达 201"（*Zea mays* L.）是由先正达（中国）投资有限公司隆化分公司以 "np2052"为母本，"1134"为父本杂交选育而成的。母本属"依阿华马齿"血缘，来源于群体 xxii003/pi3751；父本来源于"黄芽"和"桦 94"后代。

特征特性：早熟，生育期 110 天左右。幼苗叶片绿色，叶鞘浅紫色。植株平展型，株高 239 cm，穗位 75 cm，叶数 18 片。雌穗花丝浅紫色。雄穗护颖浅绿色，花药浅紫色，一级分枝 12 个。果穗长锥形，红轴，穗长 20.0 cm，穗粗 4.6 cm，秃尖 0.3 cm，穗行数 14～16，行粒数 41 粒，穗粒数 617 粒，单穗粒重 159.2 g，出籽率 85.7％。籽粒偏马齿形，黄色，百粒重 31.0 g。2010 年吉林省农业科学院植保所人工接种、接虫抗性鉴定，抗大斑病（3R）、感弯孢病（7S）、高抗丝黑穗病（0％HR）、高抗茎腐病（3.7％HR）、中抗玉米螟（6.0MR）。

品质指标：2010 年农业部谷物及制品质量监督检验测试中心（哈尔滨）测定，容重 759 g/L，粗蛋白含量 9.14％，粗脂肪含量 4.80％，粗淀粉含量 73.45％，赖氨酸含量 0.28％。

产量表现：2009 年参加内蒙古自治区玉米早熟组区域试验，平均亩产 582.2 kg，比对照 "克单 8"增产 13.6％；2010 年参加内蒙古自治区玉米早熟组区域试验，平均亩产 704.7 kg，比对照"登海 19"增产 15.1％；2010 年参加内蒙古自治区玉米早熟组生产试验，平均亩产 712.9 kg，比对照"登海 19"增产 12.3％。平均生育期 110 天，比对照早 1 天。

栽培技术要点：

1. 适种区域　适宜内蒙古自治区乌兰察布市、赤峰市、通辽市、兴安盟、呼伦贝尔市≥ 10℃活动积温 2 300℃以上地区种植。

2. 播种期　适宜播期为 4 月下旬。

3. 种植密度　每亩保苗 4 000 株左右,适宜密度 4 500～5 000 株/亩。

4. 施肥　播种时亩施磷酸二铵 20 kg 或三元复合肥 15 kg 作种肥,大喇叭口期亩追施尿素 25 kg 或碳铵 70 kg。及时中耕除草、间定苗。

东单 2008

选育过程:"东单 2008"(*Zea mays* L.)是由辽宁东亚种业有限公司以"H02-88"为母本,"H02-87"为父本杂交选育而成的。母本是用引"15-1"杂交"38-1"经 6 代自交选育而成的;父本是用法国早熟材料"FL8"与"17-2"杂交经 6 代自交选育而成的。

特征特性:早熟,生育期 115 天左右。幼苗叶片绿色,叶鞘紫色。植株半紧凑型,株高218 cm,穗位 68 cm,总叶数 16 片。雌穗花丝粉色。雄穗护颖绿色,花药黄色。果穗长锥形,红轴,穗长 19.3 cm,穗粗 4.8 cm,秃尖 0.6 cm,穗行数 14～16 行,行粒数 38 粒,穗粒数549 粒,单穗粒重 146.1 g,出籽率 84.0%。籽粒偏马齿形,黄色,百粒重 29.6 g。2008 年吉林省农业科学院植保所人工接种、接虫抗性鉴定,抗大斑病(3R),中抗丝黑穗病(6.9%MR)、茎腐病(22.3%MR),感玉米螟(7.2S)。

品质指标:2008 年农业部谷物及制品质量监督检验测试中心(哈尔滨)测定,容重 738 g/L,粗蛋白含量 9.01%,粗脂肪含量 3.96%,粗淀粉含量 74.38%,赖氨酸含量 0.32%。

产量表现:2008 年参加内蒙古自治区玉米早熟组生产试验,平均亩产 557.2 kg,比对照"克单 8 号"增产 13.5%。平均生育期 115 天,比对照早 1 天。

栽培技术要点:

1. 适宜地区　内蒙古自治区呼伦贝尔市、兴安盟、通辽市、赤峰市、乌兰察布市≥10℃活动积温 2 300℃以上地区种植。

2. 播种期　4 月末至五月初。

3. 种植密度　每亩保苗 3 500～3 800 株。

4. 注意事项　注意防治玉米螟。

新引 KWS9384

选育过程:"新引 KWS9384"(*Zea mays* L.)是由新疆康地种业科技股份有限公司以"KW9F534"为母本,"KW6F513"为父本杂交选育而成的。

特征特性:早熟,生育期 110 天左右。幼苗叶鞘浅紫色,叶片绿色。雌穗花丝浅绿色,雄穗一级分枝 7～11 个,颖壳绿色,花药黄色,茎浅紫色。株型半紧凑,株高 272 cm,穗位95 cm,叶数 20 片。果穗筒形,穗轴红色,穗长 18.6 cm,穗粗 4.5 cm,秃尖 0.6 cm,穗行数14～16,行粒数 38.4 粒,出籽率 85.0%。籽粒橙黄色,半马齿形,百粒重 31.9 g。中抗大斑病(5MR),感弯孢叶斑病(7S),高抗丝黑穗病(0%HR),中抗茎腐病(13.2%MR),抗玉米螟(2.9R)。

品质指标:籽粒粗蛋白含量 8.80%,粗脂肪含量 3.19%,粗淀粉含量 75.35%,赖氨酸含量 0.25%。该品种为高淀粉玉米品种。

产量表现:2015 年参加早熟组预备试验,平均亩产 741.9 kg,比对照增产 7.1%;2016 年参加早熟组区域试验,平均亩产 726.3 kg,比组均值增产 4.39%;2017 年参加早熟组生产试验,平均亩产 621.9 kg,比对照减产 0.6%。

栽培技术要点:

1. 适种区域　适宜在内蒙古自治区≥10℃活动积温 2 250℃以上地区种植。

2. 播种期　4 月中下旬。

3. 种植密度　亩播量 3.0～4.0 kg,建议亩保苗 6 000 株左右。

4. 施肥　每亩施优质农肥 2 000～3 000 kg 作基肥,施复合肥 20～25 kg,锌肥 3～3.5 kg。玉米大喇叭口期,每亩追施尿素 25～30 kg;或播前一次施玉米专用肥 50 kg 左右。

5. 注意事项　整个生育过程中注意田间各类害虫、杂草的防治;灌水、下雨后遇大风可能会发生倒伏,易发生 5 级以上大风区域不建议种植;春季播种后持续低温(≤5℃)会出现烂种;夏季散粉期持续高温(≥35℃)两天以上会影响授粉结实。

青贮玉米品种

豫青贮 23

选育过程:"豫青贮 23"(*Zea mays* L.)是由河南省大京九种业有限公司,用品种以自选系"9383"为母本,"115"为父本杂交组配而成的。"9383"来源于丹"340"×"U8112","115"来源于"78599"。原代号"大京九 23"选育而成的玉米品种。2008 年 8 月 7 日第二届国家农作物品种审定委员会第二次会议审定通过,审定编号:国审玉 2008022 号。2007 年内蒙古自治区农作物品种审定委员会办公室认定。

特征特性:早熟,在东华北地区出苗至青贮收获 117 天,属青贮玉米品种。幼苗浓绿色,叶鞘紫色,叶缘紫色,花药黄色,颖壳紫色。株型半紧凑,株高 330.0 cm,叶数 18～19 片。人工接种抗病(虫)害鉴定,高抗矮花叶病,中抗大斑病和纹枯病,感丝黑穗病,高感小斑病。

品质指标:经北京农学院测定,全株中性洗涤纤维含量 46.72%～48.08%,酸性洗涤纤维含量 19.63%～22.37%,粗蛋白含量 9.30%。

产量表现:2006—2007 年参加青贮玉米品种区域试验,在东华北区平均每亩生物产量(干重)1 401.0 kg,比对照品种增产 9.4%。

栽培技术要点:

1. 适种区域　适宜在北京、天津武清、河北北部(张家口除外)、辽宁东部、吉林中南部和黑龙江第一积温带春播区作专用青贮玉米品种种植。

2. 播种期　4 月下旬至 5 月上旬。5～10 cm 地温稳定在 8～10℃以上即可播种,播种深度 3～5 cm。播种时土壤墒情要好,掌握田间持水量在 60%以上,否则要灌水播种。

3. 种植密度　每亩保苗 4 500 株。

4. 施肥　选中等肥力以上地块种植,每亩施复合肥或者玉米专用肥 40～50 kg,拔节期每亩穴施或沟施复合肥 20～30 kg,12～13 片叶第二次施(穗)肥,每亩穴施或沟施尿素 20～30 kg。

5. 注意事项　注意防治虫害和防止倒伏。

（三）中熟品种

粮饲兼用品种

京农科728

选育过程："京农科728"（*Zea mays* L.）是由北京农林科学院玉米研究中心、北京农科院种业科技有限公司选育。以"MC01"为母本，"京2416"为父本杂交选育而成的。母本选于国外"X1132"杂交种群体，父本选于京"24×5237"基础材料。审定编号：蒙认玉2016011号。

特征特性：中晚熟，生育130天左右。幼苗叶片绿色，叶鞘深紫色。植株紧凑型，株高274 cm，穗位105 cm，叶数19片。雌穗花丝深紫色。雄穗护颖绿色，花药紫色，一级分枝5～9个。果穗短筒形，粉轴，穗长18.3 cm，穗粗5.0 cm，秃尖0.9 cm，穗行数14～16，行粒数37，单穗粒重210.7 g，出籽率84.2%。籽粒马齿形，黄色，百粒重40.4 g。2015年吉林省农业科学院植保所人工接种、接虫抗性鉴定，感大斑病（7S），中抗弯孢叶斑病（5MR），感丝黑穗病（10.5%S），抗茎腐病（8.1%R），中抗玉米螟（5.1MR）。

品质指标：2015年农业部谷物及制品质量监督检验测试中心（哈尔滨）测定，容重795 g/L，粗蛋白含量12.43%，粗脂肪含量4.67%，粗淀粉含量70.47%，赖氨酸含量0.32%。

产量表现：2014年参加中熟组区域试验，平均亩产923.6 kg，比组均值增产4.14%。平均生育期128天，比对照早1天；2015年参加中熟组生产试验，平均亩产855.5 kg，比对照"金山33"增产5.94%，平均生育期133天，比对照晚1天。

栽培技术要点：

1. 适宜地区　适宜在北京、天津、河北唐山、廊坊、沧州及保定北部地区夏播种植。
2. 播种期　4月下旬至5月初。
3. 种植密度　每亩4 500～5 000株。
4. 施肥　每亩施玉米专用肥20 kg，施种肥磷酸二铵15 kg，追肥尿素30 kg。

先正达408

选育过程："先正达408"（*Zea mays* L.）是由先正达（中国）投资有限公司隆化分公司以自选系"NP2034"为母本，以外引系"HF903"为父本杂交选育而成的。母本"NP2034"是以："NPJ8601BC1/NP795"为基础，采用系谱法经6代以上连续自交选育而成。父本"HF903"引自黑龙江省。

特征特性：中熟，生育期123天左右。幼苗叶鞘紫色，苗绿色。植株株型半紧凑，茎秆"之"字形，株高280 cm左右，穗位90 cm左右，叶缘波小，穗上叶片5～6片，全株10～20片叶。雄穗主侧枝明显，苞叶长度适中，无剑叶，一级分枝5～7个。果穗长柱形，穗长22～25 cm，穗粗5 cm左右，穗行数12～14行，行粒数45～50粒，红轴。籽粒半齿形，深黄色。2005年辽宁省丹东农业科学院抗病育种鉴定中心接种鉴定结果：抗大斑病（3R）、灰斑病（3R），中抗弯孢病（5MR），高抗丝黑穗病（0HR）、纹枯病（1HR）和玉米螟（2HR）。

品质指标：2005年农业部谷物及制品质量监督检验中心（哈尔滨）测试：籽粒粗蛋白含量

8.75％,粗脂肪含量 3.84％,粗淀粉含量 75.14％,赖氨酸含量 0.26％,容重 757 g/L。

产量表现:2004 年参加内蒙古自治区中早熟组玉米预备试验,平均亩产 739.9 kg,比对照"四单 19"增产 6.2％。平均生育期 133 天,比对照"四单 19"晚 5 天。2005 年参加内蒙古自治区中熟组玉米区域试验,平均亩产 672.7 kg,比对照"四单 19"增产 5.4％。平均生育期 122 天,与对照"四单 19"持平。2005 年参加内蒙古自治区中熟组玉米生产试验,平均亩产 688.9 kg,比对照"四单 19"增产 4.6％。平均生育期 123 天,比对照"四单 19"早 1 天。

栽培技术要点:

1. 适种区域　内蒙古自治区呼和浩特市、鄂尔多斯市、兴安盟、赤峰市≥10℃活动积温 2 700℃以上地区种植。

2. 播种期　4 月下旬。

3. 种植密度　每亩适宜 4 000 株。

种星 7 号

选育过程:"种星 7 号"(*Zea mays* L.)是由内蒙古种星种业有限公司以"M52"为母本,"M55"为父本杂交选育而成的。母本是以"承 18"×"合 344"为基础采用系谱法选育而成的,父本是以"K12"×"H21"为基础采用系谱法选育而成的。

特征特性:中早熟,生育期 118 天左右。幼苗叶片绿色,叶鞘浅紫色,叶缘绿色,第一叶卵圆形。植株半紧凑型,株高 278 cm,穗位 96 cm,总叶数 18～19 片。雌穗花丝浅紫色,雄穗护颖浅绿色,花药黄色,一级分枝 7～9 个。果穗长锥形,红轴,穗长 19.7 cm,穗粗 4.8 cm,秃尖 0.4 cm,穗行数 14～16 行,行粒数 40.6 粒,穗粒数 599 粒,单穗粒重 175.6 g,出籽率 84.6％。籽粒硬粒型,黄色,百粒重 29.5～30.5 g。中抗大斑病(5MR)、丝黑穗病(9.7％MR)、茎腐病(10.3％MR)、玉米螟(6.9MR)。

品质指标:2008 年农业部谷物及制品质量监督检验测试中心(哈尔滨)测定,容重 774 g/L,粗蛋白含量 10.98％,粗脂肪含量 3.22％,粗淀粉含量 72.82％,赖氨酸含量 0.28％。

产量表现:一般亩产 650～690 kg。

栽培技术要点:

1. 适种区域　内蒙古自治区呼伦贝尔市、兴安盟、通辽市、赤峰市、呼和浩特市≥10℃活动积温 2 500℃以上地区种植。

2. 播种期　4 月下旬以后。

3. 种植密度　每亩保苗 4 000～4 500 株。

京华 8 号

选育过程:"京华 8 号"(*Zea mays* L.)是由北京市农林科学院玉米研究中心以"京 X005"为母本,"京 2416"为父本杂交选育而成的。母本是以国外杂交种为材料经多代自交选育而成的,父本是以"京 24"与"昌 7-2"组配的二环系为材料经多代自交选育而成的。品种审定编号:蒙审玉 2010031 号、黑审玉 2012008 号。

特征特性:中熟,生育期 125 天左右。幼苗期第一叶鞘紫色,叶片绿色,第一叶盾形,茎绿色,植株紧凑型,株高 258 cm 左右,穗位 104 cm,22 片叶。雌穗花丝橙色,雄穗护颖浅绿色,花药紫色,一级分枝 5 个。果穗短锥形,白轴,穗长 18.6 cm,穗粗 5.0 cm,秃尖 0.8 cm,穗行数 12～14,行粒数 37.9,穗粒数 524,单穗粒重 206.1 g,出籽率 85.4%。籽粒硬粒型,黄色,百粒重 41.5 g。两年抗病接种鉴定结果:大斑病 3 级,丝黑穗病发病率 20.9%～22.3%。

品质指标:两年品质分析结果:容重 760～791 g/L,粗淀粉含量 73.30%～75.18%,粗蛋白含量 8.58%～10.25%,粗脂肪含量 4.38%～4.43%。

产量表现:2007 年参加内蒙古自治区玉米中早熟组预备试验,平均亩产 788.3 kg,比对照"四单 19"增产 5.6%。平均生育期 123 天,比对照晚 2 天。2008 年参加内蒙古自治区玉米中熟组区域试验,平均亩产 784.3 kg,比对照"四单 19"增产 16.8%。平均生育期 131 天,比对照晚 2 天。2009 年参加内蒙古自治区玉米中熟组生产试验,平均亩产 809.5 kg,比对照"四单 19"增产 14.9%。平均生育期 128 天,比对照晚 2 天。

栽培技术要点:

1. 适宜区域　内蒙古自治区鄂尔多斯市、包头市、呼和浩特市、赤峰市、兴安盟≥10℃活动积温 2 800℃以上地区种植。黑龙江区域≥10℃活动积温 2 500℃以上区域及审定适应区域种植。凡种植"吉单 27""先正达 408","鑫鑫一号"等地区均可种植。

2. 播种期　在适应区 5 月初播种。

3. 种植密度　每亩保苗 4 000 株左右。

4. 施肥　中等以上肥力地块种植。底肥亩施优质农家肥 1 000 kg(最好结合秋整地破垄深施),播种时亩施磷酸二铵 15 kg 或玉米专用复合肥,每亩追施尿素 15 kg,地力肥厚,可集中在抽雄前一次施入。

5. 田间管理及收获　机播深度为 3～4 cm,播后及时镇压,确保苗全苗壮。播种时可用每亩 1 kg 呋喃丹拌毒土撒施,防治地下害虫。在大喇叭口期用甲拌磷颗粒灌心防治玉米螟。采取机械或人工下棒、机械脱谷的分段收获方式。

6. 注意事项　中等以上肥水地块种植,合理密植。中感丝黑穗,注意种子包衣防治。

包玉 2 号

选育过程:"包玉 2 号"(*Zea mays* L.)是由包头市农业科学研究所选育。以自选系"杂 95-3"为母本,外引系"扎 143"为父本组配选育而成的。母本"杂 95-3"为"冀承单 3 号"杂交种中的变异株,经连续自交选育而成的,父本"扎 143"从扎鲁特旗良种场引入。

特征特性:中早熟,生育期 117 天左右。幼苗叶鞘紫色,苗绿色。植株半紧凑型,株高 240 cm,穗位高 80 cm,叶片数 17。雌穗花丝绿色,雄穗外颖绿紫色,花药黄色,花粉量较大,分枝 7～9 个。果穗长锥形,穗轴白色,穗长 18～20 cm,穗粗 4.9 cm 左右,秃尖小,穗行数 14～18 行,行粒数 35～40 粒,穗粒数 550～570 粒,穗粒重 163.6 g,出籽率 83% 左右。籽粒偏马齿形,黄色,百粒重 31.6 g。2005 年经吉林省植物保护研究所田间人工接种抗病(虫)性鉴定,感大斑病(7S),感弯孢病(7S),高抗丝黑穗病(0HR)、黑粉病(0HR)、中抗茎腐病(19.6MR),感玉米螟(6.3S)。

品质指标:2004 年经农业部谷物品质监督检验测试中心(北京)测定,粗蛋白含量 9.36%,粗淀粉含量 73.28%,粗脂肪含量 4.39%,赖氨酸含量 0.29%,容重含量 765 g/L。

产量表现:一般亩产 650～700 kg。

栽培技术要点：

1. 适种区域　内蒙古≥10℃活动积温 2 300℃以上的地区种植。

2. 播种期　4月下旬以后。

3. 种植密度　每亩 3 500～4 000 株。

4. 施肥　土壤肥力中上等,种肥每亩施磷酸二铵 10～15 kg,拔节初期每亩追施尿素 15～20 kg。

5. 注意事项　种子包衣防治玉米丝黑穗、黑粉等病害。

并单 16 号

选育过程："并单 16 号"(Zea mays L.)是由山西省农业科学院作物遗传研究所以"206-305"为母本,"太系 50"为父本杂交选育而成的。母本是以美国杂交种"X11419"×"H06-14"为基础材料选育而成的,父本是以"K10"×"99-3"为基础材料选育而成的。

特征特性：中熟,生育期 120 天左右。幼苗第一片叶呈椭圆形,叶鞘紫色,叶色深绿。植株半紧凑型,株高 294 cm,穗位 106 cm,叶数 17.8 片。雌穗花丝浅绿色,雄穗护颖绿色,花药紫色。果穗长筒形,红轴,穗长 18.5 cm,穗粗 4.9 cm,秃尖 0.3 cm,穗行数 16,行粒数 37.1 粒,出籽率76.2%。籽粒偏马齿形,黄色,百粒重39.3 g。2014 年吉林省农业科学院植保所人工接种、接虫抗性鉴定,感大斑病(7S)、弯孢病(7S),高抗丝黑穗病(0%HR),抗茎腐病(9.4%R),中抗玉米螟(5.1MR)。

品质指标：2014 年农业部谷物及制品质量监督检验测试中心(哈尔滨)测定,容重 733 g/L,粗蛋白含量 10.27 %,粗脂肪含量 4.14%,粗淀粉含量 75.73%,赖氨酸含量 0.31%。

产量表现：2013 年参加早熟组区域试验,平均亩产 772.2 kg,比对照"丰垦 008"增产 13.2%。平均生育期 118 天,比对照晚 2 天。2014 年参加早熟组生产试验,平均亩产 640.9 kg,比对照"丰垦 008"增产 2.5%。平均生育期 121 天,比对照晚 1 天。

栽培技术要点：

1. 适种区域　内蒙古自治区≥10℃活动积温 2 200℃以上地区种植。

2. 播种期　4月下旬。

3. 种植密度　每亩保苗 4 000～4 500 株。

4. 施肥　亩施农肥 3 000～4 000 kg,拔节期每亩追施尿素 40 kg。

5. 注意事项　注意防治大斑病、弯孢病。

东单 5 号

选育过程："东单 5 号"(Zea mays L.)是由辽宁省东亚种子科学研究院玉米育种所组配的玉米单交种。以"7922"为母本,"LD04"为父本组配成的单交种。母本"7922"引自铁岭农科院,父本"LD04"以"Mo17"×"旅 9 宽/330"为母本与单交种"S021"×"加白 3"为父本组配成复合种,经多代自交选育而成的自交系。

特征特性：中熟,生育期 123 天左右。幼苗叶鞘深紫色,叶片深绿色,根系发达。植株半紧凑型,株高 280 cm,穗位 105 cm,叶数 19～20 片。雌穗花丝绿色,雄穗护颖绿色,花药黄色,一级分枝 13～17 个。果穗长筒形,穗长 18.3 cm,穗粗 4.8 cm,穗行数 14～18 行,行粒数

43 粒,穗粒数 580 粒,秃尖 1.5 cm,单穗粒重 199.0 g,穗轴白色。籽粒马齿形,黄色有较浅白顶,百粒重 33.4 g,出籽率 84.5％。2006 年辽宁省丹东农业科学院人工接种抗性鉴定,高抗茎腐病(HR),抗大斑病(3R),抗灰斑病(3R),抗弯孢菌叶斑病(3R),抗丝黑穗病(2.9R),抗玉米螟(3.0R);2006 年吉林省农业科学院植物保护研究所人工接种抗性鉴定,抗茎腐病(9.8R),中抗大斑病(5MR)、弯孢菌叶斑病(5MR)、丝黑穗病(6.3MR)、玉米螟(6.8MR)。

品质指标:2007 年农业部谷物及制品质量监督检验测试中心(哈尔滨)测定,粗蛋白含量 11.12％,粗脂肪含量 4.43％,粗淀粉含量 70.99％,赖氨酸含量 0.31％,容重 744 g/L。

产量表现:1998—1999 年两年生产试验,平均产量 671.9 kg/亩。

栽培技术要点:

1. 适种区域　辽宁东部、西北部,吉林中南部,内蒙古等适宜地区种植。全生育期需≥10℃ 有效积温 2 630℃。

2. 播种期　北方春玉米区地温通过 10℃ 为适宜播种期。

3. 种植密度　适宜清种,种植密度为每亩 3 500～4 000 株。

4. 施肥　适宜肥力中等的平地、坡地种植。每亩施底肥复合肥 20～25 kg,于大喇叭口期每亩追施尿素 25～30 kg。

5. 注意事项　精选后的种子用兼防丝黑穗病种衣剂进行种子包衣处理。心叶末期要防治玉米螟虫的危害。

九玉 3 号

选育过程:"九玉 3 号"(*Zea mays* L.)是由内蒙古九丰种业有限公司为自交系间杂交种。2000 年以自交系"IE01"为母本,以"B-8"自交系为父本杂交育成的。

特征特性:中熟,生育期 103～125 天。植株半紧凑型,株高 206～277 cm,平均 240 cm,穗位 65～90 cm。雌穗花丝浅紫色,雄穗花药黄色。果穗长柱形,穗长 18.7～24.2 cm,穗粗 4.3～4.5 cm,穗行数 14～16 行,行粒数 40～42 粒,百粒重 26.4～41.0 g,穗轴红色,出籽率 82％～84％。籽粒橙色。2003 年吉林省农业科学院植保所抗性鉴定结果:中抗大斑病(5MR),感弯孢菌病(7S),中抗丝黑穗病(8.6MR),高抗黑粉病(0HR),抗茎腐病(8.6R),高抗玉米螟(1.6HR)。

品质指标:经农业部谷物品质检测中心(哈尔滨)检测容重 779 g/L、粗蛋白(干基)含量 11.70％、粗脂肪(干基)含量 4.3％、淀粉含量 72.5％,赖氨酸含量 0.28％。

产量表现:2003 年参加玉米极早熟组区域试验,比对照CK1"冀承单 3"增产 13.6％,与辅助对照CK2"海玉 4 号"平均增产 8.8％;2004 年参加极早熟组区域试验,与主对照CK1"冀承单 3",平均增产 30.18％,与辅助对照CK2"海玉 4 号"平均增产 11.25％;2004 年参加玉米极早熟组生产试验,比主对照CK1"冀承单 3"平均增产 32.2％,比辅助对照CK2"海玉 4 号",平均增产 13.2％。

栽培技术要点:

1. 适种区域　内蒙古≥10℃ 活动积温 2 300～2 400℃地区种植。

2. 播种期　4 月下旬至 5 月上旬。

3. 种植密度　每亩保苗 3 800～4 000 株。

4. 施肥　每亩施基肥农家肥 1 000~2 000 kg,种肥 20~25 kg,磷酸二铵或者玉米专用肥。每亩追肥 10 kg 尿素。

必祥 101

选育过程:"必祥 101"(*Zea mays* L.)是由北京华农伟业种子科技有限公司以"B280"为母本,"HN002"为父本组配而成的。母本的基础材料为"PH6WC"×"C8605-2",父本的基础材料为美国早熟杂交种"8 号"×"昌 7-2"。

特征特性:中熟,生育期 125 天左右。幼苗叶片绿色,叶鞘紫色。植株半紧凑型,株高 267 cm,穗位 95 cm,叶数 20 片。雌穗花丝浅绿色。雄穗一级分枝 6~8 个,护颖绿色,花药浅紫色。果穗长筒形,粉轴,穗长 18.7 cm,穗粗 5.0 cm,秃尖 0.8 cm,穗行数 14~16,行粒数 38.0,单穗粒重 209.3 g,出籽率 82.5%。籽粒马齿形,黄色,百粒重 36.1 g。2014 年吉林省农业科学院植保所人工接种、接虫抗性鉴定,感大斑病(7S),高抗丝黑穗病(0%HR),中抗弯孢病(5MR)、茎腐病(14.3%MR)、玉米螟(5.0MR)。

品质指标:2014 年农业部谷物及制品质量监督检验测试中心(哈尔滨)测定,容重 778 g/L,粗蛋白含量 10.11%,粗脂肪含量 3.91%,粗淀粉含量 73.94%,赖氨酸含量 0.29%。

产量表现:2012 年参加中早熟组预备试验,平均亩产 798.5 kg,比对照"哲单 39"增产 8.4%。平均生育期 127 天,比对照晚 3 天。2013 年参加中早熟组区域试验,平均亩产 857.0 kg,比组均值增产 3.6%。平均生育期 118 天,比对照"九玉 1034"晚 2 天。2014 年参加中早熟组生产试验,平均亩产 838.0 kg,比对照"九玉 1034"增产 10.2%。平均生育期 128 天,比对照晚 3 天。

栽培技术要点:

1. 适种区域　内蒙古自治区≥10℃活动积温 2 500℃以上地区种植。
2. 播种期　4 月 28 日至 5 月 5 日。
3. 种植密度　每亩保苗 4 000 株左右。
4. 注意事项　注意防治大斑病。

青 贮 品 种

京 科 516

选育过程:"京科 516"(*Zea mays* L.)是由北京市农林科学院玉米研究中心,用品种母本"MC0303"(来源于"9042"×"京 89")×"9046",父本"MC30"(来源于"1145"×"1141")选育而成的玉米品种。2007 年 11 月 14 日经第二届国家农作物品种审定委员会第一次会议审定通过,审定编号为国审玉 2007029。

特征特性:中熟,在东华北地区出苗至青贮收获期 115 天,比对照"农大 108"晚 4 天,需有效积温 2 900℃左右。幼苗叶鞘紫色,叶片深绿色,叶缘紫色,花药黄色,颖壳紫色。株型半紧凑,株高 310 cm,成株叶数 19 片。经中国农业科学院作物科学研究所两年接种鉴定,抗矮花叶病,中抗小斑病、丝黑穗病和纹枯病,感大斑病。

品质指标:经北京农学院植物科学技术系两年品质测定,中性洗涤纤维含量 47.58%~

49.03%,酸性洗涤纤维含量 20.36%～21.76%,粗蛋白含量 8.08%～10.03%。

产量表现:2005—2006 年参加青贮玉米品种区域试验(东华北组),两年平均每亩产量(干重)1 247.5 kg,比对照"农大 108"增产 11.5%。

栽培技术要点:

1. 适种区域　适宜在北京、天津、河北北部、辽宁东部、吉林中南部、黑龙江第一积温带、内蒙古呼和浩特、山西北部春播区作专用青贮玉米品种种植。

2. 播种期　4 月末至 5 月初。

3. 种植密度　每亩保苗 5 000～6 000 株(青贮),在中等肥力以上地块栽培,每亩适宜密度 4 000 株左右。

4. 施肥　施肥和大田玉米一致。为了取得较高产量,底肥可使用每亩优质有机肥或农家肥 1 000 kg,用磷酸二铵作种肥,一般每亩施肥 10 kg,施用时种子与肥料分离。肥水管理上以促为主,每亩追肥尿素 20～25 kg,在拔节前后(7～8 片展开叶)结合中耕一次性施入。

(四)晚熟品种
粮饲兼用品种
丰田 12 号

选育过程:"丰田 12 号"(*Zea mays* L.)是由赤峰市丰田科技种业有限公司,以自选系"F1216"为母本,"T2116"为父本组配育成的。母本"F1216"是由"81162"×"4112"杂交后自交 6 代选育而成,父本"T2116"是由"丹 340"×"Mo17"杂交后连续自交 6 代选育而成的。

特征特性:中晚熟,生育期 130 天左右。幼苗叶片绿色,叶鞘深紫色,叶缘紫色,第一叶卵圆形。植株株型半紧凑,株高 250～260 cm,穗位 100～105 cm,茎粗 3.3 cm,穗柄长 9～12 cm,叶片数 20～21,叶色浅绿。雌穗花丝紫色,雄穗外颖绿色,花药橙黄色,分枝 12～17 个。果穗筒形,穗轴红色,穗长 20～22 cm,穗粗 4.9 cm,穗行数 14～16,行粒数 40～45 粒,穗粒数 612 粒,单穗粒重 215.2 g。籽粒马齿形,黄色,出籽率 85%,百粒重 36.2 g。2006 年吉林省农业科学院植物保护研究所人工接种、接虫抗性鉴定:高抗茎腐病(3.4HR)、中抗大斑病(5MR)、弯孢菌叶斑病(5MR)、丝黑穗病(9.1MR)、玉米螟(5.2MR)。2012 年,高抗丝黑穗病,感大斑病、弯孢菌叶斑病、玉米螟,高感茎腐病;2013 年,抗丝黑穗病、中抗茎腐病、玉米螟,感大斑病、弯孢菌叶斑病。

品质指标:2006 年农业部谷物及制品质量监督检验测试中心(哈尔滨)检测,籽粒中粗蛋白含量 9.29%,粗脂肪含量 7.13%,粗淀粉含量 71.00%,赖氨酸含量 0.28%,容重 732 g/L;2013 年河北省农作物品种品质检测中心测定,粗蛋白质(干基)含量 10.94%,粗脂肪(干基)含量 4.02%,粗淀粉(干基)含量 71.00%,赖氨酸(干基)含量 0.31%。

产量表现:2004 年参加内蒙古自治区中早熟组玉米预备试验,平均亩产 697.9 kg,比对照"四单 19"增产 3.6%。平均生育期 132 天。2005 年参加内蒙古自治区中熟组玉米区域试验,平均亩产 642.8 kg 比"四单 19"增产 0.7%。平均生育期 134 天,比对照"四单 19"晚 1 天。2006 年参加内蒙古自治区中熟组玉米生产试验,平均亩产 790.8 kg,比对照"四单 19"增产

8.8%。平均生育期124天,比对照"四单19"早2天。2012年河北省张家口市春播早熟组引种试验,平均亩产726.0 kg。2013年同组引种试验,平均亩产755.8 kg。

栽培技术要点:

1. 适宜地区 内蒙古自治区赤峰市、通辽市、呼和浩特市、兴安盟≥10℃活动积温2 450℃以上地区种植。

2. 播种期 适宜播期4月下旬至5月上旬。

3. 种植密度 每亩3 500～3 800株。

4. 施肥 每亩施种肥磷酸二铵10～15 kg,拔节期亩施尿素30 kg。

鄂玉10号

选育过程:"鄂玉10号"(*Zea mays L.*)是由湖北十堰市农业科学院以"Z069"和"S7913"杂交选育而成的。

特征特性:晚熟,在西南春播全生育期121天左右。苗势强,株高260 cm左右,穗位100 cm左右,株型半紧凑。茎秆粗壮,叶片箭形斜上举,叶数20片。花药浅紫色,花丝青白色,果穗长锥形,穗长20 cm,穗粗5 cm,穗行数14～16行,行粒数36粒,百粒重29.0 g,出籽率89%。籽粒红色,马齿形,穗轮红色。苗健株壮,生长势强,丰产性和稳产性好。感大斑病、小斑病,中抗矮花叶病和丝黑穗病,抗纹枯病,高抗茎腐病。籽粒外观品质欠佳。

品质指标:籽粒粗蛋白含量8%,粗脂肪含量3.44%,粗淀粉含量74.77%,赖氨酸0.24%。

产量表现:1998—1999年参加国家西南玉米区试,其中1998年平均亩产586.7 kg,比对照"掖单13号"增产24.68%,增产极显著;1999年平均亩产567.78 kg,比"掖单13号"增产21.9%,增产极显著。两年均居西南玉米组区试品种单产第一位,平均亩产577.24 kg,比对照"掖单13号"平均增产23.29%;1999年在西南6个省市13个试点进行了生产试验,平均亩产537.1 kg,比当地对照品种增产23.6%。

栽培技术要点:

1. 适宜地区 西南玉米区种植。适宜春播单作或套作,也适宜地膜覆盖栽培或育苗移栽。

2. 播种期 乌兰察布4月末以后,采用地膜或育苗移栽。

3. 种植密度 单作密度4 000株/亩,套作密度3 500株/亩。

4. 施肥 氮磷钾配合施用,比例为2.4∶1∶2,苗、穗、粒肥为总追肥量的30%、60%、10%。

5. 注意事项 注意防治苗期害虫和玉米螟。在玉米大斑病、小斑病易发区慎用。

沈玉33号

选育过程:"沈玉33号"(*Zea mays L.*)是由沈阳市农业科学院选育,利用品种"沈3336"×"沈3117"杂交而成的。

特征特性:晚熟,在西北春玉米区出苗至成熟134天,比"沈单16"晚3天。幼苗叶鞘紫色,叶片绿色,叶缘紫色,花药黄色,颖壳淡紫色。株型半紧凑,株高303 cm,穗位142 cm,成

株叶数 21～23 片。花丝绿色,果穗锥形,穗长 21.6 cm,穗行数 16～18 行,穗轴白色,籽粒黄色,半马齿形,百粒重 34.6 g。经中国农业科学院作物科学研究所两年接种鉴定,抗丝黑穗病,中抗大斑病、小斑病和矮花叶病,高感茎腐病和玉米螟。

品质指标:经农业部谷物品质监督检验测试中心(北京)测定,籽粒容重 742 g/L,粗蛋白含量 9.48%,粗脂肪含量 3.66%,粗淀粉含量 74.77%,赖氨酸含量 0.30%。

产量表现:2009—2010 年参加西北春玉米品种区域试验,两年平均亩产 894.8 kg,比对照"沈单 16"增产 8.6%。2010 年生产试验,平均亩产 942.2 kg,比对照"沈单 16"增产 10.9%。

栽培技术要点:

1. 适种区域　在甘肃、宁夏、新疆(昌吉除外)、陕西榆林、内蒙古鄂尔多斯和巴彦淖尔地区春播种植。

2. 播种期　4 月下旬以后。

3. 种植密度　直播每亩密度 4 000～4 500 株。

4. 施肥　在中等肥力以上地块种植。

5. 注意事项　防治茎腐病和玉米螟。注意防治丝黑穗病和玉米螟,茎腐病高发区慎用。

方玉 36 号

选育过程:"方玉 36 号"(*Zea mays* L.)是由河北德华种业有限公司申请。以"F501"为母本,"H09"为父本组配的杂交种,原代号"方玉 30"。母本是以"沈 137"×"C110"为基础材料连续自交 6 代选育而成的,父本是以("Mo17 改良系"×"鲁原 92")×"郑 22"为基础材料连续自交 6 代选育而成的。

特征特性:中晚熟,生育期 138 天左右。幼苗叶片绿色,叶鞘紫色,第一叶匙形。植株半紧凑型,株高 290 cm,穗位 139 cm,总叶数 22～24 片。雌穗花丝绿色。雄穗护颖绿色,花药黄色,一级分枝 7～10 个。果穗柱形,红轴,穗长 19.5 cm,穗粗 5.5 cm,秃尖 0.1 cm,穗行数 14～18 行,行粒数 39.6 粒,穗粒数 639 粒,单穗粒重 232.3 g,出籽率 86.5%。籽粒半马齿形,橙黄色,百粒重 36.4 g。2008 年吉林省农业科学院植保所人工接种、接虫抗性鉴定,中抗大斑病(5MR),感丝黑穗病(17.2%S),高抗茎腐病(2.6%HR),中抗玉米螟(6.5MR)。

品质指标:2008 年农业部谷物及制品质量监督检验测试中心(哈尔滨)测定,容重 706 g/L,粗蛋白含量 8.77%,粗脂肪含量 4.17%,粗淀粉含量 73.87%,赖氨酸含量 0.30%。

产量表现:2007 年参加内蒙古自治区玉米中晚熟组预备试验,平均亩产 927.1 kg,比对照"郑单 958"增产 11.7%;2008 年参加内蒙古自治区玉米中晚熟组区域试验,平均亩产 915.0 kg,比对照"郑单 958"增产 7.8%;2008 年参加内蒙古自治区玉米中晚熟组生产试验,平均亩产 930.2 kg,比对照"郑单 958"增产 4.9%。

栽培技术要点:

1. 适宜地区　内蒙古自治区通辽市、赤峰市、巴彦淖尔市≥10℃活动积温 3 000℃以上地区种植。

2. 播种期　4 月底至 5 月初适宜播种,足墒下种,一播全苗。

3. 种植密度　每亩保苗 3 000～3 500 株。

4. 施肥 施足底肥,喇叭口期每亩追施尿素 25 kg。

5. 注意事项 玉米丝黑穗病重发区慎用。

青贮品种

东 陵 白

选育过程:"东陵白"(*Zea mays* L.)来源于河北省、天津市,因原产于清东陵地区而得名,又名"白马牙"。"东陵白"属农家品种,常规种子。

特征特性:晚熟,生育期为 155～160 天。叶片较宽,叶色较绿。植株株型松散,株高 355.2 cm,穗位 167.6 cm,穗长 25 cm 左右,单株叶重 0.22 kg,茎穗重 1.22 kg,单株重 1.44 kg。籽粒白色,呈大片状。抗病虫,抗倒伏性一般。东陵白玉米还是专用青贮玉米,到青贮收获期为 130 天。叶面较宽展,富含叶绿素。生物产量高,粗纤维含量较低,蛋白质含量较高,适口性好,非常适宜青贮。用其喂牛,不仅奶牛产奶量高,奶中的奶油含量也有提高。白玉米的茎叶多汁柔软,是牛、羊等牲畜的上好饲料,也是我国常用的饲草玉米品种。青饲料产量地上部分生物产量一般达每亩 7 500～10 000 kg。

品质指标:2002 年内蒙古农牧渔业生物实验研究中心检验结果(干样):水分含量 70.95%,粗蛋白含量 6.53%,粗脂肪含量 3.26%,粗纤维含量 22.48%,总糖含量 16.52%。

产量表现:2002 年在呼和浩特市安排三个点试验,平均株高 342.5 cm,每亩生物产量为 6 395.2 kg;2003 年参加内蒙古自治区饲用作物区试,3 点平均每亩生物产量为 5 405.3 kg。在呼和浩特市和林格尔县试验,每亩生物产量为 5 356.2 kg;2003 年在呼和浩特市农业科技示范园区累计种植面积 23.3 万亩,平均每亩生物产量为 4 966.9 kg。

栽培技术要点:

1. 适宜地区 适宜≥10℃有效积温在 2 800℃以上的区域种植,整株青贮。

2. 播种期 适时播种,耕作层地温稳定在 12℃适时播种,播种深度为 5 cm,5～6 月播种,9 月收贮。播种过早,种得过深,地温太低,出苗缓慢,易感染丝黑穗等病害。

3. 种植密度 5 000～5 500 株/亩,最高不超过 7 500 株/亩。

4. 施肥 增施有机肥,配施氮、磷、钾肥。大喇叭口期重施肥及适时浇水。

中北 410

选育过程:"中北 410"(*Zea mays* L.)是由山西北方种业股份有限公司于 2000 年用 "SN915"为母本,"YH-1"为父本组配而成的。自交系"SN915"是北方公司于 1997—2000 年间经过 7 代从美国杂交种"3382"材料中自交选育而成,父本"YH-1"是具有热带血缘的种群中选出的一个优良自交系。

特征特性:晚熟,生育期 135 天以上。幼苗叶鞘紫色,叶片绿色,叶缘青色。植株株型半紧凑,株高 309 cm,穗位 143 cm,成株叶片 17～19 片。雌穗花丝红色。雄穗花药紫色,颖壳紫色。果穗筒形,穗长 21.2 cm,穗行数 14～16 行,穗轴白色。籽粒硬粒型,黄色。经中国农科院品质所接种鉴定,抗大斑病、小斑病和丝黑穗病,中抗纹枯病,感矮花叶病。

品质指标:北京农学院测定,全株中性洗涤纤维含量 48.40%,酸性洗涤纤维含量

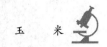

24.3％,粗蛋白含量 9.26％,茎秆糖分含量 12.60％。

产量表现:2002—2003 年参加青贮玉米品种区域试验。2002 年 14 点增产,3 点减产,平均亩生物产量(鲜重)4 370.89 kg,比对照"农大 108"增产 12.1％;2003 年 16 点增产,3 点减产,平均亩生物产量(干重)1 349.03 kg,比对照"农大 108"增产 9.16％;2004 年参加内蒙古自治区饲用作物区试每亩生物产量 5 226.9 kg,较对照"东陵白"增产 17.8％。

栽培技术要点:

1. **适宜地区**　内蒙古≥10℃活动积温 2 750～3 100℃地区作为青贮玉米种植。

2. **播种期**　地表 5 cm 土层温度稳定超过 10℃以上时播种。或者 4 月下旬以后,地表温度在 10℃以上。

3. **种植密度**　每亩 4 500～5 500 株。

4. **施肥**　在东华北春玉米区中等以上肥力土壤上栽培。该品种喜肥,施肥要农、化结合,氮、磷、钾配合施用。在一般情况下亩施三元复合肥 20～33 kg 做底肥。拔节期每亩追施氮肥 20～26 kg。

5. **注意事项**　北纬 40°以上地区应覆盖地膜,注意防治丝黑穗病、矮花叶病。矮花叶病高发病区慎用。

向 日 葵

向日葵(*Helianthus annuus* L.)亦称葵花,是菊科向日葵属的植物,因花序随太阳转动而得名。向日葵的播种面积约为 2 200 万 hm²,主要产自阿根廷、印度、俄罗斯、乌克兰、美国、中国、西班牙及罗马尼亚。在这些播种面积中绝大部分是油用向日葵,如阿根廷向日葵播种面积约 346.67 万 hm²,其中食葵面积约 1.73 万 hm²,仅占播种面积的 0.5%;美国向日葵播种面积约 140 万 hm²,食葵面积约 16.67 万 hm²,仅占播种面积的 12%;中国向日葵播种面积约 133.33 万 hm²,食葵面积超过 40%,达 53.33 万 hm²,主要分布在内蒙古自治区、新疆维吾尔自治区、黑龙江省和山西省。

向日葵品种的选择应该本着因地制宜的原则,选择适合本地区的品种,综合考虑当地气候、土壤、品种特性等因素。优良品种应该具备以下特点:具有良好的经济性状;具有良好的品质;油葵种子含油率高,食葵种子品质好、外观好;具有抗逆性和抗病性;适应性广。

通过调研,近几年乌兰察布市各地向日葵主栽品种分别为:化德县向日葵种植品种主要有 3638 系列、363 系列、601 系列、3167 系列等;商都县向日葵种植品种主要有 363 系列、339 系列、西亚 588 等;四子王旗向日葵种植品种主要有 3638 系列等;兴和县向日葵种植品种主要有 3638 系列等;察右后旗向日葵种植品种主要有 363 系列、3638 系列、3167 系列等;察右中旗向日葵种植品种主要有 3638 系列、363 系列、601 系列、3167 系列等。

综上所述,食用型向日葵品种主要有:3638 系列(例如:KX3638、RY3638、3638C)、363 系列(例如:GF363、先葵 363、T363)、601 系列(例如:FS601、GL601、先葵 601)、3167 系列(例如:C3167、S3167、QL3167)、339 系列(例如:FS339、T339)、SF399、双星 6 号、FS7333、弘昌 863、弘昌 861、金太阳一号、西亚 588;油用型向日葵品种主要有:T562、康地 1035、诺葵 N212。

本章向日葵按食用型向日葵、油用型向日葵分类,共编入 24 个品种,是乌兰察布市目前主要推广和种植的品种。

(一)食用型向日葵品种

3638C

选育过程:"3638C"(*Helianthus annuus* L.)来源于"360A"×"338R"。

特征特性:杂交种。食用型。株高 167 cm,茎粗 2.8 cm。叶数 28 片,生育期 97 天。花盘为凸盘,倾斜度 4 级,直径 20~22 cm,单盘粒重 120.4 g。籽粒形状为长锥形,黑底白边,长 2 cm,宽 0.8 cm。抗盘腐型菌核病、根腐型菌核病、黄萎病,高抗黑斑病、褐斑病。

品质指标:籽实蛋白质含量 14.32%。

产量表现:第 1 生长周期亩产 240.0 kg,比对照"DK119"增产 18.9%;第 2 生长周期亩产 261.3 kg,比对照"RH3146"增产 18.1%。

栽培技术要点:

1. 适应范围　内蒙古自治区≥10℃活动积温 2 100℃以上地区种植。

2. 选地　选择轮作周期 3 年以上(例:当发生严重的地块应改种其他作物),地势平坦、土层深厚、保水保肥、通气良好的地块,马铃薯不适宜作为前茬。

3. 播种期　建议种植时间大概在 5 月底至 6 月初,用户应根据当地实际气温情况及地域情况因地制宜调整播期。

4. 播种量　覆膜种植,大行距 2.6 尺,小行距 1.2 尺,株距 1.6 尺,每亩 2 000 株。用户应根据当地气候及土壤肥力状况合理调整种植密度。

5. 施肥　每亩施底肥磷酸二铵 15 kg,复合肥 20 kg,追肥 5 kg 尿素。

6. 收获　当植株茎秆变黄,中上部叶片为淡黄色,花盘背面为黄褐色,舌状花干枯或脱落,果皮坚硬,即可收获。

KX3638

选育过程:"KX3638"(*Helianthus annuus* L.)来源于("38A"×"38B")×"36R"。

特征特性:杂交种。食用型。该品种生育期 115 天,全部无分支。株高 168～172 cm,茎秆直径 3.2 cm,叶数 31 片,颜色浓绿。花盘平,舌状花黄色,黄色花药,花盘直径 22～28 cm。花盘形状:凸,成熟时花盘水平向下,结实率好。籽粒性状:瘦果籽粒黑色,长锥形。中抗盘腐型菌核病、根腐型菌核病、黄萎病、黑斑病、褐斑病,综合抗病性为中抗。

品质指标:籽实蛋白质含量 33.07%,油率含量 38.87%,亚油酸含量 0.61%。

产量表现:第 1 生长周期亩产 236.95 kg,比对照"LD5009"增产 3.77%;第 2 生长周期亩产 241 kg,比对照"LD5009"增产 1.47%。

栽培技术要点:

1. 适应范围　建议内蒙古乌兰察布市、临河区≥10℃活动积温 2 200℃以上地区种植。

2. 选地　选择轮作周期 3 年以上(例:当发生严重的地块应改种其他作物),地势平坦、土层深厚、保水保肥、通气良好的地块,马铃薯不适宜作为前茬。

3. 播种期　建议春播从 4 月中旬至 6 月初均可。

4. 播种量　亩播种量 0.3～0.4 kg,行距 60 cm 为宜,一般种植密度 2 700～3 500 株/亩,播种深度 3～4 cm。

5. 施肥　施足底肥,配合施用硼肥,在现蕾及开花期及时浇水,结合浇水进行追肥,每亩施尿素 5～10 kg、硼肥 2～3 kg,或者喷施速效叶面硼肥。

6. 收获　食葵花盘背面呈现黄白色,叶片变黄时,即达到生理成熟期,应继续在田间脱水干燥,等到生理成熟后 10 天花盘变褐色时,开始收获。

RY3638

选育过程:"RY3638"(*Helianthus annuus* L.)来源于("272A"×"272B")×"DR067"。

特征特性:杂交种。食用型。中早熟品种,河套地区生育期 95 天左右,株高 175 cm 左右,叶数 26 片左右,花盘直径 24 cm 左右,籽粒长锥形,灰底白边,长 2.0 cm,百粒重 17.4 g,单盘粒重 120.4 g。高抗盘腐型菌核病、根腐型菌核病、黑斑病,中抗黄萎病、褐斑病,耐旱、耐瘠薄。

品质指标:籽实蛋白质含量 15.8%,油率含量 10.9%。

产量表现:第 1 生长周期亩产 280.66 kg,比对照"LD5009"增产 4.9%;第 2 生长周期亩产 285.72 kg,比对照"LD5009"增产 7.5%。

栽培技术要点:

1. 适应范围 适宜在内蒙古自治区≥10℃活动积温 2 300℃以上区域种植。

2. 选地 要求土壤熟化实行轮作倒茬,忌连茬、重茬、要求轮作,不然则会加重病虫害。

3. 播种期 适期播种,合理密植,一般在 5 cm 地温稳定在 8℃以上即可播种。

4. 播种量 一般要求覆膜点播,每穴一粒,深度为 3~5 cm,行距 70 cm,株距 75 cm。

5. 施肥 一般情况下建议播种前施足底肥,每亩一次性投施向日葵专用复合肥 25 kg,现蕾期每亩追施尿素 15 kg。最好根据当地土壤情况采用配方施肥。

6. 收获 当花盘背部发黄、苞叶呈黄褐色,下部叶片干枯脱落时,即可收获。收获后要及时摊晒,及时脱粒,不能长时间堆放,否则花盘会腐烂造成损失,脱粒后种子必须晒干后收藏。

GF363

选育过程:"GF363"(*Helianthus annuus* L.)来源于"G713"×"F3206"。

特征特性:杂交种。食用型。生育期 105 天。幼苗性状:幼苗生长旺盛,叶片深绿,叶片呈心脏形。植株性状:株高 260 cm,茎粗 2.87 cm,群体生长整齐。花盘性状:舌状花和管状花为橙黄色,花药紫色,花盘直径 25 cm 左右,花盘倾斜度 5 级,花盘形状平盘。籽粒性状:籽粒长锥形,颜色黑底白边,粒长 2.2 cm 左右,宽 0.8~1.1 cm,百粒重 17.8 g。高抗盘腐型菌核病、根腐型菌核病、黑斑病、褐斑病,中抗黄萎病。

品质指标:籽实蛋白质含量 13.38%。

产量表现:第 1 生长周期亩产 220.6 kg,比对照"LD5009"增产 12.3%;第 2 生长周期亩产 276.0 kg,比对照"LD5009"增产 7.0%。

栽培技术要点:

1. 适应范围 适宜在内蒙古自治区≥10℃活动积温 2 300℃以上区域种植。

2. 选地 选择土地平整、排水良好的中下等肥力土壤种植,不宜重茬、迎茬,实行 3 年以上轮作。

3. 播种期 一般适宜播种期在 5 月 20 日至 6 月 10 日。

4. 播种量 采用大小行种植,大行距 90 cm,小行距 40 cm,株距 53 cm,理论亩留苗 1 936 株。

5. 施肥 播前结合覆膜,每亩施种肥磷酸二铵 10 kg、含钾复合肥 15 kg 或向日葵专用肥

30 kg,现蕾期结合浇水亩施尿素 20 kg。

6. 收获　向日葵花盘背面呈现黄色,叶片变黄,籽实颜色变深、皮壳坚硬时即已成熟,及时收获。

先葵 363

选育过程:"先葵 363"(*Helianthus annuus* L.)来源于("YL14"/"YL18")×"EQ38"。

特征特性:杂交种。食用型。生育期 110 天左右。株高 260 cm 左右,茎粗 2.7 cm,叶数 35 片,盘茎 23~25 cm,盘形平,花盘倾斜度 4 级,结实率 94%,出仁率 78%,平均单盘粒重 135 g 左右,千粒重 180 g 左右。籽粒皮薄,口感香甜。高抗盘腐型菌核病、根腐型菌核病、黑斑病,中抗黄萎病、褐斑病。

品质指标:籽实蛋白质含量 28.9%,油率含量 30.2%。

产量表现:第 1 生长周期亩产 295.3 kg,比对照"LD5009"增产 9.2%;第 2 生长周期亩产 289.2 kg,比对照"LD5009"增产 7.5%。

栽培技术要点:

1. 适应范围　适宜内蒙古自治区≥10℃活动积温 2 300℃以上地区种植。

2. 选地　选好地块、精细整地。重茬、迎茬、低洼、易涝地不宜种植。为预防菌核病发生,大豆、油菜地不宜做前茬。

3. 播种期　4 月下旬至 5 月中旬。各地应根据当地有效积温和雨季情况调整播期,应尽量注意在开花期避开高温和雨季的同时又能确保安全成熟。

4. 播种量　建议亩保苗 2 000~2 500 株。

5. 施肥　一般情况下建议播种前施足底肥,每亩一次性投施向日葵专用复合肥 25 kg,现蕾期每亩追施尿素 15 kg。最好根据当地土壤情况采用配方施肥。

6. 收获　向日葵花盘背面呈现黄色,叶片变黄,籽实颜色变深、皮壳坚硬时即已成熟,及时收获。

T363

选育过程:"T363"(*Helianthus annuus* L.)来源于"X096A"×"U03R"。

特征特性:杂交种。食用型。生育期 125 天。成熟时平均株高 256 cm 左右,茎粗 2.7 cm,群体生长整齐。叶数 32 片,叶心形,叶片较大,叶脉明显。盘径 22.5 cm,花盘较平,舌状花为中等黄色,管状花橙黄色,花药为紫色,花盘倾斜 4 级,单株盘重 143.4 g,百粒重 17.8 g,结实率 77.5%,出仁率 47.2%。瘦果形状阔卵形,灰底白条纹,长 2.2 cm,宽 0.9 cm。籽粒排列紧密,籽粒皮薄、仁大、口感香,商品性好。高抗盘腐型菌核病、根腐型菌核病,中抗黄萎病、黑斑病、褐斑病。

品质指标:籽实蛋白质含量 16.5%。

产量表现:第 1 生长周期亩产 290.6 kg,比对照"LD5009"增产 11.1%;第 2 生长周期亩产 278.3 kg,比对照"LD5009"增产 8.2%。

栽培技术要点:

1. 适应范围　适宜在内蒙古自治区≥10℃活动积温 2 200℃以上地区种植。

2. 选地 要求土壤熟化实行轮作倒茬,该品种抗盐碱、耐瘠薄,适宜各类耕地种植,中高地力耕地表现更佳。为预防菌核病发生,大豆、十字花科类作物不宜做前茬。

3. 播种期 适时播种,当 10 cm 地温稳定通过 10℃时即可播种,最佳播种深度 2～3 cm。雨后板结应及时破土放苗。内蒙古地区适宜播期为 4 月 25 日至 6 月 20 日。用户应根据当地有效积温和雨季情况调整播期,应尽量注意在开花期避开高温和雨季的同时又能确保安全成熟。

4. 播种量 合理稀植,建议种植密度 1 200～2 200 株/亩,用户应根据当地种植习惯在此密度范围内进行调整。

5. 施肥 增施基肥,建议测土配方施肥。应根据当地实际情况合理调节水肥,向日葵应重视钾肥和硼肥的施用。

6. 收获 向日葵花盘背面呈现黄色,叶片变黄,籽实颜色变深、皮壳坚硬时即已成熟,及时收获。

FS339

选育过程:"FS339"(*Helianthus annuus* L.)来源于"5015A"×"026R"。

特征特性:食用型杂交种。生育期 100 天左右,幼苗生长势强,叶绿色,株高 170～180 cm,茎粗 2.7 cm,叶数 29 片。群体生长整齐,无不育株。花盘舌状,花橙黄色,管状花橙黄色,群体花期一致性较好,花盘为平盘,倾斜度 4～5 级,直径 22 cm 左右。籽粒长锥形,黑底白边,长 2.3 cm,宽 0.85 cm。中抗盘腐型菌核病、根腐型菌核病、黄萎病、黑斑病、褐斑病。

品质指标:籽实蛋白质含量 19.77%。

产量表现:第 1 生长周期亩产 244.3 kg,比对照"LD5009"增产 6.2%;第 2 生长周期亩产 250.6 kg,比对照"LD5009"增产 7.2%。

栽培技术要点:

1. 适应范围 适宜在内蒙古自治区≥10℃活动积温 2 300℃以上地区种植。

2. 选地 选择轮作周期 3 年以上(例:当发生严重的地块应改种其他作物),地势平坦、土层深厚、保水保肥、通气良好的地块,马铃薯不适宜作为前茬。

3. 播种期 根据各地栽培习惯,在 5 月 10 日至 6 月 10 日之间确定合适的播期。

4. 播种量 采用大小行覆膜种植,大行距 80 cm,小行距 40 cm,株距 50 cm,理论亩留苗 2 200 株左右。

5. 施肥 播前每亩施种肥磷酸二铵 15 kg,葵花专用复合肥 12.5 kg,尿素 5 kg 及少量钾肥和微量硼肥,现蕾期结合浇水亩追施尿素 15 kg。

6. 收获 在葵盘背面、茎秆中上部变黄白色,叶片出现黄色,籽实充实、外壳坚硬时适时收获,及时晾晒,以免影响籽粒品质。

T339

选育过程:"T339"(*Helianthus annuus* L.)来源于"4014A"×"086R"。

特征特性:食用型杂交种。株高 190 cm,花盘倾斜度 2～5 级,平盘,盘径 21.7 cm,舌状花黄色,管状花黄色,花药紫色,单盘粒重 103.4 g,结实率 84.5%。籽粒长锥形,黑底白边白纹,长 1.97 cm,宽 0.65 cm,百粒重 12.5 g,籽仁率 56.0%。高抗盘腐型菌核病,抗黑斑病、褐斑病,中抗根腐型菌核病、黄萎病。

品质指标:籽实蛋白质含量 19.77%,籽仁粗蛋白含量 37.55%。

产量表现:第 1 生长周期亩产 271.1 kg,比对照"LD5009"增产 19.7%;第 2 生长周期亩产 236.0 kg,比对照"LD5009"增产 14.6%。

栽培技术要点:

1. 适应范围　适宜在内蒙古自治区≥10℃活动积温 2 200℃以上地区种植。

2. 选地　选择轮作周期 3 年以上(例:当发生严重的地块应改种其他作物),地势平坦、土层深厚、保水保肥、通气良好的地块,马铃薯不适宜作为前茬。

3. 播种期　在保证正常成熟的前提下,适时晚播,一般播种时间为 5 月 15 日至 6 月 15 日。

4. 播种量　每亩保苗 1 400~1 600 株。

5. 施肥　建议每亩一次性施向日葵专用复合肥 20~25 kg;或每亩施磷酸二铵 10 kg,硫酸钾 7~8 kg,现蕾期每亩追施尿素 15~20 kg。

6. 收获　在葵盘背面、茎秆中上部变黄白色,叶片出现黄色,籽实充实、外壳坚硬时适时收获,及时晾晒,以免影响籽粒品质。

双星 6 号

选育过程:"双星 6 号"(*Helianthus annuus* L.)来源于"306A4-31416"×"SF96"。

特征特性:杂交种。食用型。该品种是中早熟三系食葵杂交种,生育期 105 天左右。正常花期平均株高 1.9 m 左右,成熟期平均株高 1.6~1.7 m,植株长势旺。花盘平盘,成熟后花盘水平向下倾斜,平均盘径 22 cm。籽粒长锥形,平均长度 2.7 cm,平均宽 0.9 cm,颜色黑底白边,有白色条纹。商品籽粒饱满度好,平均千粒重 240 g 左右。

产量表现　一般亩产可达 250 kg。

栽培技术要点:

1. 适应范围　适宜在内蒙古自治区≥10℃活动积温 2 200℃以上地区种植。

2. 选地　选择轮作周期 3 年以上(例:当发生严重的地块应改种其他作物),地势平坦、土层深厚、保水保肥、通气良好的地块,马铃薯不适宜作为前茬。

3. 播种期　建议 4 月 20 日至 6 月 10 日。

4. 播种量　建议亩保苗 1 600~1 800 株,单粒播种,播种深度 2~3 cm。该品种长势较旺,根据当地肥水及气候情况,合理安排种植密度。

5. 施肥　有条件的地区可以采用测土配方施肥,建议底肥每亩施磷酸二铵 15 kg,硫酸钾 20 kg,尿素 8 kg,硼肥 0.7 kg,种子与肥料严禁混播;现蕾期追尿素 15 kg。

6. 收获　当植株茎秆变黄,中上部叶片为淡黄色,花盘背面为黄褐色,舌状花干枯或脱落,籽实充实,外壳坚硬时,即可收获。

FS7333

选育过程:"FS7333"(*Helianthus annuus* L.)来源于"314A"×"2210R"。

特征特性：杂交种。食用型。生育期 106 天左右。幼苗性状：幼苗生长势强，叶片绿色。植株性状：株高 202 cm 左右，茎粗 2.9 cm，群体生长整齐，无不育株。花盘性状：舌状花黄色，管状花橘黄色，花药紫色，群体花期一致性较好，花盘倾斜度 5 级，花盘形状平盘微凸，平均盘径 22 cm 左右。籽粒性状：籽粒长度 2.27 cm 左右，宽 0.9 cm，籽粒长形，颜色为黑底白边，百粒重 18.4 g，籽仁率 55.6%，单盘粒重 122 g。平均倒伏（含倒折）率 0.6%，平均折茎率 0.4%。中抗盘腐型菌核病、根腐型菌核病、黄萎病、黑斑病、褐斑病，高抗茎点病。

品质指标：籽实蛋白质含量 17.95%。

产量表现：第 1 生长周期亩产 206.8 kg，比对照"LD5009"增产 10.6%；第 2 生长周期亩产 269.4 kg，比对照"X3939"增产 3.6%。

栽培技术要点：

1. 适应范围　适宜在内蒙古自治区≥10℃活动积温 2 300℃以上地区种植。

2. 选地　建议选择中等、中下等地力及沙性地，实行科学合理的轮作倒茬，选择两年以上没有种植过向日葵的地块进行种植，避免重茬、迎茬。选好地后于 4 月底或 5 月初进行整地耙地，做到播前埂好、土松、地平。

3. 播种期　一般适宜播期内蒙古西部为 5 月 25 日至 6 月 10 日，内蒙古东部为 6 月 10—25 日。

4. 播种量　建议内蒙古西部地区采用大小行覆膜种植，大行距 2.7 尺，小行距 1.2 尺，株距 1.7 尺，理论亩留苗 1 800 株。

5. 施肥　播前亩施种肥磷酸二铵 15 kg，含钾的复合肥 12.5 kg，尿素 5 kg 及少量硼肥，现蕾期结合浇水亩追施尿素 15 kg。现蕾期结合追肥，亩追施含钾的复合肥 15 kg。

6. 收获　向日葵花盘背面和茎秆上中部变成黄白色，叶片出现黄绿色，籽实充实，外壳坚硬时成熟，即可收获。收割后要勤翻晒，建议采用插头晾晒法，当葵盘达到一定干度后再脱粒，建议进行人工脱落，若用机器脱落时一定要防止出现划皮，以免影响商品品质。

弘昌 863

选育过程："弘昌 863"（*Helianthus annuus* L.）曾用名"HC5-363"，来源于"HCA36"×"HCR01"。

特征特性：杂交种。食用型。幼苗性状：幼苗绿色，幼茎绿带淡紫色。植株性状：叶片呈心脏形，叶脉明显，叶片较大，植株呈塔形，舌状花浅黄色，管状花橙黄色，花药黄色。生育期 108 天左右。株高 240 cm 左右，群体生长较整齐，无不育株。葵盘性状：葵盘为平状，平均花盘直径 25 cm 左右，葵盘倾斜度 3～5 级。籽粒性状：籽粒长度 2.2～2.5 cm，宽 0.9 cm 左右，籽粒长卵形，颜色黑底白边白条纹。籽粒排列紧密。籽仁率 54.8%，单盘粒重 120 g 左右。

品质指标：籽实蛋白质含量 23.2%。

产量表现：第 1 生长周期亩产 245.3 kg，比对照"LD5009"增产 6.1%；第 2 生长周期亩产 256.3 kg，比对照"LD5009"增产 14.3%。

栽培技术要点：

1. 适应范围　内蒙古自治区出苗至成熟需≥10℃活动积温 2 200℃以上地区。

2. 选地　该品种适宜中下等地种植。选择灌溉通风条件良好地块，避免重茬地、低洼易涝地块、菌核病,黄萎病高发地。

3. 播种期　适宜播期为 5 月 10 日至 6 月 5 日。

4. 播种量　采用大小行覆膜种植,大行距 90 cm,小行距 40 cm,株距 47 cm,理论亩留苗 1 800 株左右为宜,用户应根据当地实际气温情况及地域情况因地制宜调整播期与种植密度。

5. 施肥　播前结合覆膜亩施种肥磷酸二铵 15 kg,加含钾的复合肥 15 kg 或向日葵专用肥 30 kg;现蕾期结合浇水亩追施尿素 20 kg。有条件农户建议采用测土配方施肥。

6. 收获　当花盘背面及上部叶片完全变黄及时收获,脱粒晾晒,籽粒避免淋雨,确保商品质量。

弘昌 861

选育过程:"弘昌 861"(*Helianthus annuus* L.)曾用名"HC5-361",来源于"HCA66"×"HCR05"。

特征特性:杂交种。食用型。幼苗生长整齐,长势旺盛。植株叶片上挺,叶数 34 片左右,叶色黄绿,株型紧凑。开花期一致,舌状花浅黄色,管状花橙黄色,植株弯曲较大。生育期 116 天左右,株高 220 cm 左右,抗倒伏能力强。葵盘为平状,花盘直径 22 cm 左右,葵盘倾斜度 4～5 级。籽粒长度 2.2～2.5 cm,宽 0.9 cm 左右,籽粒长卵形,粒色黑底白边间白色条纹。籽粒排列紧密。籽仁率 54.2%,单盘粒重 130 g 左右。

品质指标:籽实蛋白质含量 13.2%。

产量表现:第 1 生长周期亩产 256.3 kg,比对照"LD5009"增产 10.9%;第 2 生长周期亩产 241.2 kg,比对照"LD5009"增产 8.5%。

栽培技术要点:

1. 适应范围　内蒙古自治区出苗至成熟需≥10℃活动积温 2 300℃以上地区。

2. 选地　该品种适宜中下等地种植。选灌溉通风条件良好地块,避免重茬地、低洼易涝地块、菌核病,黄萎病高发地。

3. 播种期　适宜播期为 5 月 10 日至 6 月 5 日。

4. 播种量　采用大小行覆膜种植,大行距 90 cm,小行距 40 cm,株距 47 cm,理论亩留苗 1 800 株左右为宜,用户应根据当地实际气温情况及地域情况因地制宜调整播期与种植密度。

5. 施肥　播前结合覆膜亩施种肥磷酸二铵 15 kg,加含钾的复合肥 15 kg 或向日葵专用肥 30 kg;现蕾期结合浇水亩追施尿素 20 kg。有条件农户建议采用测土配方施肥。

6. 收获　当花盘背面及上部叶片完全变黄及时收获,脱粒晾晒,籽粒避免淋雨,确保商品质量。

FS601

选育过程:"FS601"(*Helianthus annuus* L.)来源于"221A"×"634R"。

特征特性:杂交种。食用型。生育期 110 天左右。幼苗性状:幼苗生长势强,叶片绿色。植株性状:株高 205 cm 左右,茎粗 2.8 cm,群体生长整齐,无不育株。花盘性状:舌状花颜色橙黄色,管状花颜色橙黄色,群体花期一致性好,花盘倾斜度 5 级,花盘形状平盘,平均盘径 25 cm 左右。籽粒形状:籽粒长度 2.3 cm,宽 0.8 cm,籽粒长锥形,颜色为黑底白边。中抗盘腐型菌核病、根腐型菌核病、黄萎病、黑斑病、褐斑病。

品质指标:籽实蛋白质含量 16.3%。

产量表现:第 1 生长周期亩产 252.4 kg,比对照"X3939"增产 5.2%;第 2 生长周期亩产 276.0 kg,比对照"X3939"增产 7.0%。

栽培技术要点:

1. 适应范围　内蒙古区域≥10℃活动积温 2 300℃以上地区方可种植。

2. 选地　选择水肥条件好的地块种植表现更好,实行科学合理的轮作倒茬,选择两年以上没有种植过向日葵的地块进行种植,避免重茬、迎茬导致病虫害加重。

3. 播种期　根据各地栽培习惯,在 4 月 15 日至 6 月 20 日之间确定合适的播期。

4. 播种量　采用大小行覆膜种植,大行距 80 cm,小行距 40 cm,株距 50 cm,理论每亩留苗 2 200 株。

5. 施肥　播前每亩施种肥磷酸二铵 15 kg,葵花专用复合肥 12.5 kg,尿素 5 kg 及少量钾肥和微量硼肥,现蕾期结合浇水每亩追施尿素 15 kg。

6. 收获　向日葵花盘背面呈现黄色,叶片变黄,籽实颜色变深、皮壳坚硬时即已成熟,及时收获。

GL601

选育过程:"GL601"(*Helianthus annuus* L.)来源于"A1026"×"108R"。

特征特性:杂交种。食用型。食用型向日葵杂交种。生育期 105～110 天。叶片深绿色,叶数 29 片左右。群体整齐一致,植株无分枝,无倒伏,株高 170～200 cm。花盘倾斜度 3～5 级,花盘平展,直径 24 cm 左右,花粉量大,结实率较高,籽粒排列较紧。籽粒长度 2.1～2.5 cm,宽 0.85 cm 左右。中抗盘腐型菌核病、根腐型菌核病、黄萎病、黑斑病、褐斑病。

品质指标:籽实蛋白质含量 14.81%。

产量表现:第 1 生长周期亩产 229.4 kg,比对照"LD5009"增产 2.5%;第 2 生长周期亩产 234.9 kg,比对照"LD5009"增产 6.6%。

栽培技术要点:

1. 适应范围　内蒙古自治区≥10℃活动积温 2 300℃以上地区种植。

2. 选地　应选择地势平坦、排水良好、肥力中等以上的地块,轮作周期四年以上,不重茬、不迎茬。深翻整地有利于向日葵植株主侧根的生长,减少地下害虫的危害。

3. 播种期　根据各地栽培习惯,适宜春播时间 5 月 10 日至 6 月 20 日。

4. 播种量　合理密植,一般采取 60 cm 等行距或大小行种植,每亩保苗 1 800～2 500 株。

5. 施肥　播种前亩施磷酸二铵 10 kg 左右,结合中耕亩追施尿素 20 kg 左右。

6. 收获　在葵盘背面,茎秆中上部变黄白色,叶片出现黄色,籽实充实、外壳坚硬时适时收获,及时晾晒,以免影响籽粒品质。

先葵 601

选育过程:"先葵 601"(*Helianthus annuus* L.)来源于("YL25"/"YL19")×"EQ44"。

特征特性:杂交种。食用型。生育期 105～107 天。株高 170～180 cm,茎粗 2.7 cm,叶数 33 片左右,盘茎 24 cm,花盘平整,花盘倾斜度 4 级,结实率 94%,出仁率 78%,平均单盘粒重 135 g 左右,千粒重 180 g 左右。籽粒皮薄、口感香甜。中抗盘腐型菌核病,高抗根腐型菌核病、黄萎病、黑斑病、褐斑病。

品质指标:籽实蛋白质含量 29.4%,油率含量 30.2%。

产量表现:第 1 生长周期亩产 297.8 kg,比对照"LD5009"增产 10.2%;第 2 生长周期亩产 289.6 kg,比对照"LD5009"增产 7.7%。

栽培技术要点:

1. 适应范围　内蒙古自治区 ≥10℃ 活动积温 2 300℃ 以上地区种植。

2. 选地　选好地块、精细整地。重茬、迎茬、低洼、易涝地不宜种植。为预防菌核病发生,大豆、油菜地不宜做前茬。

3. 播种期　建议 4 月下旬至 5 月中旬。各地应根据当地积温和雨季情况调整播期,应尽量在开花期避开高温和雨季的同时又能确保安全成熟。

4. 播种量　建议亩保苗 2 000~2 500 株。

5. 施肥　一般情况下建议播种前施足底肥,每亩一次性投施向日葵专用复合肥 25 kg,现蕾期每亩追施尿素 15 kg。最好根据当地土壤情况采用配方施肥。

6. 收获　在葵盘背面,茎秆中上部变黄白色,叶片出现黄色,籽实充实、外壳坚硬时适时收获,及时晾晒,以免影响籽粒品质。

C3167

选育过程:"C3167"(*Helianthus annuus* L.)来源于"G3100A"×"E0067R"。

特征特性:杂交种。食用型。该品种属中熟向日葵杂交种,春播生育期 105~110 天。株高 180 cm 左右,长势旺盛,植株生长整齐。叶片绿色,茎浅绿色。花盘倾斜度 4 级,盘面形状凸,盘径 22.6 cm,百粒重 13.7 g,结实率 75.3%,籽粒黑底白边,皮薄仁大,商品性好。中感盘腐型菌核病、根腐型菌核病、黄萎病、黑斑病、褐斑病。

品质指标:籽实蛋白质含量 13.74%。

产量表现:第 1 生长周期亩产 211.7 kg,比对照"SH909"增产 8.9%;第 2 生长周期亩产 220.2 kg,比对照"SH909"增产 10.54%。

栽培技术要点:

1. 适应范围　适宜内蒙古乌兰察布市、巴彦淖尔市、赤峰市、通辽市等向日葵产区及相同生态区种植。

2. 选地　选好地块、精细整地,重茬、迎茬、低洼、易涝地块不宜种植。为预防菌核病发生,大豆、十字花科类作物不宜做前茬。

3. 播种期　适时播种,当 10 cm 地温稳定通过 10℃ 时即可播种,最佳播种深度 2~3 cm。雨后板结应及时破土放苗。内蒙古地区适宜播期为 4 月 25 日至 6 月 20 日。应根据当地有效积温和雨季情况调整播期,应尽量注意在开花期避开高温和雨季的同时又能确保安全成熟。

4. 播种量　合理密植,建议种植密度 1 200~2 300 株/亩,应根据当地种植习惯在此密度范围内进行调整。

5. 施肥　增施基肥,建议测土配方施肥。应根据当地实际情况合理调节水肥,向日葵应重视钾肥和硼肥的施用。

6. 收获　在葵盘背面、茎秆中上部变黄白色,叶片出现黄色,籽实充实、外壳坚硬时适时收获,及时晾晒,以免影响籽粒品质。

S3167

选育过程:"S3167"(*Helianthus annuus* L.)来源于"H49A"×"904C"。

特征特性:食用型杂交种。中早熟,生育期 105 天左右。株高 180 cm 左右,花盘倾斜度 4 级,叶片、茎浅绿色,黄色花盘,舌状花鲜黄色,浅褐色花药,盘面形状凸,正常密度下,盘径 25 cm 者居多,千粒重 180 g 左右,皮薄仁饱满,磕食口感香浓,正常气候下结实率 77%,籽粒黑底白边,籽粒大易磕食,商品性好。

栽培技术要点:

1. 适应范围　内蒙古乌兰察布、巴彦淖尔、赤峰、通辽及同类地区≥10℃有效积温在 2 250℃以上向日葵产区。

2. 选地　选择轮作周期 3 年以上(例:当发生严重的地块应改种其他作物),地势平坦、土层深厚、保水保肥、通气良好的地块,马铃薯不适宜作为前茬。

3. 播种期　适时播种,当 10 cm 地温稳定通过 10℃时即可播种,最佳播种深度 2～3 cm。雨后板结应及时破土放苗。内蒙古地区适宜播期为 4 月 25 日至 6 月 20 日。应根据当地有效积温和雨季情况调整播期,应尽量注意在开花期避开高温和雨季的同时又能确保安全成熟。

4. 播种量　建议亩播量 400 g,亩保苗 3 500～4 000 株,应根据当地种植习惯在此密度范围内进行调整。

5. 施肥　增施基肥,建议测土配方施肥。用户应根据当地实际情况合理调节水肥,向日葵应重视钾肥和硼肥的施用。

6. 收获　在葵盘背面、茎秆中上部变黄白色,叶片出现黄色,籽实充实、外壳坚硬时适时收获,及时晾晒,以免影响籽粒品质。

QL3167

选育过程:"QL3167"(*Helianthus annuus* L.)来源于"3116A"×"L31"。

特征特性:食用型杂交种。属中早熟长粒型品种,生育期 108 天。株高 170 cm,花盘倾斜度 5 级,盘径 25 cm,百粒重 24.1 g,结实率 74.9%。单株粒重 91.9 g,出仁率 47.5%。籽粒长圆锥形,颜色黑白条纹。中抗盘腐型菌核病、根腐型菌核病、黄萎病、黑斑病、褐斑病,耐旱、耐盐碱。

品质指标:籽实蛋白质含量 22.4%。

产量表现:第 1 生长周期亩产 271 kg,比对照"LD5009"增产 6%;第 2 生长周期亩产 278 kg,比对照"LD5009"增产 2.2%。

栽培技术要点:

1. 适应范围　适宜内蒙古等向日葵主产区积温 2 200℃以上的优质沙壤土地春季和夏季种植。

2. 选地　选择轮作周期 3 年以上(例:当发生严重的地块应改种其他作物),地势平坦、土层深厚、保水保肥、通气良好的地块,为预防菌核病发生,大豆、油菜地不宜做前茬。

3. 播种期　建议 5 月上旬和 5 月下旬之间播种。

4. 播种量　合理稀植,建议行距 70 cm,株距 50 cm,亩保苗 2 400 株。建议根据当地种植习惯在此密度范围内进行调整。

5. 施肥　一般亩施肥尿素 20 kg,磷酸二铵 25 kg,硫酸钾 20 kg。

6. 收获　花盘发黄,籽粒皮壳干硬即可收获。

SF399

选育过程: "SF399"(*Helianthus annuus* L.)来源于("2013-1A"×"2013-1B")×"34A"。

特征特性: 食用型杂交种。该品种生育期 115～118 天。株高 185～215 cm,茎粗 2.7 cm。舌状花橘黄色,管状花橘黄色,花药紫色,盘径 22.02 cm,百粒重 15.48 g,花盘倾斜度 4 级,结实率 77%,单株粒重 121.67 g,出仁率 56.43%。高抗褐斑病、盘腐型菌核病、中抗根腐型菌核病、黄萎病、黑斑病,耐旱、耐寒、抗瘠薄,抗倒伏性强。

品质指标: 籽实蛋白质含量 24.8%,油率含量 11.5%。

产量表现: 第 1 生长周期亩产 298.4 kg,比对照"LD5009"增产 18.1%;第 2 生长周期亩产 305.8 kg,比对照"LD5009"增产 17.1%。

栽培技术要点:

1. 适应范围　适宜在内蒙古自治区≥10℃活动积温 2 200℃以上地区种植。

2. 选地　要求土壤熟化实行轮做倒茬,该品种抗盐碱、耐瘠薄,向日葵忌连茬、重茬,要求轮作,不然则会加重病虫害,影响生产。

3. 播种期　一般在 5 cm 低温稳定在 8℃以上即可播种。应根据当地有效积温和雨季情况调整播期,应尽量注意在开花期避开高温和雨季的同时又能确保安全成熟。

4. 播种量　覆膜点播,每穴 1 粒,深度为 3～5 cm,行距 70 cm,株距 75 cm,定苗后密度为 1 100～1 200 株/亩。

5. 施肥　一般以氮、磷、钾比例为 3∶2∶1 每亩 30 kg 做底肥,再现蕾期结合浇水每亩追施尿素 10 kg。

6. 收获　当花盘背部发黄、苞叶呈黄褐色,下部叶片干枯脱落时,一般在开花后 40～45 天,向日葵成熟,即可收获。收获后要及时摊晒,及时脱粒,不能长时间堆放,否则,花盘会霉烂造成损失,脱粒后种子必须晒干后收藏,茎秆直立,整齐一致,有条件时可采用机械收获。

金太阳一号

选育过程: "金太阳一号"(*Helianthus annuus* L.)来源于("J21"×"X21")×"TF2116"。

特征特性: 食用型杂交种。属中晚熟品种,生育期 112 天。株高 166.0 cm,茎粗 3.2 cm。幼苗生长健壮,叶数 29 片,叶色绿色。花盘直径 22.9 cm,盘径倾斜 4 级,平盘,盘粒重 98.7 g,百粒重 17.68 g,结实率 63.6%。籽粒黑色白色边条纹,粒长 2.1 cm,粒宽 0.8 cm。中抗盘腐型菌核病、根腐型菌核病、黄萎病、黑斑病、褐斑病。

品质指标: 籽实蛋白质含量 13.7%。

产量表现：第 1 生长周期亩产 311.4 kg，比对照"LD5009"增产 15.1%；第 2 生长周期亩产 336.8 kg，比对照"LD5009"增产 15.8%。

栽培技术要点：

1. 适应范围　适宜在内蒙古自治区≥10℃活动积温 2 200℃以上地区种植。

2. 选地　选择轮作周期 3 年以上（例：当发生严重的地块应改种其他作物），地势平坦、土层深厚、保水保肥、通气良好的地块，马铃薯不适宜作为前茬。

3. 播种期　一般在 7 cm 地温稳定在 8℃以上即可播种。应根据当地有效积温和雨季情况调整播期，应尽量注意在开花期避开高温和雨季的同时又能确保安全成熟。

4. 播种量　一般要求覆膜点播，每穴 1～2 粒，深度为 5～7 cm，2～3 对真叶时定苗，行距 50～60 cm，株距 50～60 cm，定苗后密度为 2 300～2 500 株/亩。

5. 施肥　底肥以磷、钾肥为主，在现蕾期结合浇水每亩追施氮肥 15～20 kg。

6. 收获　在葵盘背面、茎秆中上部变黄白色，叶片出现黄色，籽实充实、外壳坚硬时适时收获，及时晾晒，以免影响籽粒品质。

西亚 588

选育过程："西亚 588"（*Helianthus annuus* L.）来源于"5503CA"×"BS015R"。

特征特性：杂交种。食用型。属中晚熟杂交品种，生育期 110 天左右。株高 200～230 cm，植株生长整齐，抗性好，不抗列当。商品籽粒黑底白边，有暗条纹，商品性极好，籽粒长、皮薄、仁大、口感香酥。

产量表现：一般亩产量 270 kg，最高亩产量可达 330 kg，产量较稳定。

栽培技术要点：

1. 适应范围　适宜在内蒙古自治区≥10℃活动积温 2 200℃以上地区种植。

2. 选地　选择轮作周期 3 年以上（例：当发生严重的地块应改种其他作物），地势平坦、土层深厚、保水保肥、通气良好的地块，马铃薯不适宜作为前茬。

3. 播种期　建议根据当地生产习惯，一般在 4 月初至 6 月上旬播种。

4. 播种量　建议亩保苗数 1 500 株左右，以适应高档商品要求的稀植。

5. 施肥　亩施底肥磷酸二铵 10～15 kg 及钾肥 5～10 kg，追施尿素 15～20 kg。

6. 收获　在葵盘背面、茎秆中上部变黄白色，叶片出现黄色，籽实充实、外壳坚硬时适时收获，及时晾晒，以免影响籽粒品质。

(二)油用型向日葵品种

T562

选育过程："T562"（*Helianthus annuus* L.）来源于"T-1063A"×"RT-039"。

特征特性：杂交种。油用型。该品种属中早熟品种，生育期 94 天。幼茎紫色。株高 178 cm，茎粗 2.3 cm，叶数 26～32 片，叶片心形，生长一致，长势强，葵盘倾斜度 3～5 级，花盘凸盘，籽粒锥形，黑底灰边灰条纹。百粒重 5.7 g，籽仁率 74.5%。高感黄萎病，中感盘腐型菌

核病、黑斑病、黑茎病,中抗根腐型菌核病、褐斑病。

品质指标:籽实蛋白质含量18%,油率含量42.9%,粗脂肪含量42.9%。

产量表现:第1生长周期亩产209 kg,比对照"G101"增产8%;第2生长周期亩产206 kg,比对照"G101"增产11%。

栽培技术要点:

1. 适应范围　适宜在内蒙古自治区≥10℃活动积温2 300℃以上地区种植,低积温区需覆膜种植。

2. 选地　选好地块、精细整地,重茬、迎茬、低洼、易涝地块不宜种植。

3. 播种期　4月10日至6月20日。

4. 播种量　单粒播种,亩保苗3 200株即可。可采用大小行种植,大行90 cm,小行40 cm,株距30 cm,旱间苗定苗。

5. 施肥　亩施底肥磷酸二铵10 kg,硫酸钾10 kg,结合头水亩追施尿素15 kg。

6. 收获　适时收获,盘背发黄,籽粒变黑变硬便可收获。

康地1035

选育过程:"康地1035"(*Helianthus annuus* L.)来源于"1127A"×"531R"。

特征特性:杂交种。油用型。春播生育期95天左右,夏播生育期88天左右,株高160～170 cm,茎粗1.9～2.6 cm,叶数28～31片,叶色深绿,舌状花冠黄色,花粉量大。果盘呈微凸状,果盘直径17～19 cm,果盘倾斜度3～4级。籽粒卵圆形,黑底灰边,有暗色隐条。单盘粒重62 g,千粒重63 g,籽仁率77.8%,耐盘腐型菌核病、根腐型菌核病、黄萎病,中抗黑斑病、褐斑病。

品质指标:籽实蛋白质含量23.6%,含油率含量47.46%。

产量表现:第1生长周期亩产198.9 kg,比对照"G101"增产7.1%;第2生长周期亩产194.5 kg,比对照"G101"增产8.7%。

栽培技术要点:

1. 适应范围　适宜在内蒙古自治区≥10℃活动积温2 250℃以上地区种植。

2. 选地　选好地块、精细整地,重茬、迎茬、低洼、易涝地块不宜种植。

3. 播种期　建议春播在4月20日至5月20日播种,复播最佳时间为6月15日至7月1日,播深3.0～4.0 cm。用户应根据当地有效积温和雨季情况调整播种期,应尽量注意在开花期避开高温(35℃以上)和雨季(连续3天以上)的同时又能确保安全成熟。

4. 播种量　田间亩保苗4 500～5 500株。

5. 施肥　以基肥为主,播前整地时每亩深施有机肥2 000～3 000 kg,全生育期每亩施氮肥20 kg,磷肥30 kg,钾肥10 kg,锌肥5 kg。

6. 收获　人工收获在植株上部4～5片叶和茎秆上部及花盘背面变黄,籽粒变硬时即可进行,机械收获要求95%以上的花盘失水变褐才能收获。

诺葵N212

选育过程:"诺葵N212"(*Helianthus annuus* L.)来源于"A1314"×"238C"。

特征特性:油用型、杂交种。生育期平均 100 天。单头,无分枝,株高平均 165 cm,茎粗 2.9 cm,花盘直径 22 cm 左右。叶数 34 片。籽粒窄卵形,种皮壳灰黑色,花盘里外授粉良好,秕粒少且籽粒饱满,皮薄,出仁率达 76.5%,百粒重 59 g。秆硬、抗倒、耐旱、耐瘠薄。中抗盘腐型菌核病、根腐型菌核病、黄萎病,高抗黑斑病、褐斑病。

品质指标:籽实蛋白质含量 27.8%,油率含量 50.2%。

产量表现:第 1 生长周期亩产 239.1 kg,比对照"S31"增产 9.1%;第 2 生长周期亩产 254.2 kg,比对照"S31"增产 4.2%。

栽培技术要点:

1. 适应范围　适宜在内蒙古自治区≥10℃活动积温 2 200℃以上地区种植。

2. 选地　选好地块、精细整地,重茬、迎茬、低洼、易涝地块不宜种植。

3. 播种期　适时播种,当 10 cm 地温稳定通过 10℃时即可播种,最佳播种深度 2～3 cm。

4. 播种量　合理密植,建议亩播量 0.4 kg,亩保苗 3 500～4 000 株,应根据当地种植习惯在此密度范围内进行调整。

5. 施肥　亩施底肥磷酸二铵 10～15 kg 及钾肥 5～10 kg,追施尿素 15～20 kg。建议测土配方施肥,向日葵应重视钾肥和硼肥的施用。

6. 收获　适时收获,盘背发黄,籽粒变黑变硬便可收获。

胡 麻

亚麻（*Linum usitatissimum* L.）是一年生草本植物，可分成纤维用亚麻、油用亚麻和油纤兼用亚麻3种类型。油用型亚麻又叫作胡麻。胡麻在中国至少有1 000年栽培历史。纤维型亚麻是1907年从日本引入的。亚麻原产地中海地区，欧、亚温带多有栽培。胡麻在中国很多省份都有栽培，比如东北、甘肃、内蒙古、山西、陕西、山东、湖北、湖南、广东、广西、四川、贵州、云南等地。主要以北方和西南地区较为普遍，有时亦为野生。亚麻是一年生草本植物。茎直立，高30～120 cm，多在上部分枝，有时自茎基部亦有分枝，但密植则不分枝，基部木质化，无毛，韧皮部纤维强韧弹性，构造如麻。叶互生；叶片线形、线状披针形或披针形，长2～4 cm，宽1～5 mm，先端锐尖，基部渐狭，无柄，内卷，有3（5）脉。花单生于枝顶或枝的上部叶腋，组成疏散的聚伞花序。蒴果球形，干后棕黄色，直径6～9 mm，顶端微尖，室间开裂成5瓣；种子10粒，长圆形，扁平，长3.5～4 mm，棕褐色。花期6—8月，果期7—10月。喜凉爽湿润气候。耐寒，怕高温。种子发芽最低温度1～3℃，最适宜温度20～25℃；营养生长适宜温度11～18℃。土壤含水量达到田间最大持水量的70%～80%。生育期70～80天。前作以玉米、小麦或大豆为好。以土层深厚、疏松肥沃、排水良好的微酸性或中性土壤栽培为宜，含盐量在0.2%以下的碱性土壤亦能栽培。

胡麻是内蒙古自治区的主要油料作物，也是乌兰察布市农作物特产之一。乌兰察布市位于内蒙古自治区中部，总面积5.479 5万km²，辖11个旗县市区，总人口约287万人，其中农业人口为210万人，耕地面积1 000万亩，胡麻种植面积占总耕地面积10%左右，最高年份种植面积达160万亩，最少年份为50万亩，是内蒙古胡麻的主要产区。胡麻油籽含油率高，品质好、价值高、用途广、资源丰富、潜力大。胡麻油清纯、香郁、口感好、味道美，是理想的食用油。秸秆可用于亚麻生产、造纸生产，油渣可用于培肥，也可以作为牲畜、禽类的饲料。

胡麻的出油率在36%～42%，胡麻油中主要成分为不饱和脂肪酸，占85%～90%，油酸和亚油酸基本上各占50%，其特点是稳定性强，而且易保存，胡麻油中还含有蛋白质、芝麻素、维生素E、卵磷脂、蔗糖、钙、磷、铁等矿物质，是一种营养极为丰富的食用油。

2007年国家胡麻产业体系成立以来，在市政府和旗县领导的全力支持下，增加了新品种的试验示范力度，扩大示范面积，大力培训胡麻种植技术骨干和农民技术员，实地多人多次培训农牧民种植技术。乌兰察布胡麻的10个主要产区，到目前新品种新技术覆盖率达到90%以上，其中丰镇市胡麻被评为绿色地理标志产品，人们对胡麻籽产品的营养成分认知度提高，胡麻籽系列加工产品需求量增大，胡麻产业成为我区的特色产业。

本章胡麻分为油纤兼用品种、油用品种、胡麻杂交种、胡麻两系杂交种四个类型，介绍了适宜乌兰察布地区种植的以及目前当地主要推广和种植的胡麻品种17个。

（一）油纤兼用品种

内亚9号

选育过程："内亚9号"（*Linum usitatissimum* L.）是于1988年对显性核不育亚麻成对材料进行回交转育，于1992年选育出了丰产性能好、抗病性差的核不育两用材料"H532N"[（"78N-20"）×"五寨"]。以核不育材料"H532N"做母本，选择极早熟矮秆品种"南选"、高油品种"德国三号""美国高油"和加拿大高亚麻酸含量品种"加拿大18L"为父本，分别配制杂交组合。

特征特性：该品种属油纤兼用类型，生育期90～105天，为中早熟型。株高59.81 cm左右，工艺长度35.90 cm，全株有效蒴果数16～24个，主茎分枝4～5个，花蓝色，籽粒褐色，千粒重6.0 g左右，生长整齐，成熟一致，落黄好，不贪青。适宜水旱地种植。

品质指标："内亚9号"品质优。品质性状主要指含油率和亚麻酸含量，"内亚9号"的含油率为43.69%～44.60%，比对照"陇亚8号"高3.25～4.30个百分点；亚麻酸含量为50.43%～52.15%，比对照"陇亚8号"高0.55～0.63个百分点。

产量表现："内亚9号"平均亩产量140.21 kg，比对照"陇亚8号"（亩产量122.75 kg）增产12.45%。

栽培技术要点：

1. 适应范围　适宜在内蒙古自治区阴山南麓中等肥力水地、阴山北麓旱坡地以及周边同等土壤气候条件的地区种植。适宜温度范围≥10℃，年积温1 800～3 200℃。

2. 选地　前茬作物收获后及时耕翻灭茬，耙耱整地，创造良好的土壤环境，保证苗齐、苗壮。

3. 播种期及播种量　表土层解冻5～10 cm为播种适期。阴山南麓4月中下旬播种，亩播量3.5～4 kg，保苗30万～40万株/亩；阴山北麓5月上旬播种，亩播量2.5～3 kg，保苗25万～30万株/亩。

4. 收获　适时收获。

晋亚7号

选育过程："晋亚7号"（*Linum usitatissimum* L.）是由山西省农业科学院高寒区作物所选育的丰产性状好、含油率高的"793-4-1"品系作母本，高抗萎蔫病的美国亚麻作父本，通过病圃连续系统选择法选育而成。1995年4月由山西省农作物品种审定委员会审定定名。

特征特性："晋亚7号"胡麻品种，株高68 cm左右，工艺长度45～50 cm，属油纤两用品种。花蓝色，梅花状，主茎上部分枝多而松散，单株平均结果19个，每果着粒数为8粒左右，苗期生长缓慢，后期生长较快，开花期集中，灌浆速度快，落黄好，籽粒褐色，千粒重6.8 g左右，生育期95天，属中熟类型。高抗萎蔫病。

品质指标："晋亚7号"经内蒙古农牧业科学院测试分析中心测定，含油率40.71%，达优质水平。经农业部谷物品质检验测试中心检验，其脂肪酸组成为棕榈酸5.98%，油酸

28.9%,亚油酸 13.66%,亚麻酸 47.67%。从这一结果可以看出,"晋亚 7 号"含油率高,α-亚麻酸含量高,有较高的食用价值和营养价值。

产量表现:1994—1995 年全国联合区试 7 个试点中,"晋亚 7 号"平均亩产量 51.5 kg;1993—1994 年,"晋亚 7 号"参加山西省抗病胡麻品种生产试验,平均亩产量 85.66 kg,最高亩产量 120.8 kg。

栽培技术要点:

1. **适应范围**　经生产试验和全国联合区试结果分析,"晋亚 7 号"在山西北部,内蒙古的乌盟、武川地区,河北的坝上地区,甘肃的定西、天水等地区均可种植。

2. **选地**　轮作倒茬,忌连茬或迎茬,轮作周期应在 3 年以上。

3. **播种期**　丘陵区 4 月 25 日左右为宜,平川区以 4 月 15 日左右为宜。

4. **播种量**　适当加大播种量,以亩播量 52.5～60.0 kg 为宜。

5. **施肥**　施足农家肥,配合氮、磷、钾。

6. **收获**　适时收获。

晋亚 6 号

选育过程:"晋亚 6 号"(*Linum usitatissimum* L.)是由山西省农业科学院高寒区作物所从胡麻核不育抗病轮回选择圃中选择出的胡麻新品种,1993 年 3 月经山西省品种审定委员会审定。

特征特性:株高 75 cm 左右,工艺长度 45～50 cm,属油纤两用型品种。生育期 99 天,中熟类型。主茎上部分枝长而松散。前期发育较快,花蓝色,花期持续时间长。籽粒褐色,千粒重 7.7 g。含高抗萎蔫病。经内蒙古农牧业科学院分析,该品种含粗脂肪(即含油率)43.7%,达优质标准。

品质指标:经内蒙古农业科学院测试研究中心测定,"晋亚 6 号"的含油率高达 43.43%,含油率比"陇亚 7 号"高 2.1 个百分点,也高于"晋亚 1～5 号"胡麻品种。经农业部油料及油制品检测测试中心测定"晋亚 6 号"粗脂肪含量 24.61%,超标 0.16 个百分点;粗蛋白质含量 23.79%,超标 1.79 个百分点;色泽和气味均属正常,综合指标达到优质标准。

产量表现:1990 年在山西省左云、右玉、五寨、大同市南郊、平鲁等地生产试验,平均亩产达 76 kg,两年 13 点生产试验平均亩产 67.3 kg。

栽培技术要点:

1. **适应范围**　适宜在西北、华北胡麻产区种植。

2. **选地注意**　轮作倒茬,忌连茬或迎茬,轮作周期应在 3 年以上。

晋亚 5 号

选育过程:"晋亚 5 号"(*Linum usitatissimum* L.)原代号为"755-4-4",组合("甘 156"×"晋亚 3 号")×("208"×"张掖 15-17"),由山西省农业科学院高寒区作物研究所选育而成的。1990 年 1 月经山西省农作物品种审定委员会审定,定名为"晋亚 5 号"。

特征特性:株高 62 cm 左右,工艺长度 42 cm 左右,属油纤两用品种。千粒重 8.3～8.4 g。苗期长势强,花蕾分化多。株型较紧凑,生长整齐一致。生育期 98～105 天,表现抗旱、抗倒、耐病,适应性强。生育期降雨多时有返青现象发生。

品质指标:含油率41.32%。

产量表现:1983年、1984年和1989年山西省区试中,平均亩产分别为74.85 kg,96.15 kg和73.54 kg。

栽培技术要点:

1. 适应范围　在山西省、内蒙古自治区无枯萎病的地区种植。

2. 选地　实行6~7年以上轮作。

3. 播种期　适期早播,以充分发挥花蕾分化早、分化长的特性。

4. 施肥　施足基肥,防止后期脱肥。

5. 收获　八成熟时及时收获,以防返青减产。

晋亚12号

选育过程:"晋亚12号"(*Linum usitatissimum* L.)是以丰产性状好、抗旱性强的"793-4-1"×"7669-2"("晋亚9号")为母本,外引品种"Flanders"为父本进行有性杂交而成的抗旱胡麻新品种,于2015年6月通过国家鉴定(鉴定编号:国品鉴胡麻2015001)。

特征特性:株高60.5 cm,工艺长度35~45 cm,主茎分枝4~5个,单株果数15~30个,单果着粒7~8粒,千粒重6.8 g左右。生育期90~110天,株型松散,籽粒褐色,花蓝色。生长整齐,成熟一致。抗枯萎病,抗倒伏,抗旱性较强,丰产稳产。中抗胡麻枯萎病。

品质指标:经内蒙古自治区农产品质量安全综合检测中心测试,2011—2012年平均含油率40.50%,亚麻酸平均49.18%。

产量表现:2011—2012年参加山西省胡麻品种生产试验,平均亩产量分别为95.7 kg、81.3 kg。2013年全国胡麻品种生产试验结果,平均亩产量91.47 kg。

栽培技术要点:

1. 适应范围　适宜在大同市新荣、左云等县市,朔州的右玉、平鲁等县市,忻州的宁武、神池等县市,吕梁的岚县等地的中等肥力以上旱地、沟湾下湿地和水地种植。

2. 选地　轮作倒茬,忌连茬或迎茬,轮作周期应在3年以上。

3. 播种期　平川地区在4月中下旬播种,丘陵山区5月上旬播种。

4. 播种量　亩播量3~3.5 kg。

5. 施肥　在播前施足农家肥的基础上,每亩增施1次硝酸磷1.5 kg作底肥。

6. 收获　适时收获。

陇亚10号

选育过程:"陇亚10号"(*Linum usitatissimum* L.)是由甘肃省农业科学院作物所通过多代定向选择、水旱生态条件下穿梭选育而成的。

特征特性:该品种株高47~77 cm,工艺长度为35~54.7 cm,单株果数17~25个,每果粒数6.5~8.1粒,千粒重7.43~9.3 g,生育期98~128天,属中熟品种。在病圃枯萎病平均发病率为2.88%,属于高抗品种。抗倒伏性强,成熟一致,无贪青现象,落黄好。

品质指标:平均含油率为40.89%,硬脂酸含量1.75%,棕榈酸含量8.77%,油酸含量

20.99%,亚油酸含量 13.16%,亚麻酸含量 54.03%。

产量表现:在省区域试验中,平均亩产量达 138.53 kg。

栽培技术要点:适宜甘肃及我国广大胡麻产区种植,选用中上等肥力,平整的土地,注意轮作倒茬,适时收获。

陇亚 7 号

选育过程:"陇亚 7 号"(*Linum usitatissimum* L.)原名"7544-4-2",是由加拿大抗枯萎病的抗源亲本"红木 65"(母本)与自育亲本"陇亚 5 号"杂交,由甘肃省农业科学院经济作物研究所,通过定向选择单系,抗病性鉴定,产量试验及多点鉴定育成。1991 年通过技术鉴定。

特征特性:"陇亚 7 号"为多果型油纤兼用品种,高抗胡麻枯萎病,并克服了油纤之间几个矛盾性状(籽粒产量、含油率、株高、工艺长度)不易协调统一的缺陷。在甘肃省种植,一般株高 70~80 cm,工艺长度 45~50 cm;单株有效着果枝数为 5.8 个(着 15~23 果);单果着粒 7 粒,千粒重 7.5 g。"陇亚 7 号"具有较强的抗旱性和适应性,且高抗枯萎病。

品质指标:含油率和亚油酸含量平均为 41.10%和 15.98%,分别比对照"天亚 2 号"高出 2.3 和 6.6 个百分点。折合亩产油量为 50.29 kg,原茎产量 222.3 kg,出麻率 24.5%,依次比对照高 22.2%、24.2%和 1.9 个百分点。

产量表现:多年多点产量试验和本省及全国区试证明,平均亩产量为 100~150 kg。

栽培技术要点:

1. 适应范围　适应性强是"陇亚 7 号"能迅速扩大推广的重要原因之一。它既适宜在高寒旱区山川水旱地种植,又适宜在低暖灌区单种或与甜菜套种,并能在旱薄地上生长良好,尤其在病区保证了胡麻高产丰收,可达到费少效宏之利。现在除青海省外,在其余 7 个主产省、区均扩大推广。东起承德,大致沿长城,经张家口、集宁、晋北、吕梁、陕北、陇东、银南、陇中、河西走廊,入新疆至伊宁。

2. 选地　选用中上等肥力,平整的土地,注意轮作倒茬。

3. 播种期　种植"陇亚 7 号"应适期播种,在高寒旱区以 4 月中旬到 5 月中旬为宜,在低暖灌区宜 3 月中旬到 4 月上旬播种。

4. 播种量　每亩种植密度 25 万~35 万株。

5. 施肥　瘠薄地须增施肥料,才能保证产量水平,高肥力地灌区,要控制过量施氮肥,结果期节灌。

6. 收获　适时收获。

陇亚 8 号

选育过程:"陇亚 8 号"(*Linum usitatissimum* L.)是由甘肃省农业科学院经作物研究所以"匈牙利 5 号"为母本,"内亚 2 号"为父本杂交选育而成的,1997 年经甘肃省品种审定委员会审定定名,品系号:83059。

特征特性:该品种丰产、稳产,高抗胡麻枯萎病,抗旱耐旱,抗倒伏。"陇亚 8 号"生育期 91~110 天,属中熟品种。幼苗直立,苗色较深,株型较紧凑为扫帚形;株高一般水地为 70~80 cm,旱地为 50~70 cm,工艺长度水地为 45~55 cm,旱地 40~45 cm,主茎有效分枝 5~

7个,单株果数 15～23 个,每果粒数 6.5～8.1 粒,千粒重 6.5～7.5 g;含油率 40.76%～42.47%。该品种为油纤兼用型。

该品种苗期生长缓慢(蹲苗时间长),枞形期进入快速生长,成熟时群体整齐一致,落黄好。该品种高抗胡麻枯萎病,兼抗白粉病,在自然重病圃和人工接种病圃中,枯萎病成株期枯死率 0.3%～5.63%,比"陇亚 7 号"低 0.98～8.15 个百分点。

品质指标:含油率 40.76%～42.47%。

产量表现:生产试验示范亩产量一般为 80～180 kg,高的可达 200 kg 以上,比"陇亚 7 号"增产 4%～40%。

栽培技术要点:

1. 适应范围 "陇亚 8 号"不但适种于低海拔的川水地,同时在海拔 2 300 m 左右的高寒干旱山区也生长良好。适种范围东起山西大同,西至新疆伊犁,南到甘肃庄浪的我国胡麻主产区都可示范种植。

2. 选地 选用中上等肥力,平整的土地,注意轮作倒茬。

3. 播种期 适时播种,合理密植。一般川水地以 3 月下旬至 4 月上旬播种为宜,高寒山区以 4 月中下旬播种为宜。

4. 播种量 亩播量 3～3.5 kg,保苗 25 万～35 万株/亩为宜。

5. 施肥 施足基肥,追施化肥。基肥提倡秋施,结合秋耕亩施有机肥 2～3 t,现蕾前结合灌水或降雨追施化肥,增产效果显著。

6. 收获 适时收获。

天亚 7 号

选育过程:"天亚 7 号"(*Linum usitatissimum* L.)是以甘肃省农业科学院提供的中高秆油纤兼用亚麻品种"陇亚 7 号"和河北省坝上农科所提供的矮秆早熟油用亚麻品种"南 24"为母本。兰州农校选育的多抗、中矮秆、丰产兼用品种"天亚 5 号"为父本杂交选育而成。1997年 5 月经甘肃省农作物品种审定委员会审定命名为"天亚 7 号"。

特征特性:"天亚 7 号"在 1993 年全国区试中平均株高 62.6 cm,平均工艺长度 41.2 cm,主茎有效一级分枝数 5.5,单株果数 19.6,每果粒数 6.6,千粒重 6.4 g。成熟整齐,不贪青,生育期 104 天,花蓝色,籽粒褐色。虽然植株较高,但生长健壮,茎秆柔韧性好,根系发达,株型较紧凑,既有较强的抗旱耐瘠能力,同时也具有较强的耐肥抗倒能力。

品质指标:1994 年由内蒙古农科院测试分析中心测定,含油率 41.90%。1996 年由甘肃省农业科学院经作所测试室检测脂肪酸组成,棕榈酸 6.44%,硬脂酸 4.67%,油酸 29.95%,亚油酸 14.42%,亚麻酸 44.41%。

产量表现:1994—1996 年在甘肃省多年多点生产试验中,籽实平均亩产量 113.33 kg。

栽培技术要点:

1. 适应范围 "天亚 7 号"耐肥抗倒,对水肥反应弹性大,在不同土壤类型、不同肥水条件下均有良好的丰产稳产性。经多年多点省、全国区试及生产试验示范表明,在我国亚麻主产省区均适宜种植。

2. 选地 无论在低海拔川水地还是在高海拔山旱地都有良好的适应性。

3. 播种期　株型较紧凑,千粒重较低,该品种苗期抗寒性较强,故适期早播有利于增产。

4. 播种量　一般山旱地亩播量 3～4 kg,保苗 20 万～25 万株/亩;旱滩地区亩播量 4～5 kg,保苗 30 万株/亩左右;灌区亩播量 5～6 kg,保苗 30 万～35 万株/亩。采用条播,一般采用行距 20 cm 左右的耧或播种机播种为好。

5. 施肥　结合秋耕亩施有机肥 2～3 t,并配合亩施磷酸二铵 15 kg 做基肥。结合灌水或降雨每亩追施尿素 10 kg。

6. 收获　适时收获。

天亚 9 号

选育过程:"天亚 9 号"(*Linum usitatissimum* L.)是由甘肃农业职业技术学院以自育品系"89-259-5-1"为母本,"喀什 77134-128"为父本杂交选育而成的。于 2011 年 1 月通过甘肃省农作物品种审定委员会审定定名(甘审油 2011002)。

特征特性:该品种油纤兼用型品种,生育期 99～105 天,幼苗直立,花蓝色。株型较紧凑,株高中等 55～71 cm,工艺长度 22～42 cm,有效分枝数 4.5～6.7 个。单株结果数 10～18 个,蒴果着粒数 6.0～7.3 粒,种子褐色,千粒重 6.3～7.4 g。生长整齐,成熟一致,抗逆性强,高抗枯萎病,丰产性好。

品质指标:2011 年经内蒙古自治区农产品质量安全综合检测中心分析,籽粒油率含量 42.3%(干基),棕榈酸含量 6.37%,硬脂酸含量 4.911%,油酸含量 27.859%,亚油酸含量 15.134%,亚麻酸含量 45.716%。

产量表现:灌区平均亩产量 171.66 kg;旱区平均亩产量 94.7 kg。

栽培技术要点:

1. 适应范围　适宜在甘肃兰州、定西、天水、平凉、庆阳、白银等胡麻产区种植。

2. 选地　选用中上等肥力,平整的土地,注意轮作倒茬。

3. 播种期　一般川水地以 3 月下旬至 4 月上旬播种为宜,高寒山区 4 月中下旬播种为宜。

4. 播种量　灌区亩播量为 4～5 kg,保苗 35 万～45 万株/亩;山旱地亩播量 3～4 kg,保苗 20 万～30 万株/亩;二阴地区亩播量 3.5～4 kg,保苗 25 万～35 万株/亩。

5. 施肥　底肥亩施有机肥 2 000～3 000 kg、磷酸二铵 15 kg,枞形期前后结合灌水(降水)每亩追施尿素 10 kg。

6. 收获　适时收获。

天亚 11 号

选育过程:"天亚 11 号"(*Linum usitatissimum* L.)是由甘肃农业职业技术学院通过航天育种法选育而成的。2003 年 11 月将胡麻"陇亚 8 号"种子搭载于第十八颗返回式卫星,经轨道运行处理后,再经多次单株选择而成。2016 年通过甘肃省农作物品种审定委员会审定定名。

特征特性:该品种属油纤兼用型品种,株高中等,花蓝色,籽粒褐色,幼苗直立。株型紧凑,成熟整齐,丰产性突出,含油率高,该品种对田间自然发生的枯萎病表现高抗,适应性广。

生育期 92～125 天。"天亚 11 号"平均株高 63.7 cm,工艺长度 38.6 cm,分枝数 6.7 枝。单株果数 34.9 个,果粒数 7.6 粒。千粒重平均 6.8 g,单株产量 0.88 g。

品质指标: 2015 年 12 月经甘肃省农业科学院农业测试中心检测,"天亚 11 号"油率含量 39.43％,棕榈酸含量 6.51％,硬脂酸含量 3.72％,油酸含量 21.81％,亚油酸含量 16.43％,亚麻酸含量 51.52％。

产量表现: 亩产量 122.01～144.45 kg。

栽培技术要点:

1. 适应范围 适宜在平凉、庆阳、天水、定西、白银、兰州、张掖等同类生态区种植。

2. 选地 选用中上等肥力,平整的土地,注意轮作倒茬。

3. 播种期 一般川水地以 3 月中下旬播种为宜,高寒山区以 4 月上中旬播种为宜。

4. 播种量 山旱地亩播量 3～4 kg,保苗 20 万～30 万株/亩;二阴地区亩播量 3.5～4.5 kg,保苗 25 万～35 万株/亩;灌区亩播量 4～5 kg,保苗 30 万～40 万株/亩。

5. 施肥 播前结合整地亩施有机肥 2 000～3 000 kg,配合亩施磷酸二铵 15 kg 或普通过磷酸钙 30 kg 作基肥。川水地苗期结合第 1 次灌水每亩追施尿素 5～10 kg,山旱地苗期、现蕾期前后结合降水每亩追施尿素 5 kg。

6. 收获 适时收获。

定亚 22 号

选育过程: "定亚 22 号"(*Linum usitatissimum* L.)是由定西市旱作农业科研推广中心油料试验站采用系统选育法对从"定亚 18"原种中出现的差异单株经选育而成的抗逆性更强、丰产性更好、适应性更广的胡麻新品种,该品种已于 2003 年 12 月通过国家胡麻鉴(审)定委员会鉴(审)定定名。

特征特性: "定亚 22 号"属中熟品种,生育期 107～121 天。幼茎紫色,幼苗直立,苗色深绿,幼苗分茎半匍匐,保苗不足时基部分茎多成对出现,分枝松散,花蓝色。落黄好,籽粒红褐色。株高 51.7～69.0 cm,工艺长度 34.0～43.9 cm。单株分茎 0.2～0.9 个,主茎分枝 4.0～5.6 个。单株结实果 7.1～20.8 个,不实果 1.4～6.0 个。果径 6.80～7.18 mm,每果着粒 7.1～8.5 粒。千粒重 6.90～7.50 g,单株粒重 0.40～0.72 g。抗旱性强,高抗枯萎病,抗倒伏,丰产性突出,油纤兼用,开花结果后主茎和分茎高度基本一致,田间表现生长整齐。

品质指标: 籽粒油率含量 40.36％～41.36％,其中棕榈酸含量 7.45％,硬脂酸含量 3.58％,油酸含量 24.02％,亚油酸含量 14.69％,亚麻酸含量 50.27％。

产量表现: 在 2000—2002 年国家华北、西北胡麻联合区域试验中,折合亩产量 66～190.17 kg,比对照"陇亚 8 号"平均增产 4.5％,尤其在甘肃、宁夏表现更佳,平均亩产量 126.67 kg,比对照品种"陇亚 8 号"增产 9.4％。

栽培技术要点:

1. 适应范围 该品种适宜在甘肃、宁夏等西北省份半干旱区的旱地、沙质壤土及年降水量 400 mm 以下、大气湿度较低的水地推广种植。

2. 选地 前茬作物收获后及时耕翻灭茬,耙糖整地,创造良好的土壤环境,保证苗齐,苗壮。

3. 播种期 甘肃等海拔 1 000～2 200 m 的产区播期以 3 月下旬至 4 月中旬为宜。

4. 播种量　亩播量以 3.5～4 kg 为宜,并视底墒情况,适量增减。

5. 施肥　施肥应遵循基肥为主、种肥追肥为辅,氮肥为主、磷肥为辅,秋施为主、春施为辅的原则,甘肃中部产区在基肥不足时,播前先地表每亩撒施尿素 5 kg,并在种子中混合磷酸二铵 4 kg 播种,生长期间结合灌水或降水每亩追施硝铵 5～6 kg,有灌溉条件的在现蕾前灌水。

6. 收获　成熟后应及时收获,对收获后的茎秆应及时在田间搭成小垛,待风干后及时拉运、脱粒。

(二)油用品种

陇亚 12 号

选育过程:"陇亚 12 号"(*Linum usitatissimum* L.)是由甘肃省农业科学院作物研究所以"晋亚 8 号"为母本,"尚义大桃"为父本杂交选育而成的。

特征特性:"陇亚 12 号"为油用型品种,生育期 88～126 天。幼苗直立,株型紧凑,花蓝色,种子褐色。株高 59.6 cm,工艺长度 38.7 cm。有效分茎数 0.51 个,主茎分枝数 5.2 个,单株果数 16.3 个,每果粒数 6.9 个,千粒重 7.18 g,单株生产力 0.75 g。抗旱、抗倒伏,生长整齐一致。丰产性和稳定性都较好。中抗枯萎病。

品质指标:2007 年经内蒙古自治区农牧业科学院测试研究中心分析,"陇亚 12 号"籽粒油率含量 39.8%,亚麻酸含量 52.30%,油酸含量 24.42%,亚油酸含量 13.08%,棕榈酸含量 6.09%,硬脂酸含量 4.13%;2008 年分析测得籽粒油率含量 41.18%,亚麻酸含量 51.77%,油酸含量 25.40%,亚油酸含量 14.12%,棕榈酸含量 6.17%,硬脂酸含量 2.54%。

产量表现:在 2007—2008 年全国胡麻区域试验中,平均亩产量 128.73 kg。

栽培技术要点:

1. 适应范围　适宜在甘肃省兰州、天水、平凉、庆阳等市胡麻产区以及内蒙古、新疆、河北等胡麻主产区种植。

2. 选地　选用中上等肥力,平整的土地,注意轮作倒茬。

3. 播种期　一般川水地以 3 月下旬至 4 月上旬播种为宜,高寒山区以 4 月中下旬播种为宜。

4. 播种量　适期早播,提倡机播。灌区亩播量为 5～6 kg,旱区 3～5 kg,保苗密度 35 万～40 万株/亩。

5. 施肥　播前结合精细整地,每亩基施有机肥 2～3 t、磷酸二铵 15 kg,现蕾前后结合降水每亩追施尿素 10 kg。

6. 收获　适时收获。

陇亚 13 号

选育过程:"陇亚 13 号"(*Linum usitatissimum* L.)是由甘肃省农业科学院作物研究所以国外品种"CI3131"为母本,"天亚 2 号"为父本杂交选育而成的胡麻新品种。2014 年通过甘肃省农作物品种审定委员会审定,审定编号:甘审油 2014004;2016 年通过全国胡麻品种鉴定委员会鉴定,鉴定编号:国品鉴胡麻 2016003。

特征特性:该品种为油用型品种,花蓝色,种子褐色,幼苗直立,株型紧凑。株高 52.4~65.6 cm,工艺长度 26.5~46.0 cm,分枝数 4.3~7.2 个,单株果数 5.9~35.0 个,果粒数 6.1~9.0 粒,千粒重 5.6~8.7 g,单株产量 0.27~1.75 g。生育期 96~122 天。高抗枯萎病。

品质指标:2013 年经甘肃省农业科学院农业测试中心检验测定,"陇亚 13 号"油率含量 39.42%,亚麻酸含量,亚油酸含量和油酸含量分别为 46.63%、13.17%和 29.35%。

产量表现:其中 2016 年甘肃省 10 个试验点,每亩平均产量为 115.69 kg;2017 年甘肃省 9 个试验点每亩平均产量为 113.188 kg。

栽培技术要点:

1. 适应范围 适宜在甘肃省兰州、天水、平凉、庆阳,以及内蒙古、新疆、河北等全国胡麻主产区种植。

2. 选地 轮作倒茬,忌连茬或迎茬,轮作周期应在 3 年以上。

3. 播种期 播种期在 3 月中下旬至 4 月上旬,适期早播。

4. 播种量 合理密植,每亩播量灌区 5~6 kg,保苗 35 万~45 万株;旱区 3~4 kg,保苗 20 万~30 万株。

5. 施肥 每亩施腐熟有机肥(猪粪、羊粪等)2 000~3 000 kg,尿素 10 kg,过磷酸钙 50 kg 作底肥。

种肥:每亩施磷酸二铵 15 kg,与种子混播。

追肥:苗高 15~20 cm 时结合浇水进行第 1 次追肥,每亩施尿素 5 kg;在现蕾前进行第 2 次追肥,每亩施尿素 2.5 kg。

6. 收获 适时收获。

陇亚 14 号

选育过程:"陇亚 14 号"(*Linum usitatissimum* L.)是由甘肃省农业科学院作物研究所以温敏雄性不育系"1S"为母本,品系"89259"为父本杂交选育而成的胡麻新品种。

特征特性:"陇亚 14 号"为油用型品种,花为蓝色,种子褐色。幼苗直立,株型紧凑。株高 59.8 cm,工艺长度 35.0 cm。分枝数 5.8 枝。单株果数 24.1 个,果粒数 7.2 粒,千粒重 8.1 g,单株产量 0.95 g,生育期 93~123 天。生长整齐一致,抗旱、抗倒伏,高抗枯萎病,综合农艺性状优良。

品质指标:2013—2014 年经甘肃省农业科学院作物研究所油料分析室近红外测定,"陇亚 14 号"含油率平均为 40.42%,较对照品种"陇亚 10 号"高 0.78 个百分点。经甘肃省农业科学院农业测试中心检测,"陇亚 14 号"含油率 41.68%,较对照品种"陇亚 10 号"(40.54%)高 1.14 百分点。亚麻酸含量 485.0 g/kg,油酸含量 267.0 g/kg,亚油酸含量 163.4 g/kg。

产量表现:在 2013—2014 年甘肃省胡麻区域试验中,两年 20 点(次)有 16 点(次)增产,平均亩产量 123.71 kg,较对照品种"陇亚 10 号"(亩产量 108.45 kg)增产 14.07%,居 11 个参试品种(系)第 1 位。

栽培技术要点：

1. 适应范围　在甘肃省兰州、天水、平凉、庆阳以及内蒙古、新疆、河北等全国胡麻主产区种植。

2. 选地　轮作倒茬,忌连茬或迎茬,轮作周期应在 3 年以上。

3. 播种期　适期早播,播种期在 3 月中下旬至 4 月上旬为宜。

4. 播种量　合理密植,灌区亩播量为 5～6 kg,保苗 35 万～45 万株/亩;旱区亩播量为 3～4 kg,保苗 20 万～30 万株/亩。

5. 施肥　一般亩施腐熟有机肥(猪粪、羊粪等)2～3 t,普通过磷酸钙 50 kg 作底肥,播种时将每亩磷酸二铵 15 kg 与种子混播做种肥;苗高 15～20 cm 时结合灌水每亩追施尿素 5 kg,现蕾前第 2 次追肥,追施尿素 2.5 kg。

6. 收获　适时收获。

(三)胡麻杂交种

陇亚杂 3 号

选育过程："陇亚杂 3 号"(*Linum usitatissimum* L.)是 2013 年由甘肃省农业科学院作物研究所以温敏型雄性不育系"1S"为母本,常规品种"定亚 23 号"为父本,采用两系法杂种优势利用技术选育而成的胡麻杂交种。2018 年通过国家非主要农作物品种登记,登记编号:GP天亚麻(胡麻)(2018)620010。

特征特性："陇亚杂 3 号"种子褐色,幼苗直立,花瓣蓝色。株高 57.97 cm,工艺长度 34.95 cm。分茎数 0.97 个,分枝数 3.98 个,单株果数 15.22 个,果粒数 6.89 个,千粒重 7.35 g,生育期 82～122 天。生长整齐一致,长势中等,抗旱性强,高抗枯萎病,综合性状优良。

品质指标：2012 年测得"陇亚杂 3 号"含油率 39.80％;脂肪酸组分中棕榈酸和硬脂酸含量分别为 8.21％和 2.53％,油酸、亚油酸、亚麻酸含量分别为 28.80％、11.40％和 49.05％。

产量表现：2013 年全国区域试验平均亩产量 88.15 kg。

栽培技术要点：

1. 适应范围　目前最佳制种区为甘肃省和内蒙古等高寒干旱区。

2. 选地　选用中上等肥力,平整的土地,注意轮作倒茬。

3. 播种期　一般川水地以 3 月下旬至 4 月上旬播种为宜,高寒山区以 4 月中下旬播种为宜。

4. 播种量　每亩山旱地播量 3～4 kg,保苗 25 万～35 万株;灌溉区播量 5～6 kg,保苗 35 万～45 万株。

5. 施肥　施肥以基肥为主,追肥为辅。基肥要足,提倡秋施肥,每亩施农家肥 2 000～3 000 kg、磷酸二铵 15～30 kg;追肥要早,可结合苗期头次灌水或自然降雨每亩追施尿素 5～8 kg。

6. 收获　适时收获。

（四）胡麻两系杂交种

陇亚杂 4 号

选育过程： "陇亚杂 4 号"（*Linum usitatissimum* L.）是由甘肃省农业科学院作物研究所采用两系法杂种优势利用技术选育而成的胡麻杂交种。母本"113S"为甘肃省农业科学院育成的温敏型胡麻雄性不育系，父本为"陇亚 10 号"优质胡麻常规品种。2016 年通过甘肃省品种审定（审定编号：甘审油 2016001），2018 年通过国家非主要农作物品种登记，登记编号：GP 天亚麻（胡麻）（2018）620016。

特征特性： "陇亚杂 4 号"为油用型品种，花蓝色，种子褐色，幼苗直立，株型紧凑。株高 59.4 cm，工艺长度 35.8 cm。分枝数 7.5，单株果数 25.5 个，果粒数 7.5 粒，千粒重 8.0 g，单株产量 0.95 g。生育期 106 天。生长整齐一致，抗旱、抗倒伏，综合农艺性状优良，高抗枯萎病。

品质指标： 2015 年经甘肃省农业科学院测试中心检验，"陇亚杂 4 号"粗脂肪含量 359.2 g/kg，亚麻酸含量 504.4 g/kg，油酸含量 220.8 g/kg，亚油酸含量 153.2 g/kg。

产量表现： 在 2013—2014 年甘肃省区域试验中，平均亩产量 118.2 kg。

栽培技术要点：

1. 适应范围　适宜在甘肃省兰州、定西、白银、张掖等同类生态区种植。

2. 选地　宜与小麦、豆类等作物轮作倒茬。

3. 播种期　一般川水地以 3 月下旬至 4 月上旬播种为宜，高寒山区以 4 月中下旬播种为宜。

4. 播种量　旱地亩播量为 3～4 kg，灌区为 5～6 kg。

5. 施肥　基肥要足，追肥要早。通常亩施氮、磷、钾复合肥（N-P_2O_5-K_2O 为 15-15-15）30 kg 做底肥，结合头水每亩追施尿素 5 kg。

6. 收获　适时收获。

甜　菜

甜菜(*Beta vulgaris* L.),藜科,属二年生草本植物。甜菜的根为直根系,主根膨大而形成的肉质根以楔形、圆锥形、纺锤形和锤形为主。其中块根又分为根头、根颈和根体3部分,含糖量以根体最高,根颈次之,根头最低;从根体横断面看,以中层含糖最高,内层次之,外层最少,出苗时幼苗根向土壤深处延伸约15 cm,到收获时主根深入土壤约30 cm,侧根5~10 cm。叶为单叶,由根头顶端的叶芽长出,以螺旋式排列丛生于根头上,叶片有盾形、心脏形、犁铧形、矩圆形、团扇形、舌形和柳叶形等。多数叶柄与地面成70°角的称为直立状叶丛;多数叶柄与地面成30°角以下的称为匍匐状叶丛;居于二者间的称斜立状叶丛。种株第2年进入生殖生长阶段。由根头的芽发育成花枝,根头的顶芽发育成主枝,腋芽发育成侧枝,主枝和侧枝出生的花枝为第一分枝,由第一分枝再生出第二分枝。花枝基部呈圆柱状;顶端为三棱或多棱肋骨状。植株按花枝形态可分单支型、混合枝型和多只型3种。两性花,通常由3~5朵花聚生于花枝上。聚生花的下端有1苞片,每朵花由花被、雄蕊和雌蕊组成。开花后形成聚花果,果中有3~5粒或7~8粒种子,称多粒形种球;单生的花形成单果,果中有1粒种子,称单粒形种球。甜菜的种球是坚果和蒴果的中间型。种子呈肾形,较扁平。生长第1年主要是营养生长,可分为幼苗、叶丛繁茂、块根糖分增长和糖分积累4个时期。生长第2年主要是生殖生长,可分为叶丛、抽薹、开花和种子形成4个时期。

甜菜为喜温作物,但耐寒性较强。全生育期要求基础温度10℃以上的积温2 800~3 200℃,块根生育期的适宜平均温度为19℃以上。当土壤5~10 cm深处温度达到15℃以上时,块根生长最快,4℃以下时近乎停止增长,昼夜温差与块根增大和糖分积累有直接关系,昼温15~20℃,夜温5~7℃,有利于提高光合效率和降低夜间呼吸强度,增加糖分积累。适宜块根生长的最大土壤持水量为70%~80%。持水量超过85%时块根生长受抑制;90%以上时块根开始窒息,终致死亡。糖分积累期持水量低于60%时块根生长缓慢,根体小而木质化程度高,品质较差,不利于加工制糖。块根生长前期需水不多,生育期中期需有足够的水分,生育后期需水量减少,全生育期降水量以300~400 mm为宜,收获前1个月内降水宜少,否则含糖率显著降低。适宜的日照时数为10~14 h,在弱光条件下,光合强度降低,块根生长缓慢。日照时数不足会使块根中的全氮、有害氮及灰分含量增加,降低甜菜的纯度和含糖量。而乌兰察布市的气候特点是昼夜温差大,积温2 200~3 300℃,年降水量为150~450 mm,不仅适宜甜菜栽培区域,而且该区域栽培生产的甜菜含糖量高。

本章主要介绍了适宜乌兰察布地区种植和推广的甜菜品种15个。

MA097

选育过程:"MA097"(*Beta vulgaris* L.)是由丹麦麦瑞博国际种业有限公司用品种"M-020"×"P2-33"经过杂交、繁育而成的。由黑龙江北方种业有限公司提出品种审定申请,

2017 年 11 月 28 日经省级农业主管部门审查,全国农业技术推广服务中心复核,农业部种子管理局公示无异议,符合《非主要农作物品种登记办法》要求,登记编号为:GPD 甜菜(2017)230012。

特征特性:单胚二倍体标准型甜菜品种。幼苗期胚轴颜色为红色。繁茂期叶片为舌形,叶片颜色深绿色,叶丛直立,株高 58 cm。叶柄 1.8 cm,叶数 24 片。块根为圆锥形,根头小,根沟浅,根皮黄白色,根肉白色。结实密度(20～30)粒/10 cm,种子千粒重 9～11 g。抗根腐病、褐斑病。

品质指标:2011 年测定,钾离子含量 4.99 mmol/100 g 鲜重,钠离子含量 6.06 mmol/100 g 鲜重,氮含量 14.84 mmol/100 g 鲜重。抗(耐)丛根病性鉴定试验中,丛根病病情指数 0.196。

产量表现:各地试验结果"MA097"含糖率为 16.1%～16.7%。亩产 3 286.1～3 606.4 kg,比对照"HI0466"增产 11.9%～20.2%。

栽培技术要点:

1. 适宜种植区　适宜在黑龙江省哈尔滨、齐齐哈尔、绥化、佳木斯、牡丹江、黑河,内蒙古、河北和辽宁甜菜产区种植。

2. 选地　实行 4 年以上的大区轮作,选用秋季深翻地,严禁在重茬及有残留性农药地块种植。

3. 播种期　一般在 4 月下旬至 5 月上旬播种,10 月上旬霜冻前收获。

4. 播种量　该品种为遗传单粒种,适合机械化精量点播和纸筒育苗移栽。播种密度根据土壤和气候具体情况而定,育苗 5 000 株/亩,机械化直播 5 400 株/亩为宜。

5. 栽培管理　直播适合气吸式播种机单粒直播;育苗期需适时育苗,严格控制棚内温度,及时通风换气,确保苗齐苗壮,防止徒长。适时进行田间管理,中耕除草,确保土壤通气透水,及时化学除草。播种后叶丛期及块根膨大期缺水条件下应及时滴管或喷灌,避免过多灌水和漫灌。

6. 施肥　多施厩肥、堆肥或绿肥,严格控制过量施用氮肥。注意氮、磷、钾肥比例应在1∶1∶0.5,前期应叶面喷施微肥,追施氮肥不能晚于 8 片真叶期。

7. 病虫害防治　选用适乐时、锐胜药剂拌种,防治苗期立枯病和跳甲、象甲等苗期害虫,中后期着重防治甘蓝夜蛾和草地螟。适时防治褐斑病,确保高产、高糖。

8. 注意事项　避开低洼地以防根腐病发生。必须实行 4 年以上的大区轮作,选用秋季深翻地,严禁在重茬及有长效残留性农药地块种植。防范措施:合理密植、控制施用氮肥、保护好功能叶片。

MA3005

选育过程:"MA3005"(*Beta vulgaris* L.)是由丹麦麦瑞博国际种业有限公司选育,以"M-027"为母本,"P2-36"为父本杂交选育而成的,丹麦麦瑞博国际种业有限公司哈尔滨代表处申请审定,品种审定编号:蒙审甜 2015003 号。

特征特性:叶丛直立,叶片犁铧形,叶色绿色。块根楔形,根肉白色,根沟浅。

品质指标:2014 年测定,钾离子含量 4.67 mmol/100 g 鲜重,钠离子含量 5.63 mmol/100 g

鲜重,N 含量 6.24 mmol/100 g 鲜重。抗(耐)丛根病性鉴定试验中,丛根病病情指数 0.183。

产量表现:2012 年参加区域试验,平均亩产 4 632 kg,比对照"甜研 309"增产 26.5%。2013 年参加区域试验,平均亩产 4 914 kg,比对照"甜研 309"增产 27.8%。2014 年参加生产试验,平均亩产 4 817.2 kg,比对照"甜研 309"增产 21.3%。

栽培技术要点:该品种适宜在内蒙古自治区甜菜种植区种植。播种方法:播种量为育苗 5 000 株/亩,机械化直播 5 400 株/亩为宜。

FLORES

选育过程:"FLORES"(*Beta vulgaris* L.)是由麦瑞博西索科有限公司通过"M-020"×"P2-07"杂交选育而成的,由中国种子集团有限公司申请,品种登记编号为:GPD 甜菜(2018)110038。

特征特性:高糖型甜菜杂交品种。二倍体遗传单粒品种,叶直立,叶柄中,叶片舌形,叶色绿。块根圆锥形,根肉白色,根沟浅。抗根腐病、褐斑病、丛根病、白粉病。

产量表现:一般每亩保苗应在 6 000 株左右,最佳收获株数应不低于 5 000～5 500 株/亩。第 1 生长周期含糖率 15.16%,比对照"KWS2409"高 0.98%;第 2 生长周期含糖率 14.57%,比对照"KWS2409"高 0.82%。第 1 生长周期亩产 5 581.8 kg,比对照"KWS2409"增产 1.00%;第 2 生长周期亩产 4 934.2 kg,比对照"KWS2409"增产 6.10%。

栽培技术要点:

1. 适宜区域:适宜在内蒙古、新疆甜菜产区春播种植。

2. 选地:应 4 年以上轮作。生产田应土壤肥沃、持水性好,地形应易于排涝。

3. 栽培方法:播种前用杀菌剂和杀虫剂拌种,防治苗期立枯病和虫害。全生育期应及时铲除田间杂草,杜绝草荒欺苗现象。7～8 月重视叶部病虫害防治,适时喷洒农药。在湿润年份或地区,应特别注意褐斑病防治,确保高产、高糖。苗期防治立枯病和跳甲、象甲等苗期害虫,中后期防治甘蓝夜蛾和草地螟。

4. 施肥:根据土壤及气候的具体条件,依据具体田间条件确定施肥量,一般亩施肥应控制在 10～12 kg(以纯氮计),追施氮肥不应晚于 8 片真叶期。合理配合氮、磷、钾的使用,适当增加磷肥和钾肥的使用可提高甜菜的抗病力,并有利于增加块根含糖率。

5. 注意事项:缺硼地区必须配合基施或喷施硼肥,防止甜菜根腐病,以提高产量与品质。

HI0474

选育过程:"HI0474"(*Beta vulgaris* L.)是由先正达(中国)投资有限公司隆化分公司申请的品种,以"MS-06201"为母本,"POLL-40200"为父本杂交选育而成。由先正达投资有限公司隆化分公司申请审定,品种审定编号:蒙审甜 2010003 号。

特征特性:犁铧形,叶丛斜立。叶柄短,叶色浅绿。块根:圆锥形,叶痕间距小,根沟浅。品质优良,2009 年在抗(耐)丛根病鉴定试验中,在三级丛根病地病情指数 0.190,褐斑病发生 2.0 级,丛根病罹病率 100%。

品质指标:2009 年测定,钾离子含量 4.48 mmol/100 g 鲜重,钠离子含量 1.42 mmol/100 g 鲜重,α-N 含量 3.57 mmol/100 g 鲜重。

产量表现：2008 年参加内蒙古自治区甜菜区域试验，平均亩产 4 470 kg，比对照"甜研309"增产 14.7％；平均含糖率 12.87％，比对照低 1.27°；2009 年参加内蒙古自治区甜菜区域试验，平均亩产 5 528.6 kg，比对照"甜研309"增产 44.6％；平均含糖率 17.04％，比对照低 0.36°。两年区试平均亩产 5 132 kg，比对照增产 33.4％；平均含糖率 15.48％，比对照低 0.71°。2009 年参加内蒙古自治区甜菜生产试验，平均亩产 5 285.2 kg，比对照"甜研309"增产 41.5％；平均含糖率 17.63％，比对照高 0.29°。

栽培技术要点：

1. 适宜地区　内蒙古自治区包头市、呼和浩特市、巴彦淖尔市、乌兰察布市等适宜地区种植。

2. 播种量　一般育苗移栽 6 000 株/亩，机械化直播 6 600 株/亩为宜，收获株数不低于 5 000 株/亩。

3. 注意事项　苗期防治立枯病和跳甲、象甲等苗期害虫，中后期防治甘蓝夜蛾和草地螟。

HI1059

选育过程："HI1059"（*Beta vulgaris* L.）是由先正达中国投资有限公司隆化分公司申请选育，以"MS-057"为母本，"POLL-0402"为父本杂交选育而成的。先正达中国投资有限公司隆化分公司申请审定，品种审定编号：蒙审甜 2015009 号。

特征特性：叶丛直立，叶片犁铧形，叶色呈深绿色。块根圆锥形，根肉白色，根沟浅。综合抗性，抗（耐）丛根病性鉴定试验中，丛根病病情指数 0.171。

品质指标：2014 年测定，钾离子含量 4.51 mmol/100 g 鲜重，钠离子含量 5.91 mmol/100 g 鲜重，α-N 含量 6.82 mmol/100 g 鲜重。

产量表现：2012 年参加区域试验，平均亩产 5 021 kg，比对照"甜研309"增产 37.2％；2013 年参加区域试验，平均亩产 4 628 kg，比对照"甜研309"增产 20.3％；2014 年参加生产试验，平均亩产 4 943.0 kg，比对照"甜研309"增产 24.5％。

栽培技术要点：

1. 适宜地区　适宜在内蒙古自治区甜菜种植区种植。

2. 播种量　密度 5 000～5 400 株/亩。

3. 施肥　根据土壤情况合理施用氮、磷、钾，比例为 15：15：15 为宜，同时适当配合叶面施用微量元素硼肥。

4. 注意事项　制定合理的轮作制度，确保轮作年限在 4 年以上，避免重、迎茬，过量使用氮肥，杜绝大水大肥。

HI1003

选育过程："HI1003"（*Beta vulgaris* L.）是以单胚二倍体雄性不育系"MS-310"为母本，多胚二倍体"POLL-0103"为父本杂交选育而成的。先正达（中国）投资有限公司隆化分公司申请审定，品种审定编号为：蒙审甜 2014006 号。

特征特性：叶丛直立，叶片犁铧形，叶色呈绿色。块根圆锥形，根肉白色，根沟浅。综合抗性强，抗（耐）丛根病鉴定试验中，病情指数 0.151。

品质指标:2013 年测定,钾离子含量 4.54 mmol/100 g 鲜重,钠离子含量 6.98 mmol/100 g 鲜重,α-N 含量 8.32 mmol/100 g 鲜重。

产量表现:2011 年参加甜菜区域试验,平均亩产 4 759.3 kg,比对照"甜研 309"增产 9.7%;2012 年参加甜菜区域试验,平均亩产 4 660 kg,比对照"甜研 309"增产 27.3%;2013 年参加甜菜生产试验,平均亩产 4 676 kg,比对照"甜研 309"增产 13.4%。

栽培技术要点:适应性广,青头小,适宜机械化收获。保苗 4 500 株/亩以上。

KWS9147

选育过程:"KWS9147"(*Beta vulgaris* L.)是由德国 KWS 种子股份有限公司以 "KWSMS9351"为母本,"KWSP8907"为父本杂交选育而成的。由 KWS 种子股份有限公司 北京代表处申请审定,品种审定编号为:蒙审甜 2015010 号。

特征特性:叶丛直立,叶片犁铧形,叶色绿。块根纺锤形,根肉白色,根沟浅。综合抗性 强,在抗(耐)丛根病性鉴定试验中,丛根病指数 0.108。

品质指标:2014 年测定,钾离子含量 5.12 mmol/100 g 鲜重,钠离子含量 5.84 mmol/100 g 鲜重,α-N 含量 8.13 mmol/100 g 鲜重。

产量表现:2012 年参加区域试验,平均亩产 5 555 kg,比对照"甜研 309"增产 51.8%; 2013 年参加区域试验,平均亩产 5 197 kg,比对照"甜研 309"增产 35.1%;2014 年参加生产试 验,平均亩产 5 400.8 kg,比对照"甜研 309"增产 36.0%。

栽培技术要点:

1. 适宜地区　内蒙古自治区甜菜种植区种植。
2. 选地　坚持 4 年以上的轮作,避免重迎茬种植。
3. 播种期　直播西部区 3 月下旬播种,中、东部 4 月上中旬播种。
4. 播种量　亩保苗 6 000 株以上,最佳收获株数应不低于 5 500 株/亩。
5. 施肥　播种时一次性施入甜菜专用肥 40~50 kg、磷酸二铵 5~10 kg、钾肥 10 kg,三 者掺匀施用。种、肥进行隔离。

KWS1197

选育过程:"KWS1197"(*Beta vulgaris* L.)由德国 KWS 公司选育。

特征特性:生育期 180 天以上。叶丛直立,叶柄长,犁铧形。块根圆锥形,根皮白色,根肉 白色,根沟中。育期生长势较强,抗褐斑病、黄化病毒、白粉病和根腐病。出苗早,出苗率高, 保苗率高,3 月中旬封垄,无抽薹。

产量表现:2014—2015 年两年平均亩产 49.58 kg,比对照"内 2499"增加 25.83%,两年平 均含糖 17.71%,比对照增加 0.92 度;2016 年平均亩产 4 881.91 kg,比对照"内 2499"增产 16.86%。平均含糖 18.19%,比对照增加 1.08°。

栽培技术要点:"KWS1197"产量高,含糖量高,抗病性好,是目前乌兰察布市甜菜主栽品 种之一,管理方式按照甜菜常规管理即可。

KWS4121

选育过程:"KWS4121"(*Beta vulgaris* L.)是由德国 KWS 种子股份有限公司选育申请

的甜菜品种,由德国 KWS 种子股份有限公司北京代表处申请审定,审定编号为:蒙审甜 2007003 号。

特征特性:叶片犁铧形,叶丛斜立,叶片淡绿色,叶柄粗细适中,叶片功能期长。块根纺锤形,根皮白净,根冠较小,根沟较浅。病情指数 0.283。

品质指标:2006 年测定,钾离子含量 5.9 mmol/100 g 鲜重,钠离子含量 1.5 mmol/100 g 鲜重,α-N 含量 2.11 mmol/100 g 鲜重。

产量表现:2005 年在内蒙古自治区普通组区域试验中,平均亩产 4 915 kg,含糖率 15.44%。其中东部地区平均亩产 3 248 kg,比对照"甜研 309"提高 6.6%;含糖率 19.7%,比对照提高 0.8°。西部地区平均亩产 5 164 kg;含糖率 14.1%,比对照提高 0.82°。2006 年在内蒙古自治区普通组区域试验中,平均亩产 5 264 kg,比对照"甜研 309"提高 46.6%;含糖率 15.77%,比对照减少 0.75°;亩产糖量 832 kg,比对照提高 40.79%。2006 年在内蒙古自治区普通组生产试验中,平均亩产 5 296 kg,比对照"甜研 309"提高 25.8%;含糖率 16.01%,比对照减少 0.85°。

栽培技术要点:

1. 适宜地区　内蒙古包头市、呼和浩特市、巴彦淖尔市种植。

2. 种植密度　5 500 株/亩左右。

KWS7156

选育过程:"KWS7156"(*Beta vulgaris* L.)是由德国 KWS 种子股份有限公司以"KWSMS9364"为母本,"KWSP8856"为父本杂交选育而成的。KWS 种子股份有限公司北京代表处申请审定,品种审定编号:蒙审甜 2015002 号。

特征特性:叶丛直立,叶片犁铧形,叶色绿。块根纺锤形,根肉白色,根沟浅。综合抗性:抗(耐)丛根病性鉴定试验中,丛根病病情指数 0.321。

品质指标:2014 年测定,钾离子含量 5.39 mmol/100 g 鲜重,钠离子含量 5.54 mmol/100 g 鲜重,α-N 含量 7.44 mmol/100 g 鲜重。

产量表现:2012 年参加区域试验,平均亩产 5 299.0 kg,比对照"甜研 309"增产 44.8%;2013 年参加区域试验,平均亩产 4 900.0 kg,比对照"甜研 309"增产 27.4%;2014 年参加生产试验,平均亩产 5 231.6 kg,比对照"甜研 309"增产 31.8%。

栽培技术要点:"KWS7156"产量高,含糖量高,抗病性好,管理方式按照甜菜常规管理即可。

KWS1231

选育过程:"KWS1231"(*Beta vulgaris* L.)是由卡韦埃斯种子欧洲股份公司以"KWSMS9653"为母本,"KWSP9150"为父本选育而成的。北京科沃施农业技术有限公司申请审定,品种审定编号:蒙审甜 2016007 号。

特征特性:叶丛直立,叶片犁铧形。块根楔形,根沟浅,根肉白色。综合抗性:抗(耐)丛根病性鉴定试验中,丛根病病情指数 0.160。

品质指标:2015 年测定,钾离子含量 6.07 mmol/100 g 鲜重,钠离子含量 2.76 mmol/100 g

鲜重,α-N 含量 2.64 mmol/100 g 鲜重。

产量表现: 2013 年参加区域试验,平均亩产 5 161.0 kg,比对照"甜研 309"增产 34.2%;2014 年参加区域试验,平均亩产 5 216.1 kg,比对照"甜研 309"增产 40.9%;2015 年参加生产试验,平均亩产 5 181.1 kg,比对照"内 2499"增产 23.5%。

栽培技术要点:

1. 适宜地区　内蒙古自治区甜菜种植区种植。

2. 播期　直播 4 月 10 日至 5 月 5 日,纸筒育秧 3 月 25 日至 4 月 10 日。

3. 密度　每亩 5 500~6 000 株。

4. 施肥　播种时亩施甜菜专用肥 40~50 kg,同时注重微肥的施用。

5. 注意事项　出苗后要做到及时防虫。

ST14991

选育过程: 德国斯特儒博有限公司以二倍体单粒雄性不育系"D29"×"RH4"为母本,二倍体多粒授粉系"V28"×"6.8"为父本杂交选育而成。内蒙古自治区农业科学院甜菜研究所申请审定,审定编号:蒙审甜 2011001 号。

特征特性: 叶丛斜立,叶柄短,叶片心脏形,叶色浅绿。块根楔形,根肉白色,根冠小,根沟浅。综合抗性:2010 年在抗(耐)丛根病鉴定试验中,病情指数 0.124。

品质指标: 2010 年测定,钾离子含量 4.48 mmol/100 g 鲜重,钠离子含量 1.81 mmol/100 g 鲜重,α-N 含量 3.87 mmol/100 g 鲜重。

产量表现: 2009 年参加内蒙古自治区甜菜区域试验,平均亩产 5 084 kg,比对照"甜研 309"增产 30.2%;平均含糖率 17.84%,比对照高 0.52°。2010 年参加内蒙古自治区甜菜区域试验,平均亩产 4 526 kg,比对照"甜研 309"增产 18.4%;平均含糖率 14.65%,比对照低 0.34°。两年区域试验平均亩产 4 805 kg,比对照增产 24.29%,平均含糖率 16.25%,比对照高 0.09°。2010 年参加内蒙古自治区甜菜生产试验,平均亩产 5 180 kg,比对照"甜研 309"增产 29.53%;平均含糖率 14.34%,比对照低 0.27°。

栽培技术要点:

1. 适宜地区　内蒙古自治区巴彦淖尔市、包头市、呼和浩特市、乌兰察布市、赤峰市适宜区种植。

2. 播种量　一般亩保苗 6 000 株左右,收获株数每亩不低于 5 500 株。

3. 病虫害防治　播种前用杀菌剂(如福美双、苗盛、土菌消等)和杀虫剂(如呋喃丹、高巧等)拌种,苗期防治立枯病和虫害;在湿润年份或地区,注意防治褐斑病。

瑞福

选育过程:"瑞福"(*Beta vulgaris* L.)又名"RIVAL",属于二倍体单粒杂交种,母本雄不育系"TM6102"来源于荷兰安地集团的 SES 公司的育种资源库,利用遗传雄性可育材料"TD6202"作为定向轮回亲本,"TD6202"是由两个高产、高纯度的群体进行集团繁殖,经系统选育而成。1994 年对"TM6102"不育株连续回交 3 代,对后代育性、粒形进行定向选择。1999 年委托包头华资实业股份有限公司甜菜研究所引进试种。品种审定编号:蒙审甜

2004003号。

特征特性：属于二倍体杂交种，叶丛直立，生长中期叶丛繁茂，叶片团扇形，中等大小，叶柄较短，叶色绿色，叶片功能期长。块根呈锤形，根皮及根肉均呈白色、青头较小、根沟浅，易于修削。种球较小，千粒重约12.5g，单粒率为98%。耐丛根病、耐根腐病和褐斑病。

产量表现：2000年，在自治区抗（耐）丛根病组区域试验中，平均病情指数0.154，比对照"甜研303"低0.067°；亩产量3 860.0 kg，比对照"甜研303"增产145.4%；含糖率14.17%，比对照"甜研303"低0.64°；亩产糖量553.5 kg，比对照"甜研303"增加143.7%，各项指标达到了耐病型品种标准。2002年，在自治区抗（耐）丛根病组区域试验中，平均病情指数0.170，比对照"甜研303"低0.120°；亩产量4 169.5 kg，比对照"甜研303"增产205.8%；含糖率为15.75%，比对照"甜研303"提高0.16°；亩产糖量656.7 kg，比对照"甜研303"增加209.0%，各项指标达到了耐病型品种标准。2001年10月进行了生产试验验收。验收结果为RIVAL的病情指数为0.180，比对照"甜研303"低0.35°；亩产量2 369.1 kg，比对照"甜研303"增产347.2%；含糖率15.56%，比对照"甜研303"提高5.03°；亩产糖量368.6 kg，比对照"甜研303"增加405.6%，达到了耐病型品种标准，通过了生产试验。

栽培技术要点：

1. **适宜地区**　内蒙古自治区呼和浩特市、包头市、巴彦淖尔市、乌兰察布市等。在活动积温2 500℃以上轻度丛根病发生地区产量高。

2. **选地**　合理轮作，避免重茬、迎茬及低洼地带，具备排灌条件。

3. **播种时间**　适时早播，直播及地膜栽培时应当早疏苗、早间苗、早定苗，适宜纸筒育苗移栽及机械化栽培，纸筒育苗移栽时一定要适时移栽。

4. **播种量**　栽培密度应在5 500株/亩左右。

5. **施肥**　注意氮、磷、钾合理使用，避免过量施用氮肥，以施用甜菜专用种肥和追肥为宜，杜绝大水大肥。

6. **注意事项**　在褐斑病发生严重的年份，生长中后期应喷洒防止褐斑病发生的农药（如禾本卡克等），同时叶面喷洒"肥王"1～2次，达到增加含糖、提高品质之目的。

H809

选育过程："H809"（*Beta vulgaris* L.）是由荷兰安地国际有限公司以"SVDHMS2540"为母本，"SVDHPOL4772"为父本选育而成的。荷兰安地国际有限公司北京代表处申请审定，品种审定编号：蒙审甜2016005号。

特征特性：叶丛直立，叶片舌形。块根圆锥形，根肉白色。抗（耐）丛根病性鉴定试验中，丛根病病情指数0.192。

品质指标：2015年测定，钾离子含量3.99 mmol/100 g鲜重，钠离子含量0.77 mmol/100 g鲜重，α-N含量1.17 mmol/100 g鲜重。

产量表现：2013年参加区域试验，平均亩产5 181.0 kg，比对照"甜研309"增产34.7%。2014年参加区域试验，平均亩产4 971.3 kg，比对照"甜研309"增产34.3%。2015年参加生产试验，平均亩产4 741.6 kg，比对照"内2499"增产13.0%。

栽培技术要点：

1. **适宜地区**　内蒙古自治区甜菜种植区种植。

2. **播种量**　纸筒移栽保苗 5 500 株/亩,机械化直播保苗 6 000 株/亩。

3. **施肥**　施肥以农家肥与化肥配合使用为好,甜菜亩产量 4 000 kg,要求亩施农家肥 1 000 kg 以上,每亩施化肥氮、磷、钾纯量 30 kg,根据不同区域氮∶磷∶钾比例为 1∶(0.8～1.2)∶0.6,适量增施硼锌微量元素。化肥分底肥、种肥、追肥分期施入,追肥以磷钾肥为主,时间不能晚于 8 片真叶期。

4. **注意事项**　保证密度和轮作倒茬;及时防治病虫害。

IM802

选育过程： "IM802"(*Beta vulgaris* L.)是由荷兰安地国际有限公司以二倍体单粒雄性不育系"SVDHMS8835"为母本,二倍体单粒"SVDHPOL4736"为父本经杂交选育而成的。荷兰安地国际有限公司北京代表处,品种审定编号:蒙审甜 2011004 号。

特征特性： 叶丛斜立,叶柄长,叶色绿,叶片盾形。块根楔形,根肉白色,根沟浅。综合抗性:2010 年在抗(耐)丛根病鉴定试验中,病情指数 0.195。

品质指标： 2010 年测定,钾离子含量 4.51 mmol/100 g 鲜重,钠离子含量 1.97 mmol/100 g 鲜重,α-N 含量 3.94 mmol/100 g 鲜重。

产量表现： 2009 年参加内蒙古自治区甜菜区域试验,平均亩产 5 331 kg,比对照"甜研309"增产 36.52%;平均含糖率 17.43%,比对照高 0.11°。2010 年参加内蒙古自治区甜菜区域试验,平均亩产 4 092 kg,比对照"甜研 309"增产 7%;平均含糖率 14.74%,比对照低0.25°。两年区试平均亩产 4 711.5 kg,比对照增产 22%;平均含糖率 16.09%,比对照低0.07°。2010 年参加内蒙古自治区甜菜生产试验,平均亩产 5 065 kg,比对照"甜研 309"增产26.66%;平均含糖率 14.62%,比对照高 0.01°。

栽培技术要点：

1. **适宜地区**　内蒙古自治区巴彦淖尔市、包头市、呼和浩特市、乌兰察布市、赤峰市适宜区种植。

2. **播种量**　一般育苗移栽 5 500 株/亩,机械化直播 6 000 株/亩,收获株数不低于 5 000株/亩。

黍　子

黍子（*Panicum miliaceum* L.），也称糜子，古称"稷"，具有生育期短、耐旱、耐瘠薄、适应性强等特点，是干旱、半干旱地区的主要粮食作物和重要的抗旱救灾作物。历史上有很多关于黍子的记载，如《诗经·王风·黍离》中"彼黍离离，彼稷之穗"，《论语·微子》中"止子路宿，杀鸡为黍而食之"，唐代孟浩然在《过故人庄》中写下了"故人具鸡黍，邀我至田家"的诗句。从这些诗词中可以看出，黍子常常与鸡一起成为待客的最佳食品。

目前，全世界黍子种植面积为 550 万～600 万 hm²，俄罗斯种植面积最大，其次是中国和乌克兰。自 20 世纪 60 年代，玉米、马铃薯等高产农作物逐渐取代了黍子种植，黍子食品的消费群体也不断缩小，中国黍子种植面积逐渐呈下降趋势。截至 2010 年全国黍子种植面积已经由 50 年代时的 200 万 hm² 左右降至 60 万～70 万 hm²。中国黍子的主产区集中在长城沿线，大多数产区环境条件恶劣、土壤贫瘠、气候干旱，年降水量在 300～500 mm，无霜期短。黍籽粒有糯性黍子和粳性糜子两种类型，陕西、甘肃、宁夏等地种植粳性糜子为主，主要用于酿酒、焖饭、炒米等；河北、黑龙江、吉林及内蒙古以种植糯性黍子为主，主要用于做糕类食品。

乌兰察布市黍子播种面积 8 万亩左右，分布在凉城、兴和、丰镇、前旗、商都等各个旗县，产量 8 000 t 左右。黍子富含蛋白质、淀粉、膳食纤维及多种微量元素，如镁、铁、钙等，可以防治动脉硬化、胃肠道肿瘤和冠心病等疾病，有效地提高人们的身体素质，是医食同源的重要作物，在现代功能型食品开发中占有重要的地位。黍子去皮以后叫"黄米"，把黄米浸泡磨粉蒸熟叫"糕"。"糕"入口软糯，营养价值高，又与"高"同音，在我市婚丧嫁娶、盖房、搬家及一些重要节日都要吃糕。黍子作为我市重要的粮食作物和重要的抗旱救灾作物，具有重要的地位。

本章主要介绍了适宜乌兰察布地区种植和推广的黍子品种 20 个。

内糜 6 号

选育过程："内糜 6 号"（*Panicum miliaceum* L.）是由鄂尔多斯市农业科学研究所以"和林大黄糜子"和"达旗黄糜子"杂交选育的，2010 年 1 月通过国家小宗粮豆品种鉴定委员会鉴定。

特征特性：中熟，生育期 99 天。株高 138.1 cm，主茎节数 7.7 节。侧穗型，主穗长 31.5 cm，穗重 6.1 g，分蘖成穗整齐，粒黄色，粳性，千粒重 7.7 g。抗旱、抗盐、抗倒伏、抗落粒性强。适宜在≥10℃积温 1 900～3 100℃的地区种植，即适宜在宁夏固原、彭阳、同心、盐池，山西五寨，内蒙古鄂尔多斯、赤峰，陕西榆林等地种植。

品质指标：粗脂肪含量 3.08%，粗蛋白含量 10.79%，粗淀粉含量 57.32%。

产量表现：平均亩产量 260 kg，最高亩产量可达 330 kg。

栽培技术要点：5 月下旬播种，密度 7 万～8 万株/亩，亩施种肥磷酸二铵 5 kg，有机肥（基肥）2 000 kg，基肥也可亩施尿素 15 kg；生长期间注意中耕除草，成熟后及时收获。

内穄 7 号

选育过程:"内穄 7 号"(*Panicum miliaceum* L.)是由鄂尔多斯市农业科学研究所以"临河黄穄"和"准旗黄黍子"杂交选育的,2010 年 1 月通过国家小宗粮豆品种鉴定委员会鉴定。

特征特性:中熟,生育期 100 天。株高 132.2 cm,主茎节数 7.3 节,侧穗型,主穗长 33.6 cm,穗重 6.1 g,千粒重 7.7 g。分蘖成穗整齐,粒黄色,糯性。抗旱、耐盐、抗落粒性强。适宜在≥10℃积温 1 900~3 100℃的地区种植,如宁夏彭阳、盐池、山西大同、五寨,吉林白城,内蒙古鄂尔多斯、赤峰等地区。

品质指标:粗脂肪含量 2.94%,粗蛋白含量 14.3%,粗淀粉含量 47.92%。

产量表现:平均亩产量 219 kg,最高亩产量可达 300 kg。

栽培技术要点:5 月下旬播种,密度 7 万~8 万株/亩,种肥亩施磷酸二铵 5 kg,有机肥(基肥)2 000 kg,生长期间注意中耕除草,成熟后及时收获。

内穄 8 号

选育过程:"内穄 8 号"(*Panicum miliaceum* L.)是由鄂尔多斯市农牧业科学研究院以"杭后二黄黍"和"达旗黄罗黍"杂交选育而成的。该品种 2012 年通过了全国小宗粮豆品种鉴定委员会鉴定。

特征特性:中熟品种,生育期 97~100 天。生长势较强,幼苗健壮,种子出土能力较强。株高 140 cm,主茎节数 6.7 节,侧穗,主穗长 36 cm,穗粒重 6 g,千粒重 8 g。粒黄色,糯性。高抗黑穗病,抗旱、抗盐碱、抗倒伏、抗落粒性强。该品种适宜在内蒙古呼和浩特、鄂尔多斯以及山西五寨,黑龙江哈尔滨,河北张家口,宁夏盐池,陕西府谷等地种植,产量表现较好。

品质指标:碳水化合物含量 70%,粗脂肪含量 4%,粗蛋白质含量 16%。

产量表现:平均亩产量 230 kg。

栽培技术要点:播种期以 5 月中下旬至 6 月上旬为宜,旱作每亩播种量 1 kg,留苗 5 万~6 万株/亩,平原灌区每亩播种量 1.5 kg,留苗 6 万~8 万株/亩。

内穄 9 号

选育过程:"内穄 9 号"(*Panicum miliaceum* L.)是由鄂尔多斯市农牧业科学研究院以"准旗牛蛋穄子"和"巴盟大红穄子"杂交育成的。

特征特性:中熟,生育期 99~102 天。该品种生长势较强,幼苗健壮,种子出土能力较强,株高 131 cm,主茎节数 6.8 节。侧穗型,主穗长 33.1 cm,穗重 5.7 g,粒红色,粳性,千粒重 8.2 g。抗旱、抗盐碱、抗倒伏、抗落粒性强,高抗黑穗病。适宜在≥10℃积温 1 900~3 100℃的地区种植,如内蒙古呼和浩特、赤峰、达拉特、宁夏固原、甘肃庆阳、陕西定边、河北张家口等地种植。

品质指标:粗脂肪含量 3.5%,粗蛋白含量 12.5%,碳水化合物含量 73.5%。

产量表现:平均亩产量 256 kg,最高亩产量可达 386 kg。

栽培技术要点:

1. 选地整地 选择地势平缓、保肥保水、有机质较高的地块,避免重茬迎茬,前茬以豆茬、马铃薯茬或玉米茬为宜。整地要达到平、匀、净、细,上虚下实。

2. 施肥　基肥每亩施腐熟农家肥 1 000～1 500 kg,种肥每亩施磷酸二铵 5～7.5 kg,每亩追肥尿素 5 kg。旱作肥料需在整地或播种时一次性施入。

3. 播种　播种期以 5 月中下旬至 6 月上旬为宜,地温稳定在 10℃ 以上,视土壤墒情适时播种。旱作每亩播种量 1 kg,留苗 5 万～6 万株/亩;平原灌区每亩播种量 1.5 kg,留苗 6 万～8 万株/亩。

4. 田间管理与收获　2～3 片叶时进行间苗,4～5 片叶时进行定苗。中耕锄草 2～3 次,第一次结合间苗进行。生长期间注意防治黏虫、玉米螟等害虫。穗基部多数籽粒蜡熟期可收获,一般在 9 月中下旬降霜之前收获,霜冻之后收获落粒严重。

赤黍 1 号

选育过程:"赤黍 1 号"(*Panicum miliaceum* L.)是由赤峰市农牧科学研究院从红黍子变异株中,经系统选育而成的。2009 年经内蒙古自治区农作物品种审定委员会认定。

特征特性:中熟,生育期 112 天。糯性。株高 147.7 cm,主茎节数 8.4 节。密穗,主穗长 29.0 cm,分蘖成穗整齐,红粒。抗旱,抗倒伏强,抗黑穗病、黍瘟病。适宜≥10℃积温 2 600℃ 以上的赤峰市及辽宁朝阳旱平地、丘陵地区种植。

品质指标:粗蛋白含量 16.85%,粗脂肪含量 2.73%,粗淀粉含量 75.38%。

产量表现:平均亩产量 210 kg,最高亩产量可达 345 kg。

栽培技术要点:水肥较好的地一般要求留苗 6.5 万～8 万株/亩,旱坡地留苗 5.0 万～6.5 万株/亩为宜。

赤黍 2 号

选育过程:"赤黍 2 号"(*Panicum miliaceum* L.)是由赤峰市农牧科学研究院以当地大白黍与目标性状基因库材料杂交选育而成的,2011 年通过内蒙古农作物品种认定。认定编号:蒙认黍 2011001 号。

特征特性:中熟,生育期 108 天。幼苗叶片绿色,侧穗型,茎、叶茸毛较长,绿花序。株高 149.1 cm,主穗长 44.6 cm,分蘖 3～5 个,千粒重 6.4 g。白黍黄米,糯性。抗黍瘟病、黑穗病,抗倒伏。适宜赤峰大部分地区及周边地区≥10℃有效积温 2 700～2 900℃地区带种植。

品质指标:粗蛋白含量 16.87%,粗脂肪含量 3.21%,粗淀粉含量 77.62%,支链淀粉(占淀粉)含量 77.86%。

产量表现:平均亩产量 270.7 kg,最高亩产量可达 296 kg。

栽培技术要点:

1. 精细选地　不要重茬和迎茬,最好选用豆茬,可以减少病虫害。

2. 精选种子　播种前要做好种子处理,播种前晾种 2～3 天,然后清选种子,将杂质病粒、秕粒、破损粒去除,用含抗黑穗病成分的种衣剂拌种。

3. 适时播种　视土壤墒情而定,行距要求 40～45 cm,覆土 3～5 cm,每亩播量 0.5～0.7 kg,播种后及时镇压 2～3 遍,以防失墒。亩施种肥磷酸二铵 6～8 kg 为宜。

4. 田间管理　三叶一心疏苗,去除病弱苗,留自然苗,肥力较好的地块密度应在 6.5 万～

8 万株/亩,肥力差一些地块密度应在 5 万～6.5 万株/亩为宜,及时中耕。在拔节期至抽穗开花期,及时追肥,一般每亩追施尿素 10～15 kg 为宜,及时防治黏虫、粟灰螟和地下害虫。及时收获。一般穗上部籽粒变黄色并硬粒后开镰收割,拉进场院堆放,风干脱粒归仓。

赤黍 8 号

选育过程:"赤黍 8 号"(*Panicum miliaceum* L.)是由赤峰市农牧科学研究院选育的。认定编号:赤登糜 2014001 号。

特征特性:生育期 105 天。幼苗叶片绿色,花序绿色。侧穗型,籽粒椭圆形,白谷黄米,成熟时叶片略带紫色。平均株高 173.8 cm,主穗长 43.4 cm,单株穗重 13.6 g,单株粒重 9.2 g,出谷率 69.3%,千粒重 7.8 g。茎秆韧性强,抗倒伏。适宜赤峰市≥10℃活动积温 2 400～2 700℃敖汉、喀旗、翁旗、松山区推广种植。

产量表现:平均亩产量 272.4 kg,较对照"赤黍 2 号"增产 6%。

栽培技术要点:

1. 种子处理 播前清选后包衣处理,防黑穗病。
2. 栽培密度 亩保苗 3.2 万～5.5 万株为宜。
3. 施肥 施足底肥,种肥每亩施磷酸二铵 15 kg 或硫酸钾 2.5 kg,每亩追施尿素 7.5～10 kg。

赤糜 1 号

选育过程:"赤糜 1 号"(*Panicum miliaceum* L.)是由赤峰市农牧科学研究院从黄糜子变异株中,经系统选育而成的。2009 年经内蒙古自治区农作物品种审定委员会认定。

特征特性:中早熟,生育期 102 天左右。粳性。幼苗绿色,侧穗型,花序绿色。株高在中等肥力条件下为 127.5 cm,主茎节数 7.4 节。主穗长 34.5 cm。籽粒椭圆形,千粒重 7.5 g,黄谷浅黄米。适宜在≥10℃积温 1 900℃左右的内蒙古赤峰市北部、辽宁朝阳丘陵区种植。

品质指标:粗蛋白含量 15.48%,粗脂肪含量 4.35%,粗淀粉含量 74.45%。

产量表现:平均亩产量 258 kg,最高亩产量可达 362 kg。

栽培要点:水肥较好的地块一般要求留苗 6.5 万～8.0 万株/亩,旱坡地留苗 5.0 万～6.5 万株/亩为宜。

赤糜 2 号

选育过程:"赤糜 2 号"(*Panicum miliaceum* L.)是由赤峰市农牧科学研究院用本地粳性黄糜子与内糜 5 号杂交选育而成的,2011 年通过内蒙古农作物品种认定。认定编号:蒙认糜 2011001 号。

特征特性:中熟品种,生育期平均 111 天。幼苗绿色,叶鞘绿色。侧穗型,茸毛较长。株高 170 cm,分蘖 3～5 个,穗长 39.2 cm,籽粒椭圆形,粳性,千粒重 7.0 g,黄谷浅黄米,出糜率 70.9%,米质佳,适口性好,米色新鲜有光泽。抗黑穗病、黍瘟病。赤峰市喀旗、左旗、阿旗及鄂尔多斯市≥10℃活动积温 2 500℃以上地区种植。

品质指标:粗蛋白含量 16.87%,粗脂肪含量 3.21%,粗淀粉含量 77.62%,支链淀粉含量 77.86%。

产量情况：平均亩产量 271.4 kg，最高亩产量可达 296 kg。

栽培技术要点：

1. 精细选地　精细整地，施足基肥。不要重茬和迎茬，最好选用豆茬可以减少病虫害。

2. 精选种子　播种前要做好种子处理、消毒，播种前晾种 2～3 天，然后清选种，将杂质病粒、秕粒、破损粒去除，用 0.3% 种子量的拌种双拌种或用含防黑穗病成分的种衣剂包衣效果更佳。

3. 适时播种　视土壤墒情及时播种，行距要求 40 cm，覆土 3～5 cm，亩播量 0.5～0.7 kg，播种后及时镇压 2～3 遍，以防失墒。亩施磷酸二铵 6～8 kg，随播种每亩撒施 1 kg 毒土，防治地下害虫。

4. 田间管理　要在糜子出土后，猫耳叶时用碌子镇压 1～2 遍，三叶一心疏苗，去除病弱苗，留自然苗。留苗密度不宜过大，水肥较好的地留苗 6.5 万～8 万株/亩，旱坡地留苗 5 万～6.5 万株/亩为宜。及时中耕培土，防止倒伏。及时防治地下害虫，防治粟叶甲危害。该品种幼苗生长势较强，间苗晚会导致幼苗之间争水争肥，引起徒长，不利于蹲苗。拔节期至抽穗开花期及时追肥，一般每亩追施尿素 10～15 kg 为宜，将杂苗、病苗、弱苗清除，创造良好的生长条件，及时防治粟灰螟、黏虫。

5. 及时收获　穗上部籽粒呈本品种颜色并硬粒后，应开镰收割，拉进场院堆放，风干脱粒归仓。

冀张黍 1 号

选育过程："冀张黍 1 号"（*Panicum miliaceum* L.）是由张家口市农业科学院以"8012-16""涿鹿大红黍""蔚县柳心白"和"宣化小红黍" 4 个品种（品系）为亲本，采用复合杂交的方法，单株系统选育而成的品种，2010 年通过鉴定。

特征特性：该品种生育期 96～102 天，属中熟类型品种。单株分蘖 2.6 个，株高 125～155 cm，茎粗 0.7～0.9 cm，主茎节数 7～8 个，茎叶茸毛分布稠密，幼苗生长健壮，茎秆较粗。绿色花序，侧穗型，穗长 36.5～41.3 cm，单株穗重 9～12.3 g，粒重 5～8.1 g，千粒重 8.1 g。粒红色，球形，米淡黄色，品质好。抗倒伏能力强。适宜冀北及内蒙古、山西等同类型黍子产区种植。

品质指标：粗蛋白含量 15.74%，粗脂肪含量 3.31%，支链淀粉含量 99.74%（占总淀粉含量）。

产量表现：平均亩产量 237 kg，最高亩产量可达 280 kg。

栽培技术要点：

1. 选地与轮作　选择中等肥力的旱地、旱滩地，忌连作。适合与豆类、马铃薯、玉米等轮作。

2. 适宜播期　一般适宜在 6 月初至 6 月中旬播种。每亩播种量 0.5～0.8 kg，留苗密度以 4 万～5 万株/亩为宜。

3. 施肥　施肥依地力而异，基肥提倡秋施，结合秋耕地亩施农家肥 2 000～2 500 kg。播种时一般亩施 5 kg 磷酸二铵或多元复合肥作种肥。有水浇条件的地块或结合降雨在抽穗时亩施 10～15 kg 尿素。

冀张黍 2 号

选育过程："冀张黍 2 号"（*Panicum miliaceum* L.）是由张家口市农业科学院从 1 000 多份黍子资源中选择亲本，采用有性杂交选育而成的，2010 年通过鉴定。

特征特性：该品种生育期 98～102 天，属中熟类型品种。单株分蘖 2.1 个，株高 137 cm，茎粗 0.7 cm，主茎节数 7.6 个，茎叶茸毛分布稠密，根系发达，茎秆粗壮、坚韧，紫色花序。侧穗型，穗长 35.1 cm，单株穗重 9.1～12.3 g，粒重 6.1～9.2 g。千粒重 7.9 g。粒白色，球形，米黄色。植株整齐，抗倒伏、抗旱能力强，灌浆速度快。适宜冀北、雁北及内蒙古等同类型黍子产区种植。

品质指标：蛋白质含量 15.05%，脂肪含量 2.88%，支链淀粉含量 98.97%。

产量表现：平均亩产量 200 kg，最高亩产量可达 280 kg。

栽培技术要点：

1. 选地与轮作　选择中等肥力的旱地、旱滩地，忌连作。适合与豆类、马铃薯、玉米等轮作。

2. 适宜播期　一般适宜在 6 月初至 6 月中旬播种。每亩播种量 0.5～0.8 kg，留苗密度以 4 万～5 万株/亩为宜。

3. 施肥　施肥依地力而异，基肥提倡秋施，结合秋耕地亩施农家肥 2 000～2 500 kg。播种时一般亩施 5 kg 磷酸二铵或多元复合肥作种肥。有水浇条件的地块或结合降雨在抽穗时亩施 10～15 kg 尿素。及时间苗、定苗，及时中耕锄草。一般在穗基部籽粒用指甲可以划破时收获为宜，防止成熟过头而落粒或秆折。

冀黍 1 号

选育过程："冀黍 1 号"（*Panicum miliaceum* L.）是由承德职业学院选育而成的。2002 年 4 月通过全国农作物品种审定，由农业部第 191 号公告公布并推广。

特征特性：中熟品种，生育期 102 天。幼苗及成株均为绿色，主茎高 150 cm 左右，总叶数 15～16 片。侧穗型，绿色花序，穗长 30～35 cm，穗粒重 7～8 g，出米率 82%，黄米，糯性，适口性好。适宜在河北北部，吉林、辽宁，陕西延安，内蒙古中西部地区种植。

品质指标：蛋白质含量 15.83%，脂肪含量 4.24%，淀粉含量 73.78%。

产量表现：一般亩产 200 kg，最高亩产量可达 350 kg。

栽培技术要点：秋季深翻、精细整地，结合亩施有机肥 3 000 kg 左右做基肥。5 月中旬播种，每亩播种量 1 kg 左右，结合播种亩施入 4～5 kg 磷酸二铵做种肥；3～5 叶期间苗、定苗，亩留苗 5 万～6 万株；分蘖期每亩追施尿素和磷酸二铵 5 kg；孕穗期每亩追施尿素 7～10 kg。

冀黍 3 号

选育过程："冀黍 3 号"（*Panicum miliaceum* L.）是由河北省农林科学院谷子研究通过辐射诱变结合定向选择的方法选育而成的新品种。2019 年通过河北省科技成果转化服务中心组织的成果鉴定（登记号：20190025）。

特征特性：属中熟品种。幼苗叶片叶鞘均为绿色，绿色花序，生长势强，整齐。平均株高

155 cm,茎粗 7.7 mm。中紧穗型,穗长 27 cm,单穗粒重 12～15 g。籽粒红色,圆形,千粒重 7.0～7.5 g。米黄色,糯性,出米率 77％。抗倒、抗旱、抗黑穗病、抗叶斑病,适宜机械化生产。适宜种植区域广泛,可在河北张家口、承德等地区春播,也可在河北保定、石家庄、沧州等地区夏播。

品质指标:蛋白质含量 12.5％,粗纤维含量 13.5％,淀粉含量 56.9％,脂肪含量 3.2％。

产量表现:一般亩产量 210 kg 左右。

栽培技术要点:

1. 常规栽培 春播期的播种时间为 6 月初至中旬行距 0.33～0.4 m,每亩播种量 0.53～0.93 kg,留苗密度 4 万～6 万株/亩为宜。底肥以农家肥为主,可根据实际情况亩施磷酸二铵或多元复合肥 5～20 kg;在拔节期可结合灌溉或降雨追施尿素,亩施用量为 5～10 kg。3～5 叶期间苗和定苗,及时中耕锄草。一般在穗基部颖壳变黄之前收获为宜。注意防止收获太晚而落粒或折秆。

2. 覆膜机械化栽培 机械穴播时,行距 0.5 m,穴距 0.27 m(约 5 000 穴/亩),8 株/穴左右,留苗约 4 万株/亩。用农家肥和缓释肥做底肥,其中缓释肥用量每亩为 40 kg。拔节期至抽穗前,结合降雨每亩追施尿素 3～10 kg。无须间苗和除草。一般在穗基部颖壳变黄之前收获为宜,防止收获太晚而落粒或折秆。

晋黍 8 号

选育过程:"晋黍 8 号"(*Panicum miliaceum* L.)是由山西省农业科学院高寒区作物研究所选育而成的。2007 年 3 月通过山西省农作物品种审定委员会审定,2010 年 1 月通过国家小宗粮豆鉴定委员会鉴定。

特征特性:中早熟品种,生育期 99 天左右。株高穗大,茎秆粗壮,生长整齐,绿色花序。侧穗型,籽粒白色、圆形,粒大皮薄,出米率达 85％,米黄色、糯性,米糕黄、软、筋,食味香甜可口。丰产、稳产性好,抗旱耐旱,抗倒伏,综合性状优良。适宜山西、内蒙古、陕西、宁夏、甘肃等地区春播种植,同时也可作为我国北方地区晚播救灾作物。

品质指标:粗蛋白含量 14.84％,粗脂肪含量 3.54％,粗淀粉含量 76.83％,支链淀粉含量 99.97％。

产量表现:一般亩产量 260 kg,最高亩产量可达 450 kg。

栽培技术要点:

1. 合理轮作 黍子忌连作,轮作周期应控制在 2～3 年以上为宜。

2. 适时播种 一般在 5 月下旬、6 月上旬播种,但可根据土地墒情适当提前,尤其旱地要注意赶雨抢墒播种,每亩播种量 0.75 kg,留苗 4 万株/亩左右。

3. 合理施肥 农家肥,氮、磷肥要配合施用,应掌握基肥为主,种肥、追肥为辅,有机肥为主,化肥为辅的原则,改变糜子耐瘠薄就少施肥的观念。

4. 适时中耕 以苗期(5～6 叶)和抽穗前中耕为宜,有利于扎深根、建壮株、抽大穗、创高产。

5. 收获 乳熟期防止鸟害,以蜡熟末期收获最好,以防落粒影响产量。

晋黍9号

选育过程:"晋黍9号"(*Panicum miliaceum* L.)是由山西省农业科学院高寒区作物研究所选育而成的。2009年4月通过山西省农作物品种审定委员会审定。

特征特性:中熟品种,生育期106天左右。幼苗叶片和叶鞘均为绿色,绿色花序,侧穗型,籽粒为复色,圆形,糯性,出米率82%。茎秆粗壮,长势强,抗倒伏,抗旱性强。适宜在山西、河北、内蒙古自治区糜黍产区种植。

品质指标:粗蛋白含量14.84%,粗脂肪含量3.54%,支链淀粉含量99.97%,粗淀粉含量76.83%。

产量表现:一般亩产量260 kg,最高亩产量可达300 kg。

栽培技术要点:

1. 适时播种　选择适宜墒情,在5月下旬到6月上旬播种,播种量0.75 kg /亩,留苗4万株/亩左右。

2. 合理施肥　以基肥为主,种肥、追肥为辅。农家肥,氮、磷肥要配合施用。

3. 适时中耕　在苗期(5~6叶)和抽穗前中耕,促进扎根、抽穗。

4. 及时收获　蜡熟末期收获,防落粒影响产量。

雁黍8号

选育过程:"雁黍8号"(*Panicum miliaceum* L.)是由山西省农业科学院高寒区作物研究所选育而成的。2006年2月通过国家小宗粮豆鉴定委员会鉴定。

特征特性:中熟品种,生育期105天左右。株高穗大,茎秆粗壮,生长整齐,长势强,以主茎成穗为主,侧穗型,绿色花序。籽粒红色,圆形,米黄色、糯性,丰产稳产性强。抗旱、抗倒伏。突出特点是米糕黄、软、筋,香甜可口,保质期长。适宜在内蒙古,山西,河北平川、丘陵及类似生态区春播种植。

品质指标:粗蛋白含量12.75%,粗脂肪含量3.95%,粗淀粉含量58.18%,可溶性糖含量1.09%。

产量表现:平均亩产量220 kg。

栽培技术要点:

1. 种子处理　种子处理主要有晒种、浸种及药剂拌种。晒种,晒种可减少种子的含水量,改善种皮的透性,促进种子内部酶的活性和新陈代谢,增强种子活力和发芽势,还能借助阳光中的紫外线杀死一部分附着在种子表面的病菌,减轻病害的发生;浸种,浸种不仅能使黍子种子提早吸水,促进种子内部有机物质的分解转化,加速种子的萌动发芽,还能有效防治病虫害;药剂拌种,播前用农抗"769"或种子重量0.3%的拌种双、种苗青按照药、水、种为1:20:200的比例拌种,对黍子黑穗病的防治效果在90%以上。

2. 机播地膜覆盖　通过对玉米覆膜播种机进行改造,采用70 cm宽地膜,穴距13 cm,行距为40 cm,每穴4~5粒黍种,每亩1.1万穴左右,每亩留苗4.5万株左右。

3. 合理施肥　应以基肥为主,种肥、追肥为辅,有机肥为主、化肥为辅的原则施肥。一般肥力下亩施磷酸二铵20 kg,有条件的以施农家肥为主,每亩施3方农家肥,可以改善土壤结构,提高土壤的蓄水保墒能力,达到增产目的。

4. 合理轮作倒茬 黍子适应性广,对土壤要求不严,但要避免选择重茬地块。合理轮作倒茬是黍子获得高产优质的重要条件。茬口应选豆类、根茎类、玉米等作物。合理轮作方式有:黍子→豆类→马铃薯;马铃薯→玉米→黍子→豆类;马铃薯→黍子→玉米→豆类等。

雁黍 12 号

选育过程:"雁黍 12 号"(*Panicum miliaceum* L.)是 1997 年山西省农业科学院高寒区作物研究所,以"伊选黄黍"为母本,"雁黍 4 号"为父本杂交选育而成的中熟糜子品种,2015 年 6 月通过国家小宗粮豆品种鉴定委员会鉴定。

特征特性:中熟品种,生育期 104 天左右。株高 160 cm 左右,穗长 37～39 cm,株粒重 10～13 g,幼苗叶片和叶鞘均为绿色,绿色花序。侧穗型,籽粒黄色,卵圆形,出米率 80.2%。茎秆粗壮,长势强。抗倒伏,抗旱。适宜山西大同,内蒙古乌兰察布、呼和浩特、鄂尔多斯,陕西榆林,宁夏吴忠等糜子种植区域推广。

品质指标:蛋白质含量 10.07%,脂肪含量 4.64%,碳水化合物含量 66.85%。

产量表现:一般亩产量 160 kg,最高亩产量可达 254 kg。

栽培技术要点:

1. 正确选地、整地 选用土层深厚、排水良好、肥力较高的沙壤或中壤地上栽植,避免选择重迎茬地块,前茬以豆类、马铃薯、玉米、春小麦、油料等作物为佳。前茬作物收获后进行深耕翻并及时耙糖镇压。播种前旋耕耙糖,做到上虚下实,表土平整。

2. 合理施肥 施肥以基肥为主。结合春季整地施入基肥。亩施有机肥 2 000～3 000 kg,纯 N 10 kg,P_2O_5 4 kg,K_2O 2 kg。追肥以糜子 8～9 叶至抽穗为宜,最好赶雨追肥,每亩追施尿素 10～15 kg。

3. 精细选种及种子处理 选用适宜当地的优良品种,去除秕粒和杂质,播前晒种 2～2 天。

4. 确定播期 当 5 cm 地温稳定在 12℃时播种,一般在 5 月下旬到 6 月上旬播种为宜。根据土地墒情适当提前,注意赶雨抢墒播种。亩播量 0.5～1 kg。一般播种深度以 4～6 cm 为宜。墒情好时宜浅播,墒情差时应适当深播,并适度镇压。

5. 适时中耕 生育期中耕 2 次。第 1 次在苗期(5～6 叶)进行,第 2 次在拔节期进行,中耕深度为 6 cm 左右。

6. 病虫害防治 坚持以预防为主、综合防治的植保方针。优先采用农业防治,辅以化学防治。播前用种子重量的 0.2%的拌种双或福美拌种灵(40%)拌种防治黍子黑穗病,也可用 2%立克秀可湿性粉剂按药种比为 1:500 进行拌种处理。一般 3～4 年轮作 1 次,可减轻病害发生。在糜子黑穗病的黑粉散落之前,及时拔除病株。

7. 收获 一般在糜子穗基部籽粒进入蜡熟期,糜子穗籽粒 70%～80%脱水变硬为最佳收获期。人工收割应在早上为宜,以减少落粒。

陇糜 14 号

选育过程:"陇糜 14 号"(*Panicum miliaceum* L.)是由甘肃省农业科学院作物研究所以

"伊选黄糜"为母本,"晋黍 8 号"为父本有性杂交选育而成,2018 年通过甘肃省科技发展促进中心组织的科技评价。

特征特性:生育期 82～125 天。幼苗茎绿色。侧穗型,糯性。粒色米色黄色。株高 74.1～155.4 cm,穗长 20～35 cm,单株穗重 4.5～13 g,单穗粒重 3.2～10 g,千粒重 7.1～9.3 g,株草重 8.21～12.67 g。抗病性强。该品种适宜在甘肃庆阳、平凉、白银、定西等地及相似生态区海拔 1 650～1 900 m 的地区春播,海拔 1 200～1 400 m 的地区复种。

品质指标:粗蛋白含量 15.73%,粗脂肪含量 2.73%,粗淀粉含量 76.49%,赖氨酸含量 0.26%。

产量表现:一般亩产量 250 kg,最高亩产量可达 460 kg。

栽培技术要点:

1. 适时播种,合理密植　在海拔 1 650～1 850 m 的春播区,适宜 5 月中下旬播种,播种深度应控制在 4～6 cm 之间。尽早间、定苗,3 叶期间苗,5 叶期定苗,旱地春播保苗 5 万株/亩。

2. 合理施肥　旱地春播区,每亩施优质农家肥 2 000 kg、尿素 8 kg、过磷酸钙 25 kg,对春播区肥料不足的弱苗田要注意早期追肥。

3. 加强田间管理,及时防治病虫害　黑穗病高发区,播种前用 40%拌种双可湿性粉剂或 12.5%速保利可湿性粉剂,按种子重 0.2%～0.3%拌种。成株期田间发现病株,及时拔除,并带出田外深埋。生长期间可用 50%氯氰菊酯乳油或 10%吡虫啉可湿性粉剂 1 500～2 000 倍液喷雾防治粟叶甲、黏虫。

4. 适时收获,严防雀害　粒色变为本品种固有色泽、籽粒变硬时收获。成熟期及时收获,严防雀害。

陇糜 15 号

选育过程:"陇糜 15 号"(*Panicum miliaceum* L.)是由甘肃省农业科学院作物研究所以两个自育中间材料,通过有性杂交育成的高产稳产粳性糜子新品种。2018 年 12 月 5 日通过甘肃省科技厅认定的甘肃省科技成果评价第三方机构评价。

特征特性:生育期 91～121 天。幼苗绿色,茎色绿色,侧穗型,粒黄色,米黄色,粳性。株高 106～190 cm,穗长 23.7～45 cm。单株穗重 4.5～11.8 g,单穗粒重 2.7～10 g。适宜在甘肃省庆阳、平凉、白银、定西等地及相似生态区海拔 1 650～1 900 m 的地区春播。

品质指标:粗蛋白含量 15.4%,粗脂肪含量 2.42%,粗淀粉含量 78.7%,赖氨酸含量 0.21%,直链淀粉(占淀粉重)含量 23.47%。

产量表现:一般亩产量 180 kg,最高亩产量可达 360 kg。

栽培技术要点:

1. 合理施肥　施足底肥,增施追肥,氮、磷配施。旱地春播区亩施优质农家肥 2 000 kg、尿素 8 kg、普通过磷酸钙 25 kg。春播区,对于肥料不足的弱苗田,要注意根据天气情况适时早追肥。

2. 适时播种　海拔 1 650～1 850 m 的春播区应在 5 月中下旬播种。播种深度应控制在 4～6 cm。

3. 加强田间管理　合理密植,旱地春播保苗5万株/亩左右。严防麻雀为害,成熟后及时收获。

固糜 22 号

选育过程:"固糜22号"(*Panicum miliaceum* L.)是由宁夏农林科学院固原分院以"宁糜9号"和"60-333"有性杂交选育的糜子新品种。2015年5月通过用家小宗粮豆品种鉴定委员会鉴定。

特征特性:生育期104天。株高147.8～161.5 cm,主茎节数7～9节。主穗长38.4～39.5 cm,穗重6.3～10.3 g,株粒重9.3～14.0 g,千粒重6.9～7.3 g。侧穗型,红粒,饱满有光泽。米色黄,糯性。适应性好,抗性强。适宜在内蒙古赤峰、达拉特,陕西神木、榆林,山西大同、五寨,河北张家口,宁夏固原、盐池,甘肃省庆阳、平凉、会宁,黑龙江哈尔滨、齐齐哈尔等生态区种植。

品质指标:碳水化合物含量66.47%,蛋白质含量10.58%,脂肪含量3.69%。

产量表现:一般亩产量258 kg,最高亩产量可达335 kg。

栽培技术与要点:施足底肥,一般亩施农家肥2 000 kg,磷酸二铵7～10 kg,种肥尿素2.5 kg,先播种肥,后播种子,防止烧苗。年均温6～7℃的半干旱区应于5月中旬至6月中旬等雨抢墒播种,年均温≥7℃地区于5月中旬至6月上旬有雨均可播种,亩播量1.5 kg,保苗8万～10万株/亩。及时破除土壤表层板结,确保全苗,松土除草,防止麻雀危害。注意把握成熟期,早霜来临前及时收获,以防落粒。

豆 类

(一)绿豆

绿豆(Vigna radiate L.),一年生直立草本植物,别称青小豆、植豆。种子供食用,亦可提取淀粉,制作豆沙、粉丝等;洗净置流水中,遮光发芽,可制成芽菜,供蔬食;可入药,有清凉解毒、利尿明目之效;全株是很好的夏季绿肥。

绿豆是我国主要食用豆类作物,在中国已有2 000多年的栽培历史,全国各地都有种植,其产量和出口量均居世界首位。中国绿豆的主要产区在黄河、淮河流域及东北地区,现形成了东北、华北、西北三大产区。东北春绿豆区包括吉林、黑龙江、辽宁等地,以及内蒙古东部,是我国绿豆优势产区和主要出口基地;华北春夏绿豆区包括北京、河北、山西等地,以及内蒙古中部,北部为春绿豆区、南部为夏绿豆区;西北春夏绿豆区包括陕西、甘肃、新疆等地,陕西关中、陕南,甘肃庆阳、平凉为夏绿豆区,其他地区为春绿豆区。

绿豆是喜温作物,在8~12℃时开始发芽,生育期间需要较高的温度,全生育期一般在70~110天。生育期间需水较多,特别是开花前后需水最多。绿豆不耐涝,排水不良会造成倒伏和烂荚;干旱会造成落花、落荚。绿豆是短日照作物,耐荫性强,忌连作,适宜与禾本科作物间、套种。绿豆适应性特强,一般砂土、山坡薄地、黑土、黏土均可生长。由于绿豆是双子叶作物,子叶出土,幼苗顶土能力弱,如果土壤板结或土坷垃太多,易造成缺苗断垄或出苗不齐的现象,因此,播种前要求深耕细耙,精细整地,耙平土坷垃,使土壤疏松,蓄水保墒,防止土壤板结,上虚下实,以利于出苗。

乌兰察布市位于内蒙古自治区的中部,天气冷凉,无霜期115~130天,年降水量一般在300 mm左右,土壤疏松,多呈沙性,适宜绿豆生长。由于绿豆不是当地主要经济作物,种植面积较小,主要种植春播品种,本节编入冀绿17号、冀张绿2号两个品种,是目前当地主要推广和种植的品种。

冀绿17号

选育过程:"冀绿17号"(Vigna radiate L.)是由河北省农林科学院粮油作物研究所针对河北省绿豆豆象危害的突出问题,以抗豆象资源"V1128"和"冀绿7号"为亲本,通过杂交选择、鉴定回交、室内抗虫鉴定、分子标记辅助选择和定向选择选育而成,于2019年7月通过河北省科技成果转化服务中心鉴定评价。

特征特性:平均生育期春播81天,夏播66天。有限结荚,直立生长,株型紧凑,株高64.6 cm,主茎分枝4.1个,主茎节数11.2节,单株结荚31.1个,荚长11.0 cm,成熟荚圆筒形、黑色、单荚粒数11.0粒。籽粒短圆柱形,种皮绿色有光泽,平均百粒重5.9 g。结荚集中,成熟一致,不炸荚,适合一次性收获。经室内接虫鉴定及 PCR 扩增鉴定,该品种高抗绿豆象和四纹豆象。经试验示范,该品种适宜在河北、山东、河南、辽宁、吉林、内蒙古等省市夏播或春播绿豆种植区种植。

品质指标:籽粒蛋白质含量 23.87%,碳水化合物 49.73%,脂肪含量 0.66%。

产量表现:在 2017—2018 年河北省绿豆区域试验中,"冀绿 17 号"平均亩产量 124.16 kg,比对照品种"保绿 942"增产 11.46%;在 2018 年生产试验中,"冀绿 17 号"平均亩产量 117.6 kg,比对照增产 14.13%;2018 年专家组田间检测亩产量 128.94 kg,比对照增产 13.16%。

栽培技术要点:

1. 适宜播期　既适宜春播也适宜夏播种,春播适宜播期为 5 月中下旬,夏播为 6 月 20 日至 7 月 5 日,作为救荒补种作物,最晚播期可持续到 7 月 10 日。

2. 合理密度　亩播量 1 kg,留苗密度中高水肥地 1.0 万～1.2 万株/亩,瘠薄旱地 1.3 万～1.4 万株/亩。

3. 肥水管理　足墒播种,播深 3 cm 左右,苗期不旱不浇水,盛花期视墒情可浇水 1 次。中等肥力以上的地块一般不需施肥,中低产的瘠薄地上,可每亩底施磷酸二铵 10 kg,初花期每亩追施尿素 5 kg。

4. 病虫害防治及收获贮藏　出苗后及时防治蚜虫、地老虎、棉铃虫和红蜘蛛等,花荚期及时防治豆荚螟、豆野螟、蓟马等。80% 以上的荚成熟时及时收获,收获后及时晾晒、脱粒及清选,籽粒含水量低于 14% 时可入库贮藏。

冀张绿 2 号

选育过程:"冀张绿 2 号"(*Vigna radiate* L.)是从蔚县农家种中优株系中选育而成的。

特征特性:春播生育期 88 天。植株直立,株型紧凑,株高 54.9 cm,主茎分枝 4.4 个,花黄绿色,单株荚数 36.6 个,荚长 12.9 cm,荚粒数 12.3 粒,籽粒绿色有光泽,千粒重 64.7 g。

品质指标:据农业部谷物品质监督检验测试中心检测,"冀张绿 2 号"粗蛋白质含量 22.61%,粗脂肪含量 1.24%,粗淀粉含量 56.64%。

产量表现:"冀张绿 2 号"连续两年在 6 个试点均增产。2011 年各点亩产 95.3～174.7 kg,平均亩产 138.6 kg,比对照"冀张绿 1 号"增产 24.9%,比对照"张家口鹦哥绿豆"增产 52.0%,居 10 个参试品种的第 1 位;2012 年各点亩产 78.7～177.9 kg,平均亩产 114.3 kg,比对照"冀张绿 1 号"增产 24.3%,比对照"张家口鹦哥绿豆"增产 44.5%,居 7 个参试品种的第 1 位。两年平均亩产 126.5 kg,比对照"冀张绿 1 号"平均增产 24.5%,比对照"张家口鹦哥绿豆"增产 48.4%,居所有参试品种的第 1 位。

栽培技术要点:旱地或水地均可种植,忌连作。适宜与玉米、马铃薯、小麦、谷子等作物轮作倒茬。地温稳定在 15℃ 时,力争早播。一般在 5 月中下旬播种,亩播量 1～1.5 kg,留苗密度 8 000～8 500 株/亩为宜。施肥依地力而异,一般亩施磷酸二铵 10～15 kg,结合耕地一次性施入。一般在 70% 左右的豆荚成熟后进行第一次收获,以后每隔 7 天采收一次效果最好。

（二）赤小豆

赤小豆［*Vigna umbellata*（Wild.）Ohwi et Ohashi）］，别名：红小豆、赤豆、红饭豆、饭豆、蛋白豆、赤山豆，是豆科、豇豆属一年生草本。赤小豆主要用于中药材，常与红豆混用，具有利水消肿，解毒排脓等功效，亦可整粒食用。

红小豆原产亚洲热带地区，我国南部、朝鲜、日本、菲律宾及其他东南亚国家亦有栽培，现作为经济作物在全国各地普遍栽培。主产吉林、北京、天津、河北、陕西、山东、安徽、江苏、浙江、江西、广东、四川等地。

红小豆是喜温作物，对气候适应范围较广。红小豆种子在 8～10℃ 时可发芽，适宜播种的发芽温度为 14～18℃。花芽分化和开花期适宜温度为 24℃。红小豆是短日照作物，对光周期反应较敏感。红小豆具有一定的耐湿性，苗期需水较少，开花前后需水最多，成熟期要求干燥。红小豆有较强的适应能力，对土壤要求不高，耐瘠薄，黏土、沙土都能生长，川道、山地均可种植。既耐涝，又耐旱，晚种早熟，生育期短，栽培技术简单，可做补种作物。

乌兰察布市位于内蒙古自治区的中部，天气冷凉，无霜期 115～130 天，年降水量一般在 300 mm 左右，土壤疏松，多呈沙性，较易于红小豆生长。由于红小豆不是当地主要经济作物，种植面积较小，主要种植春播品种，本节编入冀红 20 号品种，是目前当地主要推广的品种。

冀红 20 号

选育过程："冀红 20 号"（*Vigna umbellata*（Thunb.）Ohwi et Ohashi）是由河北省农林科学院粮油作物研究所针对生产与市场需求，以山西"特大粒红小豆"为母本，株型直立结荚集中的小豆新品系"9901-1-1-2"为父本，通过杂交、选择、鉴定，试验育成了高产、优质、适宜机械化收获的红小豆新品种"冀红 20 号"，于 2019 年 7 月通过河北省科技成果转化服务中心鉴定评价。

特征特性：平均生育期春播 114 天，夏播 90.8 天。为有限结荚习性，直立生长，株高 59.7 cm，主茎分枝 3.0 个，主茎节数 20.0 节，叶片阔卵圆形，花冠黄色。单株结荚 25.9 个，荚长 9.0 cm，成熟荚黄白色，圆筒形，单荚粒数 7.8 粒。籽粒短圆柱，种皮红色，有光泽，百粒重 16.9 g。株型直立，结荚集中，成熟一致，不炸荚。抗倒性强，适宜机械化收获。田间自然鉴定抗病性强，无病毒病、锈病及枯萎病等发生。

品质指标：籽粒蛋白质含量 22.6%，淀粉含量 49.34%，脂肪含量 0.15%。

产量表现：在 2017—2018 年河北省小豆区域试验中，两年平均亩产量 160.7 kg，比对照"冀红 9218"增产 17.23%，居 9 个参试品种的第 1 位，在区域试验的 8 个试点均增产，增产试点率达 100%。在 2018 年的生产试验中平均亩产量 140.8 kg，比对照增产 16.75%。2018 年专家组田间测产，该品种平均亩产量 193.85 kg，比对照增产 24.43%。适宜在京、津、冀、辽、吉、陕等省市夏播区和春播区种植。

栽培技术要点：

1. 适宜播期　春播适宜播期为 5 月中下旬，夏播为 6 月 20 日至 7 月 5 日。

2. 合理密度　亩播量 2.5 kg，留苗密度中高水肥地 0.8 万～1 万株/亩，瘠薄旱地

1.1万～1.2万株/亩。

3. **肥水管理**　足墒播种,播深3～5 cm,苗期不旱不浇水,盛花期视墒情可浇水1～2次。中等肥力以上的地块一般不需施肥,中低产的瘠薄地上,可每亩底施磷酸二铵10 kg,初花期每亩追施尿素5 kg。

4. **病虫害防治及收获贮藏**　出苗后及时防治蚜虫、地老虎、棉铃虫和红蜘蛛等,花荚期及时防治豆荚螟、豆野螟、蓟马等。80%以上的荚成熟时及时收获,收获后及时晾晒、脱粒及清选,籽粒含水量低于14%时可入库贮藏,并用磷化铝熏蒸,以防豆象为害。

(三)大豆

大豆[*Glycine max*(Linn.)Merr.]别称黄豆、菽。豆科大豆属一年生草本植物,含有丰富植物蛋白质的作物,通常用来做各种豆制品、榨取豆油、酿造酱油和提取蛋白质,豆渣或磨成粗粉的大豆也常用于禽畜饲料。

大豆是我国重要粮食作物、油料作物,原产于中国,已有五千年栽培历史,古称菽,现亦广泛栽培于世界各地。大豆在我国各地广泛种植,除了热量不足的高海拔、高纬度地区和年降水量在250 mm以下又无灌溉条件的地区以外,一般均有大豆种植。中国大豆的集中产区在东北平原、黄淮平原、长江三角洲和江汉平原。根据大豆品种特性和耕作制度的不同,中国大豆生产分为5个主要产区:内蒙古和东北三省为主的春大豆区、黄淮流域的夏大豆区、长江流域的春夏大豆区、江南各省南部的秋作大豆区、两广及云南南部的大豆多熟区。

大豆性喜暖,种子在10～12℃开始发芽,以15～20℃最适,生长适温20～25℃,开花结荚期适温20～28℃,低温下结荚延迟,低于14℃不能开花,温度过高植株则提前结束生长。大豆种子发芽要求较多水分,开花期需水量最大,否则花蕾脱落率增加。大豆在开花前吸肥量不到总量的15%,而开花结荚期占总吸肥量的80%以上。大豆在各类土壤中均可栽培,但在温暖、肥沃、排水良好的沙壤土中生长旺盛。

乌兰察布市位于内蒙古自治区的中部,天气冷凉,无霜期115～130天,年降水量一般在300 mm左右,土壤疏松,多呈沙性,适宜于大豆生长。2018年,乌兰察布市扩大豆类种植规模,现大豆种植面积约为60万亩,最高亩产量可达180 kg,平均亩产量约为110 kg。本节编入秦豆2014、晋豆46号、华疆4号、疆莫豆1号、黑河43等春播品种,是目前当地主要推广和种植的品种。

秦豆2014

选育过程:"秦豆2014"(*Glycine max*(Linn.)Merr.)是于2005年陕西省杂交油菜研究中心以自育的高蛋白优良品系"96E218"为母本,用外引高产种质"濮豆10号"为父本,配制杂交组合,当年收获杂交种子60粒;2006年种植F_1,甄别、去除假杂种后混收;2007年、2008年分别种植F_2、F_3,在这两个世代不选单株,只淘汰长势不好的劣株,其余混收,然后在入选植株上每株摘荚2～3个进行混合扩代;2009年种植F_4,结合育种目标,进行单株选择;2010年种植F_5,按单株种成株行圃,在优良株行中再次优中选优,对入选单株进行产量测定和品质分析、筛选、淘汰,把符合育种目标的优异单株保留;2011年种植F_6,在入选优良单株中再次进行品质分析,优中选优,并进行抗倒伏、抗病、耐高温、耐旱等抗性鉴定,优中选优,入选最优的3个株系进入产量鉴定试验。2012年品种育成出圃,定名为"秦豆2014"。

特征特性:该品种株型直立、收敛,圆叶、紫花、灰茸,有限结荚习性。平均株高78.1 cm,有效分枝2~3个,单株有效结荚40~45个,百粒重18~20 g。夏播生育期110天左右,属夏大豆中熟品种。籽粒扁圆形,种皮黄色,褐色种脐。成熟时落叶性好,适于机械化收获。

品质指标:在2016年经农业部(现为农业农村部)谷物品质监督检验中心(哈尔滨)品质检测,该品种粗蛋白含量47.79%,粗脂肪含量17.03%,属于高蛋白品种。

产量表现:2014年参加陕西省夏播大豆品种区域试验,5个试验点全部增产,平均亩产量174.9 kg;2015年参加陕西省夏播大豆品种区域试验,7个试验点六增一减,平均亩产量185.62 kg;2016年参加陕西省夏播品种生产试验,平均亩产量174.5 kg。"秦豆2014"在高产的同时还表现耐高温、落叶完全、不裂荚、适宜机械收获。该品种丰产性好、植株健壮,蛋白质含量高,豆制品加工品质好,结荚部位高,抗病抗倒,落叶性好,可以机械收获。适宜陕西及同类生态区夏播种植。

栽培技术要点:

1. 适宜播期　春播适宜播期为5月中下旬,夏播为6月20日至7月5日。

2. 合理密度　亩播量2.5 kg,留苗密度中高水肥地0.8万~1万株/亩,瘠薄旱地1.1万~1.2万株/亩。

3. 肥水管理　足墒播种,播深3~5 cm,苗期不旱不浇水,盛花期视墒情可浇水1~2次。中等肥力以上的地块一般不需施肥,中低产的瘠薄地上,可每亩底施磷酸二铵10 kg,初花期每亩追施尿素5 kg。

4. 病虫害防治及收获贮藏　出苗后及时防治蚜虫、地老虎、棉铃虫和红蜘蛛等,花荚期及时防治豆荚螟、豆野螟、蓟马等。80%以上的荚成熟时及时收获,收获后及时晾晒、脱粒及清选,籽粒含水量低于14%时可入库贮藏,并用磷化铝熏蒸,以防豆象为害。

晋豆46号

选育过程:"晋豆46号"[*Glycine max*(Linn.)Merr.]是由山西省农业科学院高寒区作物研究所选育的。

特征特性:早熟品种,北部春播平均生育期121天,中部夏播平均生育期83天。亚有限结荚习性。株型收敛,幼茎紫色,平均株高72.4 cm,叶片绿色、圆形,平均主茎节数16~18节,结荚高度10 cm,平均有效分枝1.6个,平均单株荚数30.5个,平均单荚粒数3粒。花紫色,浅棕色茸毛,荚形弯镰形,荚褐色。籽粒长圆形,种皮黑色,有光泽,平均百粒重18.4 g。不易裂荚。山西大豆早熟区均适宜种植。

品质指标:粗蛋白质含量43.14%,粗脂肪含量18.97%。

产量表现:2011—2012年参加山西省大豆早熟区域试验,平均亩产172.05 kg,比对照"晋豆25号"(下同)增产7.0%。17个试点15点增产,其中2011年平均亩产158.4 kg,比对照增产7.9%;2012年平均亩产185.7 kg,比对照增产6.1%;2012年参加山西省大豆早熟区生产试验,平均亩产166.8 kg,比对照"晋豆25号"增产7.9%,8个试点全部增产。

栽培技术要点：

1. 播期　春播 5 月上中旬为宜，夏播 6 月 25 日至 7 月 5 日为宜。

2. 适宜密度　春播每亩 1.5 万～1.8 万株，夏播每亩 3.5 万～4.0 万株。

华疆 4 号

选育过程： "华疆 4 号" [*Glycine max*（Linn.）Merr.]是以"垦鉴豆 27"为母本，"垦鉴豆 1 号"为父本杂交，经系谱法选育而成的，2007 年通过黑龙江省审定。

特征特性： 出苗至成熟生育日数 108 天左右，需≥10℃活动积温 2 050℃左右。株高 90 cm 左右，有分枝，披针形叶，棕毛，紫花。无限结荚习性，荚弯镰形，荚皮褐色，籽粒圆形，种皮黄色，有光泽，百粒重 19 g 左右，中抗灰斑病。

品质指标： 蛋白质含量 38.07%，脂肪含量 21.22%。

产量表现： 2004—2005 年参加黑龙江省大豆品种区域试验，平均亩产 153.9 kg，比对照品种"黑河 17"增产 11.0%；2006 年参加生产试验，平均亩产 158.4 kg，比对照品种"黑河 17"增产 11.9%。

栽培技术要点： 播种期 5 月 15—20 日，采用"垄三"栽培或大垄密栽培方式播种，亩保苗 2.0 万～2.7 万株，亩施磷酸二铵 10 kg、尿素 2.7 kg、硫酸钾 3.3 kg。苗期深松，及时铲趟，适时收获。

疆莫豆 1 号

选育过程： "疆莫豆 1 号" [*Glycine max*（Linn.）Merr.]是以"北丰 8 号"为母本，"北丰 11 号"为父本杂交，2002 年通过内蒙古自治区审定，命名为"疆莫豆 1 号"。2003 年通过黑龙江农垦总局审定，命名为"垦鉴豆 27"。

特征特性： 生育期 112～113 天，需≥10℃活动积温 2 200℃。株高 80～90 cm，秆强，韧性好，株型收敛。披针形叶，灰毛，紫花。结荚高度 15.2 cm，适合机械化收获，荚皮深褐色，3～4 粒荚多。百粒重 18～20 g，籽粒圆形，种皮黄色，有光泽。抗旱耐涝，稳产性好。

品质指标： 蛋白质含量 36.83%～40.28%，脂肪含量 20.47%～21.13%。

产量表现： 1999—2000 年呼伦贝尔区域试验，平均亩产 167.1 kg，比对照"北丰 11 号"增产 13.6%；2001 年呼盟生产试验，平均亩产 152.6 kg，比对照"北丰 11 号"增产 12.3%。

栽培技术要点： 播种期 5 月 5—10 日，精量点播，在温度较低地区，适时早播。采用"大垄密"模式种植时，每亩保苗 2.7 万株；采用"垄三"模式种植时，每亩保苗 2.0 万株。中、上等肥力地块每亩分别施氮、磷、钾纯量 7 kg、8 kg 和 4 kg，分层深施，花荚及鼓粒期追肥。及时铲趟，防治病虫害，适时收获。

黑河 43

选育过程： "黑河 43" [*Glycine max*（Linn.）Merr.]是以"黑河 18"为母本，"黑河 23"为父本杂交，2007 年通过黑龙江省审定。

特征特性： 出苗至成熟生育日数 113 天左右，需≥10℃活动积温 2 150℃左右。株高 75 cm 左右，无分枝，紫花，尖叶，灰色茸毛，荚成熟时呈灰色。种子圆形，种皮黄色，种脐浅黄色，有光泽,百粒重 20 g 左右。接种鉴定中抗灰斑病。

品质指标: 品质分析平均蛋白质含量 41.84%,脂肪含量 18.98%。

产量表现: 2004—2005 年两年参加黑龙江省第四积温带区域试验,平均亩产 163.75 kg,比对照"黑河 18"增产 8.8%;2006 年参加生产试验,平均亩产 140.75 kg,比对照"黑河 18"增产 10.5%。

栽培技术要点: 5 月上中旬精量播种,用种衣剂拌种。采用"垄三"栽培模式种植,每亩保苗 2 万株。每亩施尿素 2 kg、磷酸二铵 10 kg、硫酸钾 3 kg,深施或分层施。加强管理,适时收获。

(四)芸豆

芸豆(*Phaseolus vulgaris* Linn.),学名菜豆,俗称二季豆或四季豆,别称白肾豆、架豆、刀豆、扁豆、玉豆。种子可食,嫩荚或种子可作鲜菜,也可加工制罐、腌渍、冷冻与干制。

芸豆原产美洲,现广植于各热带至温带地区。中国各地均有栽培,西北和东北地区在春夏栽培;华北、长江流域和华南春播和秋播。

芸豆是喜温作物,适宜在温带和热带高海拔地区种植,比较耐冷,忌高温,不耐霜冻,气温低于 5℃时受冻,遇霜冻地上部分死亡。全生育期 120 天以上,最适宜的发芽温度为 20～25℃,适宜生长的温度 18～20℃。属短日性蔬菜,但多数品种对日照长短要求不严格,四季都能栽培,故有"四季豆"之称。南北各地均可相互引种。全生育期内需水较多,开花结荚期是需水分最多的时期。对土质的要求不严格,但适宜生长在土层深厚、排水良好、有机质丰富的中性土壤中。对肥料的要求以磷、钾较多,氮次之,在幼苗期和孕蕾期要有适量氮肥供应,才能保证丰产。

乌兰察布市位于内蒙古自治区的中部,天气冷凉,无霜期 115～130 天,年降水量一般在 300 mm 左右,土壤疏松,多呈沙性,部分地区适宜芸豆生长。由于芸豆不是当地主要经济作物,种植面积较小,主要种植春播品种,本节编入龙芸豆 2 号、龙芸豆 4 号、丰收 1 号等品种,是目前当地主要推广和种植的品种。

龙芸豆 2 号

选育过程: "龙芸豆 2 号"(*Phaseolus vulgaris* Linn.)是由黑龙江省农业科学院育种所推广的芸豆新品种。

特征特性: 该品种早熟,生育日数 85～90 天,株高 50～70 cm,分枝 4～6 个,单株荚数 20～30 个,籽粒白色卵圆形,百粒重 18～22 g。该品种食口性好。

品质指标: 籽粒蛋白质含量 25.25%,脂肪含量 1.09%,淀粉含量 49.29%。

产量表现: 产量高,一般亩产量 150 kg,高产在 200 kg 以上,该品种是目前国际市场畅销商品。

栽培技术要点: 芸豆为喜温作物,10 cm 地温稳定通过 12～14 h 即可播种,适宜播期 5 月 15—25 日。亩播量 2.5～3 kg。播种前亩施有机肥 1 000 kg 以上。及时间苗、定苗,子叶展开时间苗,第一片复叶时定苗。中耕除草 2～3 次,生育后期拔除大草,成熟后选择晴天及时

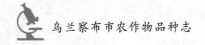

收获,以防影响产品质量。

龙芸豆 4 号

选育过程: "龙芸豆 4 号"(*Phaseolus vulgaris* Linn.)是由黑龙江省农业科学院育种所推广的芸豆新品种。

特征特性: 该品种从出苗到成熟生育日数 90～95 天。茎直立,秆强不倒伏,株高 50～55 cm,分枝 2～4 个,单株荚数 20～30 个,籽粒黑色,椭圆形,百粒重 20～22 g。食口性好,品质佳。该品种适应性强。

品质指标: 蛋白质含量 24.89%,脂肪含量 2.58%,淀粉含量 49.50%。

产量表现: 产量高,一般亩产量 150 kg,高产在 200 kg 以上。该品种是国际市场畅销商品之一。

栽培技术要点: 选择排水良好、肥力中等以上的平川或平岗地。黑土、沙壤土、壤土、轻碱土等均可种植。整地质量要好,达到播种状态的秋翻地为宜。种植土壤酸碱度以 6.8～7.5 最佳。选择小麦、玉米、谷子、高粱等禾谷作物及马铃薯为前茬,最好四年以上轮作制。该品种不耐低温,种子发芽最低温度为 8～10℃,一般在 5 月中期播种,亩播量为 3.5 kg,保苗 22.5 万～24 万株。播种深度 5 cm 最佳。生育期间应及时铲蹚 2 遍,后期除草 1～2 次,做到净地无草荒。选择晴天上午收获为宜,切忌割后放地里晾晒遇雨淋,如果遇雨时间过长,籽粒很容易生芽或变质腐烂,影响产量和质量。

丰收 1 号

选育过程: "丰收 1 号"(*Phaseolus vulgaris* Linn.)是于 1961 年从泰国引进,由中国农业科学院蔬菜研究所试种、筛选出的优良品种,现已推广至全国各地栽培。1984 年、1989 年被北京市和内蒙古自治区农作物品种审定委员会分别认定。

特征特性: 早熟品种,从播种至采收约 60 天。植株蔓生,生长势中等,分枝性强,花白色,每个花序结荚 5～6 个。嫩荚扁条形,弯曲似镰刀形,荚长约 20 cm,宽 1～1.4 cm,单荚重 16～17 g。嫩荚绿色,荚面略有凸凹不平,肉较厚,纤维少,不易老,品质好。种粒肾形,皮乳白色,千粒重 364 g,每荚有种子 5～7 粒。较耐热,抗病性强,适应性广。适于北京、山西、内蒙古等地春秋两季栽培。

品质指标: 每 100 g 鲜菜蛋白质含量 2.7 g,脂肪含量 0.25 g,碳水化合物含量 8.7 g,钙、铁等微量元素含量 46.52 mg。

产量表现: 每亩产量 1 500～2 500 kg。

栽培技术要点: 春季露地栽培一般于 4 月中旬播种,最好加盖地膜,一般直播行距 60～70 cm,株距 26～30 cm;地膜覆盖栽培,可做成 1.3 m 宽的小高畦(包含沟)种 2 行,穴距同前,每穴播种 3～4 粒,每穴留苗 3 株,每亩用种量 5～7 kg,喜肥水,播种前施足基肥,苗期轻施追肥,结荚期应重施追肥。注意防治蚜虫和白粉虱。

(五)鹰嘴豆

鹰嘴豆(*Cicer arietinum* Linn.)是豆科鹰嘴豆属一年生草本植物或多年生攀缘草本植

物,因其面形奇特,尖如鹰嘴,故称此名,别名桃尔豆、鸡豆、鸡心豆等。鹰嘴豆抗旱、耐旱能力较强,在年降雨量 280～1 500 mm 的地区均可生长,是印度和巴基斯坦的重要五谷之一,在欧洲食用鹰嘴豆也十分普遍。

鹰嘴豆起源于西亚和地中海沿岸,是世界上栽培面积较大的食用豆类作物之一,其中印度和巴基斯坦两国的种植面积占全世界的 80％ 以上,中国只有零星分布,甘肃、青海、新疆、陕西、山西、河北、山东、内蒙古等地引种栽培。

鹰嘴豆生长于海拔 2 000～2 700 m。对土壤要求不严,从沙土、沙壤土到重壤土均可生长,不耐涝。其适宜的 pH 为 5.5～8.6,最适宜温度为白天 23～29℃,夜间 15～21℃。鹰嘴豆出苗至开花所需有效积温为 750～800℃,出苗至成熟所需有效积温为 1 900～2 800℃。鹰嘴豆的根系发达,主根入土深度可达 2 m,耐旱。同时根具根瘤,固氮能力极强,每公顷可固纯氮 50 kg,适合套作。茎叶是优良的饲料原料。鹰嘴豆营养成分全,含量高。籽粒蛋白质含量 23.0％,碳水化合物含量 63.5％,脂肪含量 5.3％。此外,还含有丰富的食用纤维、微量元素和维生素。鹰嘴豆的青嫩豆粒、嫩叶均可作蔬菜。

乌兰察布市气候干旱、冷凉,适合鹰嘴豆生长,鹰嘴豆在我市属于试验性种植,一直没有大规模的推广开来,全市种植面积不到 500 亩。在水肥充足,精耕细作的前提下亩产最多可达 200 kg,建议在丰镇、凉城和兴和县等前山地区种植,四子王旗、察右中旗和化德县等后山地区在无霜期短的年份,因较早出现霜冻,导致作物不成熟。

本节编入迪西、卡布里两个品种,是目前当地主要推广和种植的品种。

迪西

选育过程:"迪西"(*Cicer arietinum* Linn.)是经引种试验、示范选育而成的。

特征特性:迪西品种生育期 110 天左右。幼苗绿色,直立、披散型,株高 40～80 cm,百粒重 12～14.5 g,多分枝,被白色腺毛。叶对生或互生,狭椭圆形,花于叶腋单生或双生,花冠白色、紫红色或粉红色。荚果卵圆形,膨胀,下垂,长约 2 cm,宽约 1 cm,幼时绿色,成熟后淡黄色。种皮色暗,具皱纹,粒外表棱角分明,皮厚,一端具细尖,种子、嫩荚、嫩苗均可食用。

品质指标:蛋白质含量 19.5％～23.8％,脂肪含量 5.28％～7.85％,淀粉含量 45.2％～54.8％,粗纤维含量 4.7％～8.2％。

产量表现:平均亩产 182.7 kg。

栽培技术要点:

1. 适应范围 经试验、示范种植,证明迪西品种适宜在全市旱地种植,前山地区表现更好。

2. 选地 最好选择中等以上肥力,中性或偏碱性土壤,忌重茬和盐碱地。

3. 播种期 应当在春季最后一次晚霜过后,5 月上旬较为适宜。

4. 播种 一般采用 45 cm 等行距条播,株距 10～15 cm,播深 5～10 cm。籽实一般亩播量为 3～4 kg,保苗数控制在 4 500～5 600 株/亩。沙质土壤适当减少播量,黏性土壤应适当加大播量,早播减少播量,晚播增加播量。

5. 施肥 亩施底肥磷酸二铵 8～10 kg,初花期、盛花期、结荚期,可亩施磷酸二氢钾 200 g、尿素 100 g 进行叶面追肥。

6. 病虫害防治　主要虫害有地老虎、棉铃虫;病害是褐斑病、枯萎病等。

7. 收获　全田荚果70％呈黄色,籽粒与荚壳间分离,一般在播后85天左右时应及时采收。收获过早,籽粒尚未充分成熟,千粒重、蛋白质和脂肪的含量均低;收获太晚,籽粒失水过多,会造成大量炸荚掉粒,增加采收损失。

卡布里

选育过程: "卡布里"(*Cicer arietinum. Linn.*)是经引种试验、示范选育而成的。

特征特性: 卡布里品种生育期110天左右。幼苗绿色,直立、披散型,株高40～80 cm,百粒重18～40.5 g,多分枝,被白色腺毛。叶对生或互生,狭椭圆形,花于叶腋单生或双生,花冠白色、紫红色或粉红色;荚果卵圆形,膨胀,下垂,长约2 cm,宽约1 cm,幼时绿色,成熟后淡黄色。种子浅黄色,外形较圆较大,形如鹰头,种子、嫩荚、嫩苗均可供食用。

品质指标: 蛋白质含量19.5％～23.8％,脂肪含量5.28％～7.85％,淀粉含量45.2％～54.8％,粗纤维含量3.8％～7.3％。

产量表现: 平均亩产186.7 kg。

栽培技术要点:

1. 适应范围　经试验、示范种植,证明"卡布里"品种适宜在全市旱地种植,前山地区表现更好。

2. 选地　最好选择中等以上肥力,可上水,中性或偏碱性土壤,忌重茬和盐碱地。

3. 播种期　应当在春季最后一次晚霜过后,5月上旬较为适宜。

4. 播种量　籽实一般亩播量为4～5 kg,保苗数控制在4 500～5 600株/亩,上水地适当密植。沙质土壤适当减少播量,黏性土壤应适当加大播量,早播减少播量,晚播增加播量。

5. 施肥　亩施底肥磷酸二铵8～10 kg,初花期、盛花期、结荚期,可亩施磷酸二氢钾200 g、尿素100 g进行叶面追肥。

6. 病虫害防治　主要虫害有地老虎、棉铃虫;病害是褐斑病、枯萎病等。

7. 收获　全田荚果70％呈黄色,籽粒与荚壳间分离,一般在播后85天左右时应及时采收。收获过早,籽粒尚未充分成熟,千粒重、蛋白质和脂肪的含量均低;收获太晚,籽粒失水过多,会造成大量炸荚掉粒,增加采收损失。

(六)蚕豆

蚕豆(*Vicia faba* L.),豆科豌豆属,一年生或越年生草本植物。别名南豆、胡豆、佛豆、罗汉豆、兰花豆、坚豆等。蚕豆根茎粗壮,直立,花冠白色,具紫色脉纹及黑色斑晕,是世界上第三大重要的冬季食用豆作物。蚕豆隶属于小杂粮,在生活中有十分重要的价值,既可作为传统口粮,又是现代绿色食品和营养保健食品,是富含营养及蛋白质的粮食作物和动物饲料。

蚕豆适应性强,耐－4℃低温,但畏暑。蚕豆生长温度随生育期的变化而不同,种子发芽的适宜温度为16～25℃,最低温度为3～4℃,最高温度为30～35℃。在营养生长期所需温度较低,最低温度为14～16℃,开花结实期要求16～22℃。如遇－4℃下低温,其地上部即会遭受冻害。虽然蚕豆依靠根瘤菌能固定空气中的氮素,但仍需从土壤中吸收大量的各种元素供其生长,缺素常出现各种生理病害。

蚕豆是人类栽培最古老的食用豆类作物之一,营养价值较高,蛋白质含量为 25%~35%,富含糖、矿物质、维生素、钙和铁。蚕豆起源于西伊朗高原到北非一带,被驯化于地中海东部地区,其考古学证据可追溯到 10 世纪。公元 1 世纪蚕豆开始传入我国,至今已有 2 000 多年的种植历史,据宋《太平御览》记载,蚕豆由西汉张骞自西域引入中原地区。最早关于蚕豆的记载是三国时代《广雅》中出现胡豆一词,在浙江省吴兴区钱山漾新石器时代遗址中也曾有蚕豆的出土。李时珍说:"豆英状如老蚕,故名蚕豆。"蚕豆在我国种植广泛,自古即是重要的食物资源,同时也是重要的出口资源。

蚕豆在我国多数省份都有种植,长江以北以春播为主,长江以南以秋播冬种为主,主要种植地区分布在云南、四川、重庆、湖北、甘肃、青海等省区。乌兰察布市气候冷凉,年均温 26℃左右,适合蚕豆生长,全市 11 个旗县(市区)均可种植,在 20 世纪 80、90 年代杂粮杂豆作为外贸商品时,蚕豆主要分布在四子王旗、察右中旗、丰镇、卓资和兴和等地,种植比较分散,套种马铃薯居多,品种有崇礼、马牙蚕豆等。近年来,随着商品性减弱,油菜籽、马铃薯和向日葵等经济类作物种植面积不断增加,蚕豆面积逐年缩减,且为散户零星种植,品种有临蚕 9 号、冀张蚕二号等,目前全市不足 1 万亩。

临蚕 9 号

选育过程:"临蚕 9 号"(Vicia faba L.)是以"临夏大蚕豆"为母本,"慈溪大白蚕"为父本,其 F_1 代作母本,"土耳其 22-3"作父本,采用有性杂交和系谱选育法,经复合杂交选育而成,2010 年通过鉴定。

特征特性:"临蚕 9 号"属中熟大粒品种,生育期 125 天左右。株型紧凑,植株生长整齐,春性强,幼茎绿色,叶片椭圆形,叶色浅绿,花浅紫色。株高 125 cm 左右,单株夹数 10~17 个,每荚 2~3 粒,单株粒数 18~41 粒,百粒重 170 g。

品质指标:粗蛋白含量 32%,赖氨酸含量 1.26%,淀粉含量 55.8%,粗脂肪含量 1.2%。

产量表现:平均亩产量 333.9 kg。

栽培技术要点:

1. 适应范围　"临蚕 9 号"适宜在甘肃省蚕豆产区及国内同类地区推广种植。

2. 选地　选择肥力中上,非重茬地块种植。

3. 播种期　适宜 4 月下旬或 5 月上旬播种。

4. 播种量　籽实用一般亩播量为 25 kg 左右,保苗数掌握在 1.2 万~1.3 万株/亩。

5. 施肥　保氮增磷补钾,施肥以基肥为主,一般亩施农家肥 7 300 kg,亩施过磷酸钙 50 kg,磷酸二铵 5 kg,达到丰产增收目的。

6. 防虫、收获　开花期及时喷药,防治蚕豆象;80% 豆荚变黑时开始收获。

冀张蚕二号

选育过程:"冀张蚕二号"(Vicia faba L.)是以"崇礼品种"为母本,"法国系 D-1"作父本,经系谱法选育而成的。

特征特性:"冀张蚕二号"生育期 110 天左右。幼苗直立,茎绿色,平均株高 92.3 cm,主茎分枝 1.8 个,白花带黑斑,单株荚数 2.6 粒,种皮乳白色,百粒重 130 g,品质优。抗锈病。

品质指标: 粗蛋白含量 28.6%,赖氨酸含量 1.26%,淀粉含量 41.37%,粗脂肪含量 0.63%。

产量表现: 平均亩产量 226.7 kg。

栽培技术要点:

1. 适应范围 "冀张蚕二号"适宜在冀北春播地区推广种植。

2. 选地 选择肥力中上,忌连作,适合与马铃薯、玉米轮作倒茬。

3. 播种期 一般适宜 5 月上旬播种。

4. 播种量 籽实一般亩播量为 18.3 kg 左右,保苗数掌握在 1.5 万株/亩。

5. 施肥 一般可亩施农家肥 2 500 kg,硫酸二铵 10 kg 做种肥。

6. 收获 叶片凋落,中下部豆荚变黑干燥、充分成熟时收获。

谷　子

　　谷子(Setaria italica)，又名粟，起源于我国，属禾本科狗尾草属一年生草本植物，是传统的粮饲兼用作物。谷子性喜高温，生育期适温 22～30℃，属于耐旱稳产作物，起源于中国，在中国北方广泛种植，在我国已经有 8 000 多年的栽培历史。谷子以其适应性广、生育期短、耐干旱、耐盐碱、耐瘠薄的特性，成为我国西部干旱地区的主要粮食作物之一。

　　谷子在世界上种植分布区域很广，主要产区是亚洲东南部，非洲中部和中亚等地，以印度、中国、尼日利亚、尼泊尔、俄罗斯等国栽培较多。据联合国粮农组织统计，2014 年来全世界粟类作物面积为 8 亿～10 亿亩，其中 24％左右是谷子，主要分布在亚洲东南部、非洲中部和中亚细亚等地。据 K. O. Rachic 统计，亚洲占世界谷子播种面积的 97.1％，占世界谷子产量的 96.7％。中国是世界上谷子栽培面积最大，产量最多的国家。据联合国粮农组织估计，世界谷子的栽培面积 80％以上在中国。

　　谷子在我国分布极其广泛，几乎全国都有种植，但目前产区主要分布在北纬 32°～48°，东经 108°～130°之间的北方各省的干旱、半干旱地区。从淮河以北到黑龙江广大地区的种植面积，占全国谷子种植面积的 90％以上，其中内蒙古、山西、陕西、河北、河南、辽宁、吉林和黑龙江等省区的种植面积较大。据 1996—2000 年中国农业资料统计，全国谷子种植面积 125 万～152 万 hm²，占全国粮食作物种植面积的 1.2％～1.4％；总产量 213 万～357 万吨，占全国粮食总产量的 0.5％～0.7％，平均亩产 106.9～157.2 kg。在谷子主产区，谷子面积占耕地面积的比例一般在 15％～25％。内蒙古占的比例最高，约 25％。内蒙古地区是谷子的三大产区之一，由于我区地域辽阔，地势复杂，70％以上都是丘陵旱地，土质比较瘠薄，早春干旱风沙较大。谷子耐旱、耐瘠薄能力比较强，具有一定的丰产稳产性，因此，谷子是这一地区古老沿袭的主栽抗旱作物。乌兰察布市谷子种植面积在 1.13 万 hm² 左右，主要以加工谷草为主。

　　谷子的粮用营养价值和饲用营养价值都极高。去壳后的谷子为小米主要粮用，小米营养丰富齐全，蛋白质含量在 14％～17％；脂肪含量平均在 4％左右，其中不饱和脂肪酸含量在 85.5％；碳水化合物含量在 63％～70％；人体必需的维生素 A、维生素 D、维生素 C 和维生素 B₁₂ 等；少量的矿物质元素硒、镁、锌、钾等，可满足人体必需的六大营养素要求。小米也是药食同源的食物，具有清热消渴、健脾胃等作用，也可滋阴补血，对孕妇有安胎助产之功效。谷草粮草比为 1∶(1～3)，谷草干草中粗蛋白含量为 5％左右，高于其他禾本科牧草，其饲料价值接近于豆科牧草，高于其他禾本科牧草，其饲料价值接近豆科牧草，在各类禾本科秸秆中，以谷草的品质最好，其质地柔软厚实，适口性好，营养价值高，是牛、羊等反刍动物的优质饲料资源。通过对谷子秸草试验分析表明，谷草所含营养成分完全可以满足牲畜的生长发育需要，并且还含有对牲畜有益的多种特殊物质，可提高产品转化率和肉、蛋、奶等品质。谷草是我国北方喂养马、牛及羊等草食动物不可缺少的优质饲草。

　　内蒙古是谷子研究和育种比较早的省区之一，从 20 世纪 50 年代至今，内蒙古已选育出超过 100 个不同特点的谷子品种,在生产上大面积推广,并取得显著经济效益;研究提出多项谷子栽培技术措施,在生产上大范围使用,为谷子稳产、创高产打下基础。

在研究单位中以内蒙古自治区内蒙古牧业科学院和赤峰市农牧科学研究院,两家单位科研力量最为雄厚,科研基础平台最为扎实,经过多年艰辛努力,选育出以内谷系列、昭农系列、赤谷系列和蒙谷系列为代表的多个品种,在生产上大面积种植。

本章主要介绍了适宜乌兰察布地区种植和推广的谷子品种 13 个。

内谷 4 号

选育过程:"内谷 4 号"(*Setaria italica*)是由内蒙古自治区农牧业科学院作物育种与栽培研究所,1976 年以"小金黄"为母本"毛谷 2 号"为父本杂交选育而成的。1989 年通过内蒙古自治区农作物品种审定委员会审定。

特征特性:幼苗绿色,株高 140.2 cm。穗长 22.8 cm,纺锤形,单株穗重 16.6 g,单株草重 17.7 g,穗粒重 13.2 g,千粒重 3.2 g,黄谷、黄米。生育期 120 天,适应性较广。适宜于内蒙古自治区呼和浩特市、包头市种植。

品质指标:小米蛋白含量 9.64%,赖氨酸含量 0.27%。

产量表现:1984—1986 年谷子区域试验平均每亩籽粒产量 213.6 kg,谷草 306.1 kg。1988—1989 年生产试验平均每亩籽粒产量 235.9 kg,1990 年生产示范平均每亩籽粒产量 309 kg。

栽培技术要点:一般栽培每亩留苗 3 万~4 万株。在拔节期每亩追施尿素 15 kg,节期和灌浆期注意抗旱。

内谷 5 号

选育过程:"内谷 5 号"(*Setaria italica*)是由内蒙古自治区农牧业科学院作物育种与栽培研究所育成的复合杂交种。1994 年通过内蒙古自治区农作物品种审定委员会审定。

特征特性:幼苗绿叶、绿鞘,株高 150.6 cm。穗长 25.6 cm,纺锤形,松紧适中,刺毛长短中等,单穗重 13.9 g,千粒重 3.4 g,黄谷、黄米,出米率 75%。春播生育期 123 天。适宜内蒙古自治区中、西部无霜期在 135 天左右的地区及类似的生态区,如河北坝上、山西晋北等地区种植。

品质指标:籽粒蛋白含量 12.81%,赖氨酸含量 0.26%。

产量表现:1989—1991 年区域试验平均每亩产量 238.9 kg,1992—1993 年生产试验平均每亩籽粒产量 287 kg、谷草产量 408 kg。一般生产田每亩籽粒产量 287~450 kg、谷草产量 680 kg。

栽培技术要点:水浇地每亩留苗 3.5 万~4 万株,旱地每亩留苗 2.5 万株左右。播种时每亩施 5~8 kg 磷酸二铵做种肥,抽穗前追施尿素 15 kg。注意防治病虫害。

蒙金谷 1 号

选育过程:"蒙金谷 1 号"(*Setaria italica*)是由内蒙古自治区农牧业科学院作物育种与栽培研究所,1985 年以"朱砂谷"为母本,"83 旱 574"为父本杂交选育而成的。2005 年通过内蒙古自治区品种审定委员会认定,2010 年通过全国谷子品种鉴定委员会鉴定。2003 年在全国优质米鉴评会上被评为一级优质米。

特征特性:株高 215 cm,穗长 27.0 cm,纺锤形。单穗粒重 16.8 g,千粒重 2.66 g,黄谷,亮黄米,出谷率 80.8%。生育期 128 天,属中晚熟品种。适宜内蒙古自治区呼和浩特市、赤峰市≥10℃活动积温 2 600℃以上的地区种植。

品质指标:小米粗蛋白含量 8.83%。谷草比为 1∶2.7,茎叶比为 1.63∶1,谷草含粗蛋白含量 5.34%,粗脂肪含量 1.12%,可溶性糖含量 6.91%,是良好的饲料品种。

产量表现:一般每亩籽实产量 250～600 kg,干谷草亩产量最高 1 150 kg,鲜草亩产量4 000 kg 以上。

栽培技术要点:适时早播,播前用盐水精选种子,每亩播种量 0.75 kg,播种时施磷酸二铵5 kg 做种肥。4～6 叶期间苗、定苗,每亩保苗 4 万株。拔节期中耕培土,每亩追施尿素 10～15 kg。开花期注意抗旱。

蒙丰谷 7 号

选育过程:"蒙丰谷 7 号"(*Setaria italica*)是由内蒙古自治区农牧业科学院作物育种与栽培研究所,1985 年以"朱砂谷"做母本,"83 旱 574"作父本杂交选育而成的。2007 年通过内蒙古自治区品种审定委员会认定,登记编号:蒙认谷 2007003 号。

特征特性:幼苗叶鞘绿色,苗为绿色,分蘖弱。株高 146 cm。穗长 26.5 cm,纺锤形,松紧适中,刺毛短。单株穗重 30.5 g,出谷率 80.7%,千粒重为 3.15 g,白谷、黄米。生育期 120天,属中熟品种。适宜内蒙古自治区呼和浩特市、赤峰市≥10℃活动积温 2 600℃以上的地区种植。

品质指标:小米粗蛋白含量 14.35%,粗脂肪含量 3.44%,胶稠度 166 mm。谷草比 1∶1.1,硒含量 75 μg/kg。

产量表现:一般栽培每亩产量 300～500 kg,每亩产干草 450～700 kg。2005 年内蒙古区域试验平均每亩产量 353.7 kg,2006 年区域试验平均每亩产量 370.4 kg;2006 年生产试验平均每亩产量 369.3 kg。

栽培技术要点:4 月下旬至 5 月上旬播种为宜,每亩留苗 3.5 万～4 万株。每亩施农家肥1 500～2 000 kg 做基肥,施磷酸二铵 5～10 kg 或复合肥 15～20 kg 做种肥。在孕穗期每亩追施尿素 10～15 kg。注意防治病虫害,适时收获。

蒙黑谷 8 号

选育过程:"蒙黑谷 8 号"(*Setaria italica*)是由内蒙古自治区农牧业科学院于 1985 年以"朱砂谷"做母本,"83 旱 574"作父本杂交选育而成的。2007 年通过内蒙古自治区农作物品种审定委员会认定,认定编号:蒙认谷 2007004 号。

特征特性:幼苗紫绿色,株型紧凑,分蘖弱。株高 138 cm。穗长 21.4 cm,纺锤形,偏松,单株穗重 20.7 g,单株粒重 16.6 g,千粒重 3.1 g,灰白谷,灰黑米,出谷率 81.9%。生育期118 天,属中熟品种。适宜内蒙古自治区呼和浩特市、赤峰市≥10℃活动积温 2 600℃以上的地区种植。

品质指标:小米粗蛋白含量 13.53％,粗脂肪含量 3.33％,胶稠度 156 mm。谷草比 1：1。

产量表现:一般每亩产籽粒 300～500 kg,产干草 500～700 kg。2005 年内蒙古区域试验平均每亩产量 368.4 kg,2006 年区域试验平均每亩产量 370.7 kg;2006 年生产试验平均每亩产量 360.1 kg。

栽培技术要点:4 月下旬至 5 月上旬播种为宜,每亩留苗 3.5 万～4 万株。每亩施农家肥 1 500～2 000 kg 做基肥,施磷酸二铵 5～10 kg 或复合肥 15～20 kg 做种肥。在孕穗期每亩追施尿素 10～15 kg。注意防治病虫害,适时收获。

蒙早谷 9 号

选育过程:"蒙早谷 9 号"(*Setaria italica*)是由内蒙古自治区农牧业科学院作物育种与栽培研究所以"朱砂谷"做母本,"83 旱 574"作父本杂交选育而成的。2008 年通过内蒙古自治区农作物品种审定委员会认定。

特征特性:株高 111.6 cm,穗长 22.2 cm,纺锤形,松紧适中。单株穗重 19.6 g,千粒重 3.2 g,出谷率 84.2％,黄谷、黄米。生育期 107 天。适宜内蒙古自治区呼和浩特市、赤峰市≥10℃活动积温 2 500℃以上的地区种植。

品质指标:小米粗蛋白含量 13.91％,粗脂肪含量 3.18％,直链淀粉含量 20.81％,胶稠度 82 mm,糊化温度(碱消指数)5 级。每千克小米含维生素 B_1 4.2 mg,铁 39.28 mg,钙 133.1 mg,磷 2 817 mg,硒 76.51 μg。

产量表现:一般每亩产籽实 250～450 kg,产干草 380 kg。2006 年内蒙古区域试验平均每亩产量 379.5 kg,2007 年区域试验平均每亩产量 332.0 kg;2007 年生产试验平均每亩产量 345.3 kg。

栽培技术要点:播种期 5 月上旬至 5 月下旬,每亩留苗 4 万株。每亩深施有机肥 1 500 kg 做基肥,施磷酸二铵 5 kg 做种肥。中期结合浇水、中耕培土追施尿素 10～15 kg。后期注意防鸟害。

蒙健谷 10 号

选育过程:"蒙健谷 10 号"(*Setaria italica*)是由内蒙古自治区农牧业科学院作物育种与栽培研究所于 2002 年经混合选择培育而成的。2007 年通过全国谷子品种鉴定委员会鉴定,同年在全国优质米鉴评会上被评为二级优质米。

特征特性:幼苗叶片、叶鞘绿色,株高 144.5 cm。穗长 26.2 cm,穗纺锤形,松紧适中,刺毛较长,单穗重 20.8 g,穗粒重 16.0 g,出谷率 77.0％,千粒重 3.18 g,白谷、黄米。春播生育期 127 天。

品质指标:籽粒粗蛋白含量 14.45％,粗脂肪含量 1.27％,直链淀粉含量 18.73％,胶稠度 103 mm,糊化温度(碱消指数)4 级。每千克籽粒含维生素 B_1 2.6 mg,磷 1 544 mg,钙 124.4 mg,铁 21.20 mg,硒 84.68 μg。

产量表现:2006 年国家谷子品种区域试验平均每亩产量 250.4 kg,2007 年区域试验平均每亩产量 280.6 kg;2007 年生产试验平均每亩产量 252.3 kg。

栽培技术要点:播前用盐水精选种子,适时早播,每亩播种量 0.5 kg,留苗 4 万株。每亩施磷酸二铵 5 kg 做种肥,中期结合中耕培土追施尿素 10～15 kg。及时防治病虫害。适宜≥10℃活动积温在 2 900℃以上地区种植。

蒙丰谷 11

选育过程:"蒙丰谷 11"(*Setaria italica*)是由内蒙古自治区农牧业科学院作物育种与栽培研究所,1985 年以"朱砂谷"做母本,"83 旱 574"作父本杂交选育而成的。2008 年通过内蒙古自治区农作物品种审定委员会认定。2005 年在全国优质米鉴评会上被评为二级优质米。

特征特性:叶片黄绿色,叶鞘绿色,株高 129.2 cm。穗长 23.1 cm,穗圆筒形,松紧适中,单株穗重 22.5 g,单株草重 17.1 g,单株粒重 19.0 g,出谷率 84.4%,白谷、黄米,千粒重 3.1 g。春播生育期 113 天。适宜≥10℃活动积温 2 600℃以上的地区种植。

品质指标:小米粗蛋白含量 13.64%,粗脂肪含量 3.86%,直链淀粉含量 20.83%。每千克小米含维生素 B_1 4.9 mg,铁 44.56 mg,钙 274.6 mg,磷 2 978 mg,硒 64.15 μg。

产量表现:2006 年内蒙古自治区区域试验平均每亩产量 368.2 kg,2007 年区域试验平均每亩产量 363.8 kg;2007 年生产试验平均每亩产量 356.4 kg。

栽培技术要点:4 月下旬至 5 月中旬播种为宜,每亩留苗 4 万株。每亩施有机肥 1 500 kg 做基肥,施磷酸二铵 5 kg 做种肥。中期结合浇水、中耕培土追施尿素 10～15 kg。后期注意防鸟害。

蒙谷 12

选育过程:"蒙谷 12"(*Setaria italica*)是由内蒙古自治区农牧业科学院作物育种与栽培研究所于 1998 年以"85E284"作母本,"83 旱 574"作父本杂交选育而成的,2009 年通过全国谷子品种鉴定委员会鉴定。

特征特性:幼苗紫色,株高 128.6 cm。穗长 25.1 cm,穗重 23.6 g,穗纺锤形,松紧适中,出谷率 75.3%,千粒重 3.3 g,黄谷、黄米。生育期 126 天。适宜≥10℃活动积温 2 700℃以上的地区种植。

品质指标:小米粗蛋白含量 9.46%,粗脂肪含量 1.76%,总淀粉含量 82.59%(其中直链淀粉含量 22.15%),粗纤维含量 0.59%,胶稠度 98 mm,糊化温度(碱消指数)2 级。每千克小米含维生素 B_1 3.0 mg,磷含量 1 901 mg,钙含量 67.8 mg,铁含量 221.6 mg,硒含量 124.0 μg。

产量表现:2006 年国家区域试验平均每亩产量 312.2 kg,2007 年平均每亩产量 357.6 kg;2008 年生产试验平均每亩产量 365.3 kg。

栽培技术要点:4 月下旬至 5 月上旬播种为宜,每亩留苗 3 万株。每亩施有机肥 1 500 kg 做基肥,施磷酸二铵 5 kg 做种肥。中期结合浇水、中耕培土追施尿素 10～15 kg。后期注意防鸟害。

赤优红谷

选育过程:"赤优红谷"(*Setaria italica*)来源于"山西红谷"×"K524-1"。

特征特性:粮用常规品种。生育期 114 天。幼苗浅紫色,株高 135.2 cm,穗长 26.2 cm,

穗粗 2.2 cm,穗纺锤形,单穗重 22.6 g,单穗粒重 19.3 g,出谷率 72.0%,红谷、黄米,千粒重 2.9 g。内蒙古自治区、吉林省、辽宁省、河北省和山西省≥10℃的活动积温 2 600℃以上春播区春季种植。

品质指标:粗蛋白含量 12.23%,粗脂肪含量 3.76%,总淀粉含量 78.59%(其中直链淀粉含量 21.64%),赖氨酸含量 0.19%。

产量表现:2017—2018 两年平均每亩产量 366.78~401.65 kg。

栽培技术要点:

1. 播种时间为 5 月 1~15 日,在适宜地区根据当地积温气候条件和墒情适时播种,亩播种量 0.5 kg 左右,播种深度 3~4 cm,播后注意镇压保墒,亩保苗 2.5 万~3 万株。

2. 亩施优质农家肥 1 000 kg 左右,种肥磷酸二铵 6~10 kg,追施尿素 15~25 kg。

峰红 4 号

选育过程:"峰红 4 号"(*Setaria italica*)来源于"峰红谷"×"K542-1"。

特征特性:粮用常规品种。"峰红 4 号"平均生育期 114 天,属中熟品种,幼苗绿色、叶鞘紫色。穗纺锤形,穗码较紧,刺毛中等,植株平均高度 135.2 cm,平均穗长 26.2 cm,平均穗粗 2.2 cm,平均单穗重 22.6 g,平均单穗粒重 16.3 g,平均出谷率 72.0%,红谷、黄米,平均千粒重 2.5 g。适宜在内蒙古赤峰市≥10℃有效积温 2 700℃地区春季种植。

品质指标:粗蛋白含量 10.97%,粗脂肪含量 1.41%,粗淀粉含量 84.96%,胶稠度 103 mm,碱消指数 2.9。

产量表现:2018 年在呼和浩特地区种植平均每亩产量 366 kg。

栽培技术要点:

1. 播种时间 一般为 5 月上旬播种,适时早播,亩播量一般 0.2 kg,使用包衣种子,防治白发病和黑穗病。

2. 种植密度 2.0 万~2.5 万株/亩。

3. 施肥 每亩施 5 kg 硫酸钾、10 kg 磷酸二铵做种肥,每亩追施尿素 15 kg。

4. 田间管理 4~5 叶期喷施含 12.5% 拿捕净乳油除草剂,喷施浓度为 80~100 mL/亩,兑水 50 L/亩,使用除草剂前先进行小区实验,5~7 天根据效果继续喷施。

赤谷 K2

选育过程:"赤谷 K2"(*Setaria italica*)来源于"黄八杈"×"张杂谷 12 号"。

特征特性:粮用常规品种。幼苗绿色,分蘖 2~3 个,平均亩产 325.4 kg。平均生育期 112 天。平均株高 125 cm,平均穗长 23 cm,平均单穗重 21.50 g,平均单穗粒重 17.5 g,平均出谷率 81.4%。穗纺锤形,穗码较松,浅黄谷,黄米,平均千粒重 2.6 g,熟相好。适宜在春谷区内蒙古赤峰市≥10℃活动积温 2 500℃以上地区春季种植。

产量表现:2018—2019 年在呼和浩特地区种植平均每亩产量 326~269 kg。

栽培技术要点:一般为 5 月下旬,亩播量一般 0.2 kg,使用包衣种子,防治白发病和黑穗病。种植密度是 2.5 万~3.0 万株/亩。亩施硫酸钾 5 kg、磷酸二铵 10 kg 做种肥,每亩追肥

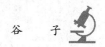

15 kg 尿素。4～5 叶期喷施含 12.5％拿捕净乳油除草剂,喷施浓度为 80～100 mL/亩,兑水 50 L/亩。

赤谷 20

选育过程:"赤谷 20"(*Setaria italica*)来源于"赤谷 8 号"×"F2-9"。

特征特性:粮用常规品种。"赤谷 20"的生育期 116 天,属中熟品种。幼苗色、叶鞘色均为绿色。穗纺锤形,穗码较紧,刺毛中等,植株高度 150.43 cm,穗长 24.72 cm,单穗重 25.36 g,单穗粒重 21.11 g,出谷率 83.24％,黄谷、黄米,千粒重 3.1 g。

品质指标:粗蛋白含量 12.17％,粗脂肪含量 1.06％,粗淀粉含量 82.35％,碱消指数 3.5 级,胶稠度 128.0 mm。

产量表现:2014—2015 年参加全国谷子品种区域试验,平均亩产 412.8 kg。

栽培技术要点:

1. 播种时间　内蒙古地区一般 5 月上旬播种,适时早播,亩播量一般 0.2 kg,使用包衣种子,防治白发病和黑穗病。

2. 种植密度　2.0 万～2.5 万株/亩。

3. 施肥　亩施硫酸钾 5 kg、磷酸二铵 10 kg 做种肥,每亩追肥 15 kg 尿素。4～5 叶期喷施含 12.5％拿捕净乳油除草剂,喷施浓度为 80～100 mL/亩,兑水 50 L/亩。

荞　麦

荞麦（*Fagopyrum*），别名：乌麦、三角麦，属于双子叶的蓼科荞麦属，在我国粮食作物中属小宗作物，主要栽培种有甜荞和苦荞。荞麦生育期短，喜凉爽湿润的气候，适应范围广，耐旱、耐瘠，不耐高温、干旱、大风。可在高海拔冷凉山区和干旱瘠薄地种植，能与大宗作物实行间作套种，是灾年不可替代的救灾作物，在种植业资源的合理配置中是不可或缺的作物。荞麦含蛋白质 10.6%～15.5%，脂肪 2.1%～2.8%，淀粉 63.0%～71.2%，富含各种微量元素和维生素，特别是黄酮含量更是其所独有，具有很高的食用价值和医疗保健作用，对人类心脏、血管疾病、高血压、糖尿病等有积极的治疗和预防作用，荞麦皮还是用作枕头的良好填充材料，具有清凉、醒目之功效。

我国是荞麦生产大国，占世界荞麦总产量的 50% 以上。内蒙古自治区作为全国荞麦主产区之一，是全国甜荞播种面积最大的省，历年播种面积 16.7 万～20.0 万 hm²，占全国荞麦面积的 1/4 左右，居全国首位。内蒙古属北方春荞麦区，主要分布在内蒙古西部阴山丘陵区和东部的山地丘陵地区，如乌兰察布市、通辽市、赤峰市和包头市。其中乌兰察布市是内蒙古荞麦主产区之一，基于荞麦的优势，乌兰察布市 11 个县（区、市、旗）都种植荞麦。乌兰察布市荞麦种植业自然方面的优势条件是农业人口人均耕地多、环境污染小。由于受到高纬度、高海拔、干燥、多风、温差大的影响，乌兰察布市的农作物病虫害少，多数地区和多数农作物可以完全不用农药，而且农作物生长期长，营养成分高。同时，由于人均占有国土面积大，乌兰察布市农业人口人均耕地占有量为 4.5 亩，这给农作物多样化生产提供了较大的空间。与发达地区相比较，乌兰察布市多数地区属半农半牧区，有机肥源充足，工业污染小，大部分区域具有清新的空气、自然的土壤。在这样的条件下，当地生产的荞麦等特色农产品都具有很好的声誉。

乌兰察布市荞麦种植面积每年保持在 20 多万亩，优质高产的荞麦新品种既成为人民群众的保健食品，又为畜牧业提供了优质饲料，因此深受客商和农民的欢迎。目前，种植面积稳定，产量不断增长，已销往山西、河北等周边省市，浙江、江西一带每年也有客商订购。

本章荞麦共编入 7 个荞麦品种，其中 4 个甜荞品种，3 个苦荞品种，是乌兰察布主要推广和种植的品种。

（一）甜荞

茶色黎麻道

选育过程："茶色黎麻道"（*Fagopyrum*）是由内蒙古自治区农业科学院以河北省丰宁县地方品种"黎麻道"通过网罩隔离和混合选育而成的。1987 年内蒙古农作物品种审定委员会

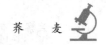

审定。

特征特性:甜荞。生育期 75 天左右,中晚熟品种,幼苗绿色,茎秆紫红色,花色粉白,株高 70~80 cm,株型紧凑、分枝力强,白花,一级分枝 3.2 个,籽粒呈茶褐色,薄壳,千粒重 30~32 g,皮壳率 18.2%,出米率 75%左右。具有抗旱、抗倒、抗病的特性,对土壤肥力要求不严,适应性强。

品质指标:籽粒蛋白质含量 10.66%,脂肪含量 2.59%,淀粉含量 54.60%,赖氨酸含量 0.59%。

产量表现:一般亩产 100 kg,最高亩产可达 158.7 kg,比当地农家种增产 30%。

栽培技术要点:

1. 适种区域　在内蒙古地区≥10℃,积温 2 000~2 700℃的地区都可以种植,适宜种植在旱地,而不宜种在水浇地上,因水肥条件过高容易徒长,导致倒伏。

2. 轮作换茬　"茶色藜麻道"荞麦对前茬要求不严,但忌连茬。前茬以豆茬、马铃薯茬为好。

3. 播前做好种子处理　可用清水选种或筛选,选取粒大饱满种子,以提高出苗率,增强幼苗生长势。

4. 施用种肥　播种时每亩带 3~5 kg 磷做种肥,每千克磷酸二铵可增产荞麦籽粒 4 kg。

5. 适时播种　阴山以北丘陵 5 月底至 6 月 10 日播种为宜。

6. 合理密植　每亩播量 2.5~5 kg,每亩留苗 5 万~8 万株。

7. 中耕除草　现蕾前、始花前分别中耕一次,以提高土壤含水率,增强植株抗旱能力。

8. 收获　当全田植株籽粒有 70%左右成熟时为最佳收获期。

库伦大三棱荞麦

选育过程:"库伦大三棱荞麦"(*Fagopyrum*)是由内蒙古库伦旗培育而成的。

特征特性:甜荞。生育期 60 天,植株高一般为 90~100 cm,抗逆性强,适应种植在沙壤土地上,主茎粗,分枝少,适合密植,无倒伏。一般每株 3~4 个分枝,分枝较高,一般距地面 25 cm 左右,便于收割。穗状花序,花白色,每株接 30 穗左右,每穗结 5~10 粒,顶穗结粒 60~70 粒。皮黑灰色,粒大,三棱形,千粒重为 32 g。出米率达 55%~60%,面筋含量高。

品质指标:蛋白质含量 10.3%~11.9%,淀粉含量 63.3~75%,粗纤维含量 10.3~13.8%。维生素 B$_1$、维生素 B$_2$、维生素 E 的含量高于水稻、小麦、玉米等作物。

产量表现:平均亩产量可达 150 kg 以上,最高亩产量 240 kg。

栽培技术要点:

1. 播种期　6 月下旬至 7 月上旬均可播种,早种早收。

2. 播种量　条播垄距 40 cm,亩播量 4 kg,亩保苗 11 万株。

3. 田间管理　进入开花期,要进行铲地除草,结合翻地每亩追磷酸二铵 10 kg 或尿素 7.5 kg。在荞麦长出 2~3 片真叶时要防治蚜虫,用氧化乐果 1 500 倍液进行防治。当籽粒由白色变成茶色、85%以上的籽粒变成黑色后及时收割。

品甜荞 1 号

选育过程:"品甜荞 1 号"(*Fagopyrum*)是山西省农业科学院农作物品种资源研究所,

"F326"高结实材料中发现3株变异单株组成集团连续混合选择。

特征特性:甜荞。生育期平均81天。种子根健壮、发达,田间生长整齐,生长势强。幼茎绿色,株型紧凑,主茎高95.0～148.0 cm,茎上部绿色下部浅红色,主茎节数平均17.4节,一级分枝数平均4.1个,叶绿色,花白色。籽实三棱形、褐色,单株粒重平均22.1 g,单株粒数平均710.0粒,千粒重平均31.5 g。

品质指标:2014年山西省农业科学院农作物品种资源研究所检测,蛋白质含量9.16%,粗脂肪含量2.43%,赖氨酸含量0.57%,维生素E含量0.78 mg/100 g,维生素B_3 5.82 mg/100 g。

产量表现:2011—2012年参加山西省甜荞麦新品种区域试验,两年平均亩产118.2 kg,比对照"晋荞麦(甜)3号"(下同)增产11.2%,两年8个试验点,全部增产。其中2011年平均亩产114.2 kg,比对照增产11.3%;2012年平均亩产122.2 kg,比对照增产11.1%。

栽培技术要点:

1. 播种量　播种量要根据土壤肥力、水分条件、种子发芽率等综合考虑。一般瘠薄旱地每亩播种量为2～3 kg,中等肥力地3～4 kg,保障群体能充分有效地利用光、热、水、气和养分,充分发挥品种的最大增产潜力。一般播种密度的原则是薄地宜稀,肥地宜密。每亩留苗5万～6万株为宜。

2. 田间管理　合理施肥,播后应耕磨镇压确保全苗。荞麦生育期一般中耕2次,幼苗期配合间苗进行第1次中耕,宜潜耕、锄净;第2次中耕宜在初花期,此时正是营养生长和生殖生长及根系伸长的重要时期,所以必须深锄。施肥以施农家有机肥和少量磷肥为宜。在荞麦花期,如遇到多雨天气,要人工辅助授粉。

3. 病虫害防治　荞麦生育期间的病害主要有霜霉病、白粉病、立枯病、轮纹病、褐斑病等。

(1)霉霜病:用40%五氯硝基苯或70%敌可松粉剂拌种,用量为种子量的0.5%;发病初期用瑞毒霉800～1 000倍液,后期用75%百菌清可湿性粉剂700～800倍液喷雾。

(2)立枯病:可用50%多菌灵250 g拌种50 kg;发病时可喷65%代森锌可湿性粉剂500～600倍液。

(3)轮纹病:在防治上多采用温汤浸泡,现在冷水中浸种4～5 h,然后在50℃的温水中浸泡5 h;也可在发病初期喷0.5%波尔多液或65%代森锌600倍液。

(4)褐斑病:用五氯硝基苯、退菌特按照种子量的0.3%～0.5%拌种;在田间发现病株时,用40%复方多菌灵混悬剂等对植株进行喷雾。

4. 收获　荞麦在长达1个月的花期内,边结实边开花,因此在70%籽粒成熟后要及时收获,以免造成严重落粒使产量降低。

通荞1号

选育过程:"通荞1号"(*Fagopyrum*)是由通辽市农业科学研究院,以"库伦大粒(原引进荞麦品种美国温莎)"为材料经5代自交纯化选育而成的。

特征特性:甜荞。生育期77～80天。株高92.6～103.4 cm,主茎分枝数3～5个,主茎节数9～11节,白花,株型紧凑,植株整齐,单株粒重2.8～3.9 g,千粒重25.9～30.0 g。籽粒三棱形,褐色。

品质指标:籽粒平均碳水化合物含量 67.59%,脂肪含量 3.78%,蛋白质含量 12.11%,黄酮含量 0.24%。

产量表现:2011 年参加区域试验,平均亩产 148.9 kg,比对照增产 13.2%;2012 年参加区域试验,平均亩产 136.8 kg,比对照增产 9.6%;2012 年参加生产试验,平均亩产 148.7 kg,比对照增产 12.8%。

栽培技术要点:

1. 选地　选择正茬地块,合理轮作、切忌连作,荞麦对茬口选择不严格,但为了调节土壤肥力,防除病虫草害,实现作物高产,豆类、马铃薯、小麦、菜地茬口,这些都是荞麦的主要茬口,适宜 6 月中下旬抢墒播种,前茬以豆类、薯类、瓜菜类、玉米、绿肥等为好,进行耕翻、耕耱达到播种状态。

2. 选种　播种前进行晒种、选种、拌种,清除病虫粒、破损粒及杂质,清选后种子进行包衣处理。

3. 施肥　条件允许可亩施优质有机肥 1 500 kg,结合播种亩施磷酸二铵 10 kg,并在花期封垄前结合中耕亩施尿素 5 kg。地力条件较好的可不施或少施肥。

4. 播种　5 月下旬到 6 月中旬播种,播种深度在 4~6 cm,覆土严密,但不能过厚。每亩留苗 4 万~8 万株,肥地苗密度低、薄地苗密度加大。

5. 田间管理　适时中耕,以进入开花封垄前完成为宜。辅助授粉在花期实行田间放蜂或人工辅助授粉,提高结实率。

6. 收获　70% 的籽粒成熟即可收获,采收时间应选在早晨和上午,以免严重脱粒。

(二)苦荞

云荞 1 号

选育过程:"云荞 1 号"(*Fagopyrum*)是由云南省农业科学院以云南曲靖地方苦荞资源经 ^{60}Co-γ 射线辐射,系统选育而成的。

特征特性:苦荞。中熟,生育期 88 天。株高 102.5 cm,主茎节数 13.7 个,主茎分枝数 6.1 个,单株粒重 3.9 g,千粒重 17.4 g。籽粒心形,黑色,属高蛋白、高黄酮含量的品种。该品种耐旱,耐瘠薄,抗倒伏,有效分枝多,结实率高。

品质指标:粗蛋白含量 13.38%,粗淀粉含量 64.68%,粗脂肪含量 3.00%,黄酮含量 2.529%。

产量表现:该品种在第八轮国家苦荞品种区域试验北方组中,3 年平均亩产量为 127.8 kg。

栽培技术要点:

1. 播种期和播量　适时播种是"云荞 1 号"获得高产的关键,播种早或晚会严重影响其产量。在 1 800~3 000 m 的高寒山区,春播的适宜播种期为 4 月中下旬至 5 月上旬,秋播的适宜播种期为 8 月上旬。同时,要严控播量,每亩播种量 4 kg 左右为宜。

2. 田间管理　苦荞虽为耐瘠作物,但在播种时适当施入磷肥有助于提高产量,每亩可施磷肥 33.4 kg。期间中耕除草 2～3 次,中耕同时进行疏苗和间苗,可以提高植株的整齐度和结实株率。

3. 病虫害防治 应加强荞麦病虫害的防控。在播种前,清除田间植株病残体,翻晒土壤。加强田间管理,促使植株生长健壮,提高植株对病虫害的抵抗能力。如果田间发生病虫害,在病虫害发生初期,通过控制荞麦田块的水分、植株密度等因子调节田间小气候(温度、湿度)来控制病虫害。在病虫害发生严重时,要及时喷施对荞麦病虫害有效的生物制剂,每隔 5 天喷施一次,连续喷施 3 次,以控制病虫害的扩展。

4. 收获 要特别注意及时收获,一般田间植株籽粒由 70% 成熟时就应及时收获,以减少落粒。

定苦荞 1 号

选育过程:"定苦荞 1 号"(*Fagopyrum*),原代号为"定苦 2001-9",是以"西农 9920"为亲本多次单株选择法选育而成的。

特征特性:苦荞。生育期 88 天。株型紧凑,幼茎绿色,株高 107.5 cm,主茎分枝 5.9 个,主茎节数 16.3 节。单株粒重 3.6 g,千粒重 17.9 g,籽粒灰褐色,长锥形。生长整齐,抗旱、抗倒伏。

品质指标:2015 年经农业部农产品质量监督检验测试中心检测,籽粒碳水化合物含量 67.19%,脂肪含量 3.02%,蛋白质含量 13.05%,水分含量 10.61%,黄酮含量 2.08%。

产量表现:2009—2011 年在定西市农业科学院参加旱地试验基地进行的品系比较试验,平均亩产 167 kg。

栽培技术要点:亩播量 1.5～1.8 kg,每亩留苗 6 万～8 万株。以小麦、豆科茬为好,马铃薯、胡麻茬次之,忌重茬。播前亩施农家肥 1 500～3 000 kg、氮 2～3 kg、五氧化二磷 3～5 kg、磷酸二氢钾 3～5 kg。适宜播期为 5 月下旬至 6 月上旬。生育期加强田间管理,及时间苗,中耕除草,防治病虫害。全株 70% 籽粒成熟,呈现本品种固有色泽时收获及时脱粒晾晒,籽粒含水量≤13% 时入库储存。

川荞 1 号

选育过程:"川荞 1 号"(*Fagopyrum*),四川凉山彝族自治州昭觉农业科学研究所从地方品种老鸦苦荞中选育而成。1995 年四川省农作物品种审定委员会审定,2000 年全国农作物审定委员会审定。

特征特性:苦荞。全生育期 78 天左右。属早熟品种。株高 90 cm 左右,幼苗绿色,成熟变为紫红色,株型紧凑。结籽集中尖部,花序柄较低,有效花序多,分枝部位底。籽粒长锥形,黑色,千粒重 20～21 g,单株重 1.8 g,皮壳率 30%。抗旱性强,较抗倒伏,抗荞麦褐斑病。适应性广,落粒轻。

品质指标:蛋白质含量 15.6%,脂肪含量 9.9%,芦丁含量 2.04%,维生素 E 含量 0.53%,维生素 C 含量 4.53 μg/100 g,淀粉含量 69.1%,出粉率含量 63.7% 左右。

产量表现:在中上等肥力土壤亩产 125～170 kg,在肥力较好的土壤亩产 160～190 kg,最高亩产可达 200 kg。

栽培技术要点：

1. 播种期　种春荞在 4 月上中旬；夏荞在 5 月下旬至 6 月上旬。

2. 播种量　种植密度为每亩 4～5 kg，留苗 10 万～13 万株较为适宜。

3. 施肥量　每亩施农家肥 4 000～5 000 kg，磷肥 30 kg 做底肥，正常情况，每亩施氮肥 5 kg，也可施氮、磷、钾复合肥。

4. 田间管理　田间管理要除草 1 次，注意防治二纹柱萤叶甲、荞麦勾翅蛾，开花结实时排水防涝，同时在田间去杂去劣，当田间植株 80％籽粒呈现本品种正常成熟色泽（黑色）时及时收获。

藜　麦

藜麦(*Chenopodium quinoa* Willd.),苋科(Amaranthaceae)藜属(*Chenopodium* L.)一年生双子叶植物,原产于南美洲安第斯山区,是一种四倍体植物($2n=4x=36$),单倍染色体数目为9,有明显的四倍体起源特征。

藜麦具有较高的营养价值但一直不为人所知,20世纪80年代美国国家航空航天局(NASA)在寻找适合人类执行长期性太空任务的闭合生态生命支持系统粮食作物时,发现藜麦,并将其定为首选的宇航员食物。NASA还将藜麦列为人类未来移民外太空空间的理想"太空粮食。"藜麦被联合国定义为"唯一单体即可满足人类基本营养要求的农作物",是最适宜人类的完美的全营养食品,并将2013年设为国际藜麦年。藜麦在我国发展时间较短,相关研究据考证也仅有约30年历史。由于藜麦具较好的抗性及市场价值,非常适合乌兰察布市等北方山旱、盐碱地区发展,相比其他杂粮作物,具有较高的效益优势。

近几年,各地从育种、栽培、生理、生化、加工等多方面开展了多角度、多地域的研究,对于我国藜麦产业发展提供了重要的科研基础。藜麦种质资源丰富,生长适应性广,可以在我国大部分地区种植。目前,国内藜麦种质资源比较缺乏,品种更是少之又少,截至2019年9月,根据不完全统计,全国审(鉴)定、登记、评价的品种仅有18个,包括:甘肃7个:陇藜1、2、3、4号,条藜1、2、3号;青海6个:青藜1、2、3号,青白藜1号、柴达木红-1、柴达木黑-1;吉林1个:尼鲁一号;内蒙古1个:蒙藜一号;北京1个(评价):中藜1号;河北2个(评价):冀藜1号、冀藜2号。2016年开始,乌兰察布市农业技术推广站开始开展藜麦品种选育,并初步做了一些密度、播期等栽培方面的简单研究。截至2019年,通过系统选育、套袋、混播等方式经过筛选淘汰,已经积累育种材料95个,性状优良、商品性和稳定性较好的材料9个。

藜麦大面积种植在我国起步较晚,2007年起山西省静乐县开始引种试验,2011年开始逐步推广种植,形成一定规模。2015年全国藜麦种植面积5万亩左右,2019年种植面积大概在25万亩左右,主要分布在甘肃、内蒙古、云南、青海、山西、河北。乌兰察布市从2014年开始在凉城县种植,种植规模稳定增长,2019年全市种植面积4.37万亩。藜麦产量水平受品种、地域、管理水平等影响较大,管理较好的水地产量150~250 kg、旱地100 kg左右,种植管理技术不到位也存在产量只在25~50 kg或绝收的情况。藜麦相关产品随着深加工研发逐步从米、粉、酒向营养保健品等高附加值发展。初级加工企业主要分布在山西、吉林、内蒙古、甘肃、青海等北部主产省区。我市从事藜麦加工的企业有凉城县世纪粮行有限公司、察右中旗内蒙古益稷生物科技有限公司。凉城县、察右前旗、察右中旗、察右后旗、兴和县等旗县有专门经销的企业和电商等,产品主要以藜麦米为主。

藜麦市场价值较高,国内成品藜麦米价格在16~28.8元/kg,进口藜麦米普遍在50元/kg以上。原粮价格也比较高,目前在8~20元/kg,藜麦成为当前市场价格最高的粮食作物之一,市场空间非常大。随着国人收入增长对营养保健和食品安全意识提高,藜麦作为高蛋白健康食品,消费将快速放量增长。

藜麦种植收益较高。按照藜麦原粮 8 元/kg 的价格,亩产 150 kg 计算,亩毛收入 1 200 元。藜麦每亩生产成本 300 元左右(农民种植),亩纯收入可达 900 元。相较于燕麦(产量 150 kg,原粮价格 2.4~3 元/kg,亩毛收入 400 元左右)、油菜(产量 150 kg,原粮价格 4.4 元/kg,亩毛收入 660 元左右,不能连作),按照作物比较效益来看,藜麦具有明显优势。

本章藜麦分为早熟品种和中晚熟高产型品种两个类型,共编入 2 个品种,是目前乌兰察布市主要推广和种植的品种。

(一)早熟藜麦品种

蒙藜 1 号

选育过程:"蒙藜 1 号"(*Chenopodium quinoa* Willd.)选育的第一单位为中国农业科学院作物科学研究所,第二单位为内蒙古益稷生物科技有限公司。

"蒙藜 1 号"的血缘为南美洲智利中南部平原藜麦(*Chenopodium quinoa Willd*)栽培品种"Baer Cajon"和"Baer 2",以及安第斯西部高地干旱地带品种"Antahuara"的自然异交后代(种质材料)"BC-16""B2-08"和"A-21"。"蒙藜 1 号"选育从种质材料引进至形成品种经历了 5 个世代。2011 年中国农业科学院作物科学研究所从南美洲秘鲁拉莫利纳国立农业大学农学系引进"BC-16""B2-08"和"A-21"(第一代);当年在山西忻州试种并分别留种(第二代);2012 年在山西忻州再次种植,选主要植物学特征和生物学特性优良且一致、具群体优势的单株混合留种(第三代,种质编号为 ZL-X4);当年在海南三亚加代种植,选与上代同样特征特性的优良单株混合留种(第四代);2013 年在河北张家口种植,再选优良单株混合留种(第五代);2014 年在内蒙古包头进行了区域试验;2015 年在内蒙古包头进行了生产试验。"蒙藜 1 号"选育方法采用了引种驯化和多次混合选择育种程序,对藜麦原始群体进行了 2 年驯化,3 代混合选择(包括 1 年品比试验),1 年区域试验,1 年生产试验,结果表明,"蒙藜 1 号"的生育期、适应性、株型、穗色和穗状等主要生物学特性一致,并稳定遗传,成熟期果穗色特异呈暗红色。

特征特性:"蒙藜 1 号"为苋科藜属一年生双子叶草本植物,直根系主根入土深,侧根发达呈网状分布。茎直立有分枝,株高 1.9 m 左右,受栽培环境条件影响较大。叶绿色,单叶,互生。两性同花,子房上位,花药 5 枚,花序顶生,总状花序,瘦果呈五角形,籽实成熟期果穗呈暗红色。成熟种子千粒重约 2.85 g,脱皮后的藜麦米呈浅黄色,扁圆柱形。"蒙藜 1 号"喜温,喜光,抗旱,耐贫瘠,不耐高湿和雨涝。生育期约 110 天。种植要求在无霜期之内,夏季凉爽地区的气候条件较好。在长日照条件下完成花芽分化、开花和结实等发育过程。籽实可溶性蛋白质含量高,并富含多种氨基酸、矿物质和维生素等营养成分。

品质指标:籽粒蛋白质含量 130 g/kg,脂肪含量 52 g/kg,膳食纤维含量 68.8 g/kg,叶酸含量 38.7 g/kg,16 种氨基酸总量 108 g/kg。

产量表现:在乌兰察布市 2016—2018 年凉城县、丰镇市、察右前旗、察右中旗、四子王旗等地多点生产种植中,"蒙藜 1 号"亩产量水平在 150 kg 左右。

栽培技术要点：

1. 种子处理　选正规渠道购种，良种质量标准为纯度≥99％、净度≥98％、发芽率≥85％、水分≤13％。播前对种子进行清选晾晒，根据种子来源及地块病虫害情况选择性包衣。

2. 选地整地与播前施肥　藜麦具有耐寒、耐旱、耐瘠薄的特点，但由于藜麦种子籽粒小，顶土能力弱，发芽至出苗阶段耐盐碱能力较差，且需要适宜的墒情，因此适宜选择壤土或沙壤土。整地要求深、松、平、碎、净，翻耕之后及时耙耱保墒安排播种，耕深一般 25 cm 为宜。藜麦忌重茬，可与小麦、玉米、豆类马铃薯等作物轮作。藜麦不耐除草剂，前茬作物若施用除草剂，需播前深翻。有灌溉条件的地块应进行冬灌或来年春灌，做到灌足、灌透。播前施足底肥，建议每亩施腐熟有机肥 1.5～3 t，尿素 5～10 kg，磷酸二铵 10～20 kg，硫酸钾 3～5 kg。有条件的地区可根据测土配方精准施肥。

3. 适期播种　播期一般为 5 月中下旬，不能晚于 6 月上旬，地温稳定在 10℃ 以上时，根据土壤墒情适时播种。播种方式可采用撒播、条播、穴播或育苗移栽。一般采用配套的覆膜种肥铺滴灌带播种一体机作业。旱地可采取全膜双垄沟播种植。一般播种行距为 30 cm、40 cm 或 50 cm，株距 15～30 cm 为宜，播种深度为 2～3 cm，播后适当镇压，使种子与下层土壤紧密结合，上层浅覆土，沙土最佳。

4. 合理密植　适量播种，及时查苗补种，间苗管理是实现高产的关键措施。在确保种子活力较高的前提下，条播每亩播种量一般为 0.2～0.4 kg，穴播每穴 4～6 粒为宜。幼苗出土后，及时查苗补缺，若缺苗可补种或催芽播种，补苗后浇少量水（或雨后补播）。出苗 5～6 叶后间苗，除去病、弱苗；8～10 片叶时即可定苗，每穴留苗 1～2 株，保留壮苗。每亩定苗一般为 7 000～12 000 株。矮秆品种宜密，高秆品种宜稀，早熟品种宜密，中晚熟品种宜稀；矮秆品种宜条播，高秆品种宜穴播。

5. 中耕除草　藜麦目前没有专用除草剂。苗期要及早中耕，以疏松土壤、提高地温、蹲苗促根，中耕 2～3 次为宜，深度以松土而不损伤根系为原则。苗期 5～6 叶时第 1 次除草松土，封垄前视杂草生长情况进行第 2、3 次中耕除草。

6. 水肥管理　施肥情况根据土壤肥力情况确定。为确保藜麦高产，可在初花期进行叶面喷肥，建议每亩 50 g 硼肥＋100 g 磷酸二氢钾兑水喷施，防止藜麦"花而不实"。全生育期浇水次数及每次浇水量要依据土壤墒情和雨水多少而确定，现蕾期是藜麦水分临界期，对土壤水分反应敏感。开花期对水分要求迫切，视藜麦长势和田间持水量，水地保证灌水至少 2～3 次，一般总灌水量每亩 180～200 m³。中后期灌水要尽量避开大风天气，以减少因灌水引起的倒伏。

7. 病虫害防治　霜霉病、叶斑病、根腐病、病毒病、立枯病、蚜虫、蛴螬、蝼蛄、地老虎等是藜麦常见的病虫害。应坚持"农业防治、物理防治为主，化学防治为辅"的原则。播种前严格进行种子消毒，土传病虫害频发的地区可进行种子包衣。培育无病虫壮苗，及时拔出病株，摘除病叶。根据害虫生物学特性，可采取黄板诱蚜，性诱剂和频振式杀虫灯等物理防治措施。

8. 收获　当植株叶片变黄变红，叶片大多脱落，茎秆开始变干，种子进入蜡熟期时即可收获。可人工收割或采用联合收割机机械收获，为保证藜麦品质，收获前必须将病穗、杂株移除，收割后及时晾晒，防霉烂变质。

(二)中晚熟高产型藜麦品种

陇藜1号

选育过程:"陇藜1号"(*Chenopodium quinoa* Willd.)是甘肃省农业科学院畜草与绿色农业研究所采用系统育种和栽培驯化相结合的方法选育而成的国内首个藜麦新品种。

特征特性:"陇藜1号"属中晚熟品种,植株呈扫帚状,株高181.2～223.6 cm。生育期128～140天,分枝数23～27个。种子为圆形药片状,千粒重2.40～3.46 g。"陇藜1号"在田间表现为抗霜霉病和叶斑病,总体抗病能力强。

品质指标:籽粒粗蛋白含量171.5～187.8 g/kg,脂肪含量56.5～59.3 g/kg,赖氨酸含量5.5～6.9 g/kg,全磷含量4.5～6.8 g/kg。

产量表现:2013—2014年在甘肃省进行的多点区域试验中,"陇藜1号"10点(次)平均折合亩产量为140.0 kg,比对照品种"静乐藜麦"增产9.6%。2016—2018年在乌兰察布市凉城县、丰镇市、察右前旗、察右中旗等地多点生产种植中,"陇藜1号"亩产量水平在150.0 kg左右。

栽培技术要点:"陇藜1号"植株抗倒伏,再生能力强。具有耐寒、耐旱、耐盐碱、耐瘠薄等特性,适应性广。适宜在甘肃省无霜期大于120天,降水量250 mm以上,海拔1 500～3 000 m的山地、川地及灌溉区域种植。

蔬　菜

　　蔬菜常见分类包括"植物学分类法""食用(产品)器官分类法"和"农业生物学分类法"。从植物学分类法看,我国普遍栽培的蔬菜虽约有 20 个科,但常见的一些种或变种主要集中在8 大科,主要包括十字花科、伞形科、茄科、葫芦科、豆科、百合科、菊科、藜科等。从食用器官分类法看,主要包括根菜类、茎菜类、叶菜类、花菜类、果菜类。从农业生物学分类法看,主要包括瓜类、绿叶类、茄果类、白菜类、块茎类、真根类、葱蒜类、甘蓝类、豆荚类、多年生菜类、水生菜类、菌类及其他类。

　　冷凉蔬菜,又叫喜凉蔬菜,是指适宜在气候冷凉地区夏季生产的蔬菜,其最适宜生长温度在 17~25℃ 范围内。乌兰察布市气候冷凉,无霜期短,多风少雨。夏季短暂凉爽,冬季漫长严寒,昼夜温差大。这些气候条件正是为冷凉蔬菜生产量身定做的优势气候资源,是中原及南方、东南地区所不具备的独特的优势资源。近年来,乌兰察布市利用独特的地理、气候优势大力发展冷凉蔬菜产业,截至 2019 年年底,全市冷凉蔬菜面积达 60 多万亩。品种主要包括:甘蓝、大白菜、红胡萝卜、西兰花、洋葱、南瓜、莴笋、娃娃菜、生菜、芹菜、甜玉米、马铃薯等。

　　冷凉蔬菜具有绿色污染少的优势。冷凉蔬菜生产基地多为高原、高山地貌,夏季气候冷凉,冬季漫长严寒,结冰期长,风大风多,空气相对干燥,限制了很多病虫害的发生。冷凉蔬菜生产区背靠大草原、大森林,为传统的畜牧业生产区或农牧交错地区,与传统老农作区天然隔离,使用农家肥多,化肥少,极大地减少了土壤、水源及空气的污染程度。

　　冷凉蔬菜干物质积累多,营养丰富。生产基地多处于高原、高山地段,农作物包括蔬菜的种植多为一季,生长期长,干物质积累多、品质好、产量高;年日照时数长,光照充足,太阳辐射强、光质好,七八月光能更好,加之雨热同期,非常适宜露地菜及其他农作物生产,而且有利于蔬菜等农作物的养分(干物质)积累。

　　冷凉蔬菜具有特别的鲜美味道。生产基地大陆性气候显著,气候冷凉,日照条件好,对冷凉蔬菜(多为喜光蔬菜)生长有利。特别是昼夜温差大,有利于糖分积累,蔬菜、瓜果含糖率高,具有纯正爽口的甜味。

　　本章选取当前乌兰察布市主推的蔬菜品种,包括我国自主选育和引进筛选国外的品种,共编入蔬菜品种 24 个,其中番茄 4 个品种,辣椒 3 个品种,黄瓜 2 个品种,茄子 2 个品种,南瓜3 个品种,洋葱 2 个品种,胡萝卜 2 个品种,甘蓝 2 个品种,芹菜 2 个品种,白菜 2 个品种。通过品种整理汇编,进一步为乌兰察布市蔬菜生产做出贡献。

(一)番茄

　　番茄(*Lycopersicon esculentum* Mill.)是全世界栽培最为普遍的果菜之一。美国、苏联、意大利和中国为主要生产国。在欧、美洲的国家,中国和日本有大面积温室、塑料大棚及其他保护地设施栽培。中国各地普遍种植,栽培面积仍在继续扩大。番茄是一年生草本植物,株高 0.6~2 m,全体生黏质腺毛,有强烈气味。茎易倒伏。叶羽状复叶或羽状深裂,长 10~40 cm,小叶极不规则,大小不等,常 5~9 枚,卵形或矩圆形,长 5~7 cm,边缘有不规则锯齿或裂片。花序总梗长 2~5 cm,常 3~7 朵花。花梗长 1~1.5 cm;花萼辐状,裂片披针形,果时宿存。花冠辐状,直径约 2 cm,黄色。浆果扁球状或近球状,肉质而多汁液,橘黄色或鲜红色,光滑。种子黄色。番茄富含维生素,有胡萝卜素、维生素 B₁、维生素 B₂、尼克酸、维生素 C、维生素 K、维生素 P 等;每 100 g 可食部分含有 8 mg 的维生素 C;还含苹果酸、柠檬酸、腺嘌呤、番茄大碱、蛋白质、脂肪、糖类、粗纤维、钙、磷、铁等。

白果强丰

选育过程:"白果强丰"(*Lycopersicon esculentum* Mill.)是由天津市东丽区新立镇从生产良种"强丰"中发现变异株,经 5 代选育,又经 5 年的品比,区试后于 1989 年通过鉴定,1990 年天津市农作物品种审定委员会审定通过。

特征特性:本品种植株属无限生长型,中早熟番茄品种,果实圆形,成熟前白绿色,着色后粉红色,果面光滑,果脐小,果皮厚,不裂果。

品质指标:碳水化合物含量 4%,膳食纤维含量 0.5%,蛋白质含量 0.9%,维生素含量 0.1%,果实中可溶性固形物含量 3.9% 左右。

产量表现:单果平均重 200 g 左右,每穗坐果 4~6 个,产量稳定,每亩产量 4 500~5 000 kg。

栽培技术要点:

1. 适应范围　适应种植于内蒙古、山西等北方地区春季、夏季茬口。
2. 定植密度　按株距 45~50 cm,行距 60~65 cm 定植,亩定植 2 300~2 500 株。
3. 水肥管理　当部分植株第一盘果长到核桃大时,开始浇水追肥,阴雨雪天不浇水。整个生长季水肥充足营养均衡,施用次数为 5~6 次,膨果期以高钾肥为主。
4. 收获　适时收获。

硬粉 8 号

选育过程:"硬粉 8 号"(*Lycopersicon esculentum* Mill.)是由北京市农林科学院蔬菜研究中心选育而成的。

特征特性:粉色硬肉、口感好、耐裂、耐运输番茄一代杂交种。抗 ToMV,叶霉病和枯萎病。无限生长,中熟偏早,单果 200~300 g。果形周正,以圆形或稍扁圆为主,未成熟果显绿,成熟果粉红色,果肉硬,果皮韧性好,耐运输性强,商品果率高。夏、秋高温季节坐果习性较好,空穗、瞎花少。叶色浓绿、植株不易早衰,适合夏秋茬塑料大棚及麦茬露地栽培。

品质指标:碳水化合物含量 4%,膳食纤维含量 0.5%,蛋白质含量 0.9%,维生素含量 0.1%,果实中可溶性固形物含量 3.9% 左右。

产量表现:亩产可达 7 000~8 000 kg。

栽培技术要点:

1. 适应范围　适应种植于北方保护地春季、夏季茬口。

2. 定植密度　按株距 45～50 cm,行距 60～65 cm 定植,亩定植 2 300～2 500 株。

3. 水肥管理　当部分植株第一盘果长到核桃大时,开始浇水追肥,阴雨雪天不浇水。整个生长季水肥充足营养均衡,施用次数为 5～6 次,膨果期以高钾肥为主。

4. 收获　适时收获。

朝研 219

选育过程:"朝研 219"(*Lycopersicon esculentum* Mill.)是由朝阳市蔬菜研究所 1997 年以"00-195"为母本,"Y1-9"为父本组配的一代杂交种。

特征特性:最新育成的集大果、优质、抗逆、丰产、耐贮运为一体的粉红果番茄新品种。该品种利用国外资源与国内资源远缘杂交而成。中早熟,无限生长型,对照目前市场上的主栽品种,商品性优秀。果实圆形,果色粉红,果面光滑,无绿果肩。坐果整齐均匀,风味佳,市场受欢迎。果实硬度高,果肉厚,果面光滑,平均单果重 195 g,5～12 个心室,畸形果率 6%,裂果率 12%。成熟后可耐长途运输,货架存放时间长。丰产性突出,生长势强,持续结果能力优秀,即使到后期也不会早衰,除了每株留三穗果作低架栽培,还适合留多穗果作高架栽培。

品质指标:碳水化合物含量 4%,膳食纤维含量 0.5%,蛋白质含量 0.9%,维生素含量 0.1%,果实中可溶性固形物含量 3.9%左右。

产量表现:单果重 300～350 g,大果 600 g 以上,亩前期产量平均为 3 373 kg,占总产量 47%,亩总产量平均为 7 115 kg,单株产量 1.97 kg。

栽培技术要点:

1. 适应范围　适合秋冬茬大棚、温室及秋冬春一大茬温室和露地栽培。

2. 定植密度　按株距 45～50 cm,行距 60～65 cm 定植,亩定植 2 300～2 500 株。

3. 水肥管理　当部分植株第一盘果长到核桃大时,开始浇水追肥,阴雨雪天不浇水。整个生长季水肥充足营养均衡,施用次数为 5～6 次,膨果期以高钾肥为主。

4. 收获　适时收获。

粉冠

选育过程:"粉冠"(*Lycopersicon esculentum* Mill.)是由荷兰引进亲本经杂交选育而成的。

特征特性:中早熟品种,属无限生长型。生长势强适应性广,7～9 节着生第一花絮,果实品质优良,商品型号。果实高圆形,果以粉红肉厚,口味极佳,商品性特优,耐贮运。

品质指标:碳水化合物含量 4%,膳食纤维含量 0.5%,蛋白质含量 0.9%,维生素含量 0.1%,果实中可溶性固形物含量 3.9%左右。

产量表现:前期产量较好,效益好,单果重 300 g 左右,一般亩产 10 000 kg 以上。

栽培技术要点:

1. 适应范围　适合北方地区露地和保护地栽培。

2. 定植密度　按株距 45～50 cm,行距 60～65 cm 定植,亩定植 2 300～2 500 株。

3. 水肥管理　当部分植株第一盘果长到核桃大时,开始浇水追肥,阴雨雪天不浇水。整个生长季水肥充足营养均衡,施用次数为 5～6 次,膨果期以高钾肥为主。

4. 收获　适时收获。

（二）辣椒

辣椒(*Capsicum annuum* L.)茄科,辣椒属。一年生或有限多年生植物,高 40～80 cm。茎近无毛或微生柔毛,分枝稍"之"字形折曲。叶互生,枝顶端节不伸长而成双生或簇生状,矩圆状卵形、卵形或卵状披针形,长 4～13 cm,宽 1.5～4 cm,全缘,顶端短渐尖或急尖,基部狭楔形。叶柄长 4～7 cm。花单生,俯垂;花萼杯状,不显著 5 齿;花冠白色,裂片卵形;花药灰紫色。果梗较粗壮,俯垂;果实长指状,顶端渐尖且常弯曲,未成熟时绿色,成熟后成红色、橙色或紫红色,味辣。辣椒花有两种,一种是白色,另一种是紫色,两种花都有四瓣花瓣、五瓣花瓣、六瓣花瓣三种。而且两种花结出来的辣椒也有所不同,紫花结出来的辣椒是紫的,而白花结出来的辣椒就是普通的红辣椒。种子扁肾形,长 3～5 mm,淡黄色。花果期 5～11 月。辣椒的果实因果皮含有辣椒素而有辣味,能增进食欲。辣椒中维生素 C 的含量在蔬菜中居第一位,原产墨西哥,明朝末年传入中国。还有观赏椒,圆形,不可食用,颜色有红色、紫色等。

津椒 3 号

选育过程:"津椒 3 号"(*Capsicum annuum* L.)是由天津市蔬菜研究所育成的一代杂交种,父本"87-16",母本"86-31"。1991 年通过天津市农作物品种审定委员会审定。

特征特性:该品种生长势强,耐低温、耐弱光,抗病性强,结果率高,产量高适应性广。果实口感脆,微辣。果顶向下,灯笼形。果肉厚 0.33 cm,3～4 个心室,胎座中等。

品质指标:蛋白质含量 1.9%,碳水化合物含量 11.6%,维生素 C 含量 0.17%。此外,还含有硫胺素、核黄素和辣椒红素等。

产量表现:一般亩产 4 000 kg 以上。

栽培技术要点:

1. 适应范围　该品种适应性较广,我国由南至北露地及保护地均可栽培。

2. 栽培方法　把种子放在太阳下晒 6～8 h,浸种、催芽、育苗,每亩播种量 2 500～4 000 粒,播种后白天温度控制在 20～30℃,夜间 15～20℃,长出 2～3 片真叶时进行分苗。定植前 10～20 天进行整地,每亩施优质腐熟农家肥 5 000～8 000 kg。定植行距 50 cm,株距 35 cm,每亩可定植 3 000～3 500 株,定植 5～7 天,白天温度 28～33℃,夜间 18～22℃。

3. 水肥管理　当部分植株门椒长到鸡蛋大时,开始浇水追肥,阴雨雪天不浇水。整个生长季水肥充足营养均衡,施用次数为 5～6 次,膨果期以高钾肥为主。

4. 收获　适时收获。

中椒 8 号

选育过程:"中椒 8 号"(*Capsicum annuum* L.)是由中国农业科学院蔬菜花卉研究所育成的中晚熟甜椒一代杂交种。

特征特性:果实灯笼形,果大形好,果色深绿,果面光滑,3～4 心室,果肉厚 0.54 cm,果顶向下,灯笼形,胎座中等。味甜质脆,耐贮运,对病毒病抗性强,耐疫病。

品质指标:蛋白质含量 1.9%,碳水化合物含量 11.6%,维生素 C 含量 0.17%。此外,还含有硫胺素、核黄素和辣椒红素等。

产量表现:单果重 100～150 g,一般亩产 4 000～5 000 kg。

栽培技术要点:

1. 适应范围　适宜露地秋栽培,并可作为南菜北运冬季栽培。

2. 栽培方法　于 1 月下旬或 2 月初播种,3 月中旬分苗,4 月下旬定植,从定植到始收 45 天左右。畦宽 100 cm,每畦栽二行,穴距 27～30 cm,每亩 4 500 穴左右。亩用种量 125～150 g。定植 5～7 天,白天温度 28～33℃,夜间 18～22℃。

3. 水肥管理　当部分植株门椒长到鸡蛋大时,开始浇水追肥,阴雨雪天不浇水。整个生长季水肥充足营养均衡,施用次数为 5～6 次,膨果期以高钾肥为主。

4. 收获　适时收获。

瑞克斯旺 37-79

选育过程:"瑞克斯旺 37-79"(*Capsicum annuum* L.)是由荷兰瑞克斯旺种子有限公司选育而成的。

特征特性:优质进口杂交辣椒种,植株开展度中等,生长旺盛。连续坐果性强,产量高,耐寒性好,适合秋冬、早春日光温室种植,果实羊角形,淡绿色。在正常温度下,长度可达 23～28 cm,直径 4 cm 左右,外表光亮,商品性好,辣味浓。抗烟草花叶病毒病。

品质指标:蛋白质含量 1.9%,碳水化合物含量 11.6%,维生素 C 含量 0.17%。此外,还含有硫胺素、核黄素和辣椒红素等。

产量表现:单果重 80～120 g,亩产可达 4 000 kg 以上。

栽培技术要点:

1. 适应范围　适宜露地秋栽培,并可作为南菜北运冬季栽培。

2. 栽培方法　播种深度一般为 0.5 cm 左右,苗期温度不能过高,土壤湿度和空气湿度不能过大,一般在四叶一心时期定植,建议株距 50 cm,行距大行 80 cm,小行 60 cm,亩栽 2 000 株左右,也可根据当地种植习惯适当调整。定植 5～7 天,白天温度 28～33℃,夜间 18～22℃。整枝方式以四杆为主,侧枝可接 1～2 个果后摘心,待植株长到 1.8～2.0 m 时即可打顶。在开花坐果期间,温度在 25℃左右,湿度在 65%左右为宜。最好用腐熟有机肥。

3. 水肥管理　当部分植株门椒长到鸡蛋大时,开始浇水追肥,阴雨雪天不浇水。整个生长季水肥充足营养均衡,施用次数为 5～6 次,膨果期以高钾肥为主。

4. 收获　适时收获。

(三)黄瓜

黄瓜(*Cucumis sativus* L.)葫芦科一年生蔓生或攀缘草本植物,也称胡瓜、青瓜。茎、枝伸长,有棱沟,被白色的糙硬毛。卷须细,不分枝,具白色柔毛。叶柄稍粗糙,有糙硬毛,长 10～16 cm;叶片宽卵状心形,膜质,长、宽均 7～20 cm,两面粗糙,被糙硬毛,3～5 个角或浅裂,裂片三角形,有齿,有时边缘有缘毛,先端急尖或渐尖,基部弯缺半圆形,宽 2～3 cm,深

2～2.5 cm,有时基部向后靠合。雌雄同株。雄花:常数朵在叶腋簇生;花梗纤细,被微柔毛;花冠黄白色,花冠裂片长圆状披针形。雌花:单生或稀簇生;花梗粗壮,被柔毛;子房粗糙。果实长圆形或圆柱形,熟时黄绿色,表面粗糙。种子小,狭卵形,白色,无边缘,两端近急尖。花果期夏季。果实长圆形或圆柱形,长 10～30 cm,熟时黄绿色,表面粗糙,有具刺尖的瘤状突起,极稀近于平滑。种子小,狭卵形,白色,无边缘,两端近急尖,长 5～10 mm。花果期夏季。

京研优胜

选育过程: "京研优胜"(*Cucumis sativus* L.)是由国家蔬菜工程技术研究中心(京研)选育而成的。

特征特性: 密刺型黄瓜,早熟、丰产,耐低温、弱光,雌性节率高,适于越冬温室及早春温室种植。瓜长 30～36 cm,瓜把短,瓜色深亮绿,品质好,口感清脆,抗病性强。

品质指标: 蛋白质含量 0.6%,碳水化合物含量 2.5%,纤维素含量 0.7%及钙、镁、钾、维生素等。

产量表现: 单瓜重 200 g 左右,亩产 7 500 kg 左右。

栽培技术要点:

1. 适应范围　适于北方地区越冬温室及早春温室种植。

2. 栽培方法　建议亩定植 3 000 株左右。7 节以上留瓜,前期壮根,根瓜及时采收,以免坠秧。施足底肥,病害以防为主,建议前期使用达科宁、阿米秒收、易保等保护剂预防病害发生。

3. 水肥管理　追肥要少量多次,增施磷钾肥,采收期大肥大水。当部分植株门椒长到鸡蛋大时,开始浇水追肥,阴雨雪天不浇水。整个生长季水肥充足营养均衡,施用次数为 5～6 次,膨果期以平衡肥为主。

4. 收获　适时收获。

津　优

选育过程: "津优"(*Cucumis sativus* L.)由天津科润蔬菜研究所选育而成。

特征特性: 植株生长势中等,叶片中等大小,主蔓结瓜为主,瓜码密,回头瓜多,瓜条生长速度快,丰产潜力大。早熟,耐低温,弱光能力强,瓜条顺直,皮色深绿,光泽度好,瓜把短,刺密,无棱,瘤小,腰瓜长 34 cm 左右,不弯瓜,不化瓜,畸形瓜率低,果肉淡绿色,商品性佳。生长期长,不易早衰,适宜日光温室越冬茬及早春茬栽培。抗霜霉病、白粉病、枯萎病。

品质指标: 蛋白质含量 0.6%,碳水化合物含量 2.5%,纤维素含量 0.7%及钙、镁、钾、维生素等。

产量表现: 单瓜重 200 g 左右,亩产 7 000～7 500 kg。

栽培技术要点:

1. 适应范围　适宜北方地区日光温室越冬茬栽培。

2. 栽培方法　一般在 9 月下旬播种,早春茬栽培一般在 12 月上中旬播种,苗龄 28～30 天,生理苗龄三叶一心时定植。越冬及早春茬生产采用高畦栽培方式,定植前施足底肥。定植后不宜蹲苗,肥水供应要及时。在温度较低时期,应尽量增加光照,保持黄瓜正常的光合作用。生长中后期及时摘瓜,不可过分压瓜,以保持龙头旺盛生长。

3. 水肥管理　追肥要少量多次,增施磷钾肥,采收期大肥大水。当部分植株门椒长到鸡蛋大时,开始浇水追肥,阴雨雪天不浇水。整个生长季水肥充足营养均衡,施用次数为 5～6 次,膨果期以平衡肥为主。

4. 收获　适时收获。

(四)茄子

茄子(*Solanum melongena* L.)茄科,茄属植物。茄直立分枝草本至亚灌木,高可达 1 m,小枝,叶柄及花梗均被 6～8(10)分枝,平贴或具短柄的星状绒毛,小枝多为紫色(野生的往往有皮刺),渐老则毛被逐渐脱落。叶大,卵形至长圆状卵形,长 8～18 cm 或更长,宽 5～11 cm 或更宽,先端钝,基部不相等,边缘浅波状或深波状圆裂,上面被 3～7(8)分枝短而平贴的星状绒毛,下面密被 7～8 分枝较长而平贴的星状绒毛,侧脉每边 4～5 条,在上面疏被星状绒毛,在下面则较密,中脉的毛被与侧脉的相同(野生种的中脉及侧脉在两面均具小皮刺),叶柄长 2～4.5 cm(野生的具皮刺)。能孕花单生,花柄长 1～1.8 cm,毛被较密,花后常下垂,不孕花蝎尾状与能孕花并出。萼近钟形,直径约 2.5 cm 或稍大,外面密被与花梗相似的星状绒毛及小皮刺,皮刺长约 3 mm,萼裂片披针形,先端锐尖,内面疏被星状绒毛,花冠辐状,外面星状毛被较密,内面仅裂片先端疏被星状绒毛,花冠筒长约 2 mm,冠檐长约 2.1 cm,裂片三角形,长约 1 cm。花丝长约 2.5 mm,花药长约 7.5 mm。子房圆形,顶端密被星状毛,花柱长 4～7 mm,中部以下被星状绒毛,柱头浅裂。本种因经长期栽培而变异极大,花的颜色及花的各部数目均有出入,一般有白花、紫花 5～7 数。果的形状大小变异极大。果的形状有长或圆,颜色有白、红、紫等。

9318 长茄

选育过程:"9318 长茄"(*Solanum melongena* L.)是由中国农业科学院蔬菜花卉研究所(中蔬)选育而成的。

特征特性:中早熟。株型直立,生长势强,单株结果数多。果实长棒形,果长 30～35 cm,单果重 250～300 g。果色黑亮,肉质细嫩,籽少。果实耐老,耐贮运。亩产 4 000 kg 以上,适于露地和保护地栽培。

品质指标:蛋白质含量 2.3%,脂肪含量 0.1%,碳水化合物含量 3.1%,特别是富含维生素 E 和维生素 P。

产量表现:丰产者单果重 500 g 左右,高产者亩产 4 000 kg 以上,最高可达 8 000 kg 左右。

栽培技术要点:

1. 适应范围　适宜在东北、西北、华北地区露地保护地种植。

2. 栽培方法　株行距(40～50) cm×66 cm,亩栽苗 2 000～2 500 株,亩用种量 25 kg。

3. 水肥管理　追肥要少量多次,增施磷钾肥,采收期大肥大水。当部分植株门茄长到鸡蛋大时,开始浇水追肥,阴雨雪天不浇水。整个生长季水肥充足营养均衡,施用次数为 5～6 次,膨果期以平衡肥为主。

4. 收获　适时收获。

园杂 5 号

选育过程:"园杂 5 号"(*Solanum melongena* L.)是由中国农业科学院蔬菜花卉研究所育成的中早熟一代杂交种。

特征特性:中早熟。植株生长势强,门茄在第 6～7 片叶处着生。果实扁圆形,纵径 8～11 cm,横径 11～13 cm,单果重 350～800 g,果色紫黑,有光泽,耐低温、弱光,商品性好。

品质指标:蛋白质含量 2.3%,脂肪含量 0.1%,碳水化合物含量 3.1%,特别是富含维生素 E 和维生素 P。

产量表现:单果重 350～800 g,高产者亩产 4 500 kg 以上。

栽培技术要点:

1. 适应范围　适宜北方地区早春日光温室、早春塑料大棚和春露地栽培。

2. 栽培方法　2 月上中旬播种,4 月底至 5 月初定植。株行距 50 cm×70 cm,亩栽 2 000 株左右。保护地栽培苗龄 90～100 天,夏季栽培苗龄 55 天左右。亩用种量 25 g。

3. 水肥管理　追肥要少量多次,增施磷钾肥,采收期大肥大水。当部分植株门茄长到鸡蛋大时,开始浇水追肥,阴雨雪天不浇水。整个生长季水肥充足营养均衡,施用次数为 5～6 次,膨果期以平衡肥为主。

4. 收获　适时收获。

(五)南瓜

南瓜原产墨西哥到中美洲一带,世界各地普遍栽培。明代传入中国,现南北各地广泛种植。果实作肴馔,亦可代粮食。全株各部又供药用,种子含南瓜子氨基酸,有清热除湿、驱虫的功效,对血吸虫有控制和杀灭的作用,藤有清热的作用,瓜蒂有安胎的功效,根治牙痛。

南瓜(*Cucurbita moschata*)葫芦科南瓜属的一个种,一年生蔓生草本。茎常节部生根,伸长达 2～5 m,密被白色短刚毛。叶柄粗壮,长 8～19 cm,被短刚毛。叶片宽卵形或卵圆形,质稍柔软,有 5 角或 5 浅裂,稀钝,长 12～25 cm,宽 20～30 cm,侧裂片较小,中间裂片较大,三角形,上面密被黄白色刚毛和茸毛,常有白斑,叶脉隆起,各裂片之中脉常延伸至顶端,成一小尖头,背面色较淡,毛更明显,边缘有小而密的细齿,顶端稍钝。卷须稍粗壮,与叶柄一样被短刚毛和茸毛,3～5 枝。雌雄同株。雄花单生。花萼筒钟形,长 5～6 mm,裂片条形,长 1～1.5 cm,被柔毛,上部扩大成叶状。花冠黄色,钟状,长 8 cm,径 6 cm,5 中裂,裂片边缘反卷,具皱褶,先端急尖。雄蕊 3,花丝腺体状,长 5～8 mm,花药靠合,长 15 mm,药室折曲。雌花单生。子房 1 室,花柱短,柱头 3,膨大,顶端 2 裂。果梗粗壮,有棱和槽,长 5～7 cm,瓜蒂扩大成喇叭状。瓠果形状多样,因品种而异,外面常有数条纵沟或无。种子多数,长卵形或长圆形,灰白色,边缘薄,长 10～15 mm,宽 7～10 mm。

东 洋 香 栗

选育过程:"东洋香栗"(*Cucurbita moschata*)是由山西省太谷县菜篮子种苗有限公司选育而成的。

特征特性：最新育成的长蔓绿皮西洋南瓜新品种，早熟，全生育期 85 天，果实厚扁圆形，肉黄色，植株长势旺，果型中等，果面光滑，高粉质，口感极佳。

品质指标：蛋白质含量 0.6%，脂肪含量 0.1%，碳水化合物含量 5.7%，粗纤维含量 1.1%，富含钙、磷、铁、胡萝卜素等。此外，还含有瓜氨酰胺、精氨酸、天门冬素、葫芦巴碱、腺嘌呤、葡萄糖、甘露醇、戊聚糖、果胶等。

产量表现：商品果在 0.75~3 kg，单果重 2~2.5 kg，该品种适宜基地大面积推广和种植。

栽培技术要点：

1. 适应范围　适宜内蒙古、山西、陕西、河北地区露地栽培。

2. 栽培方法　该品种应在 5 月 10—20 日，一次性下足底肥，以有机肥为好，亩定植 1 000~1 200 株，该品种出瓜节位较早，为有利于结果早、早上市，务必勤整枝、勤打杈，昆虫少时需人工辅助授粉以提高结果率，达到最佳产量。

3. 水肥管理　追肥要少量多次，增施磷钾肥。整个生长季水肥充足营养均衡，施用次数为 5~6 次，膨果期以高钾肥为主。

4. 收获　适时收获。

中栗 3 号

选育过程："中栗 3 号"（*Cucurbita moschata*）是由北京中蔬园艺良种研究开发中心选育而成的。

特征特性：植株蔓生，生长势较强，主侧蔓均可结瓜。瓜扁圆形，瓜皮深绿或墨绿色带有白色条纹及斑点。口感甜面，品质好。适宜保护地及早春露地种植。

品质指标：蛋白质含量 0.6%，脂肪含量 0.1%，碳水化合物含量 5.7%，粗纤维含量 1.1%，富含钙、磷、铁、胡萝卜素等。此外，还含有瓜氨酰胺、精氨酸、天门冬素、葫芦巴碱、腺嘌呤、葡萄糖、甘露醇、戊聚糖、果胶等。

产量表现：单瓜重 1.5~2 kg，每亩产量 2 000 kg 左右。

栽培技术要点：

1. 适应范围　适宜北方地区露地栽培。

2. 栽培方法　北方地区春季露地种植于 4 月中旬播种育苗，5 月上旬定植，生育期 100 天左右，采用单蔓整枝或双蔓整枝均可，注意进行人工辅助授粉，加强水肥管理。支架栽培采用单蔓整枝，每亩种植 1 300~1 500 株。

3. 水肥管理　追肥要少量多次，增施磷钾肥。整个生长季水肥充足营养均衡，施用次数为 5~6 次，膨果期以高钾肥为主。

4. 收获　适时收获。

皇冠迷你

选育过程："皇冠迷你"（*Cucurbita moschata*）是由国家蔬菜工程技术研究中心（京研）选育而成的。

特征特性：植株蔓生，长势强，第一雌花在 7~9 节，后每隔 1~2 节又连续出现雌花，单株可结瓜 4~5 个。开花至成熟 30 天左右，瓜形厚扁圆或扁圆，亮丽的浅黄色底带来深橘黄色条纹,外观漂亮。瓜肉厚约 3.0 cm,呈橘红色,口感甘甜细面,既可作为观赏植物种植,又可作为优质美味南瓜种植,是融观赏和食用价值于一体的优良品种。

品质指标: 蛋白质含量 0.6%,脂肪含量 0.1%,碳水化合物含量 5.7%,粗纤维含量 1.1%,富含钙、磷、铁、胡萝卜素等。此外,还含有瓜氨酰胺、精氨酸、天门冬素、葫芦巴碱、腺嘌呤、葡萄糖、甘露醇、戊聚糖、果胶等。

产量表现: 单瓜平均重 1 kg 左右,亩产 3 000 kg 左右。

栽培技术要点:

1. 适应范围　北方地区露地和保护地均可种植。

2. 栽培方法　冷凉气候生长良好,单蔓整枝,爬地栽培株行距 50 cm×150 cm,搭架栽培行距为 80 cm 即可,生长过程中及时打掉多余侧枝,以利于通风透光,有利于坐瓜。4～5 个瓜坐住后及时摘心打顶。为了提高结瓜率,最好进行人工辅助授粉。瓜面条纹呈现深橘黄色即可采摘。前期预防病毒病的发生,后期注意白粉病的防治。

3. 水肥管理　追肥要少量多次,增施磷钾肥。整个生长季水肥充足营养均衡,施用次数为 5～6 次,膨果期以高钾肥为主。

4. 收获　适时收获。

(六)洋葱

洋葱(*Allium cepa* L.),别名球葱、圆葱、玉葱、葱头、荷兰葱、皮牙子等,百合科、葱属,为二年生或多年生草本。根弦线状,浓绿色圆筒形中空叶子,表面有蜡质。叶鞘肥厚呈鳞片状,密集于短缩茎的周围,形成鳞茎(俗称葱头)。伞状花序,白色小花。蒴果。根茎外边包着一层薄薄的皮(白、黄或红色),里面是一层一层的肉,一般是白色或淡黄色。洋葱的茎在营养生长时期,茎短缩形成扁圆锥形的茎盘,茎盘下部为盘踵,茎盘上部环生圆圈筒形的叶鞘和枝芽,下面生长须根。成熟鳞茎的盘踵组织干缩硬化,能阻止水分进入鳞茎。因此,盘踵可以控制根的过早生长或鳞茎过早萌发,生殖生长时期,植株经受低温和长日照条件,生长锥开始花芽分化,抽生花薹,花薹筒状,中空,中部膨大,有蜡粉,顶端形成花序,能开花结实。顶球洋葱由于花期退化,在花苞中形成气生鳞茎。洋葱的叶由叶身和叶鞘两部分组成,由叶鞘部分形成假茎和鳞茎,叶身暗绿色,呈圆筒状,中空,腹部有凹沟(是幼苗期区别于大葱的形态标志之一)。洋葱的管状叶直立生长,具有较小的叶面积,叶表面被有较厚的蜡粉,是一种抗旱的生态特征。洋葱花葶粗壮,高可达 1 m,中空的圆筒状在中部以下膨大,向上渐狭,下部被叶鞘。总苞 2～3 裂。伞形花序球状,具多而密集的花。小花梗长约 2.5 cm。花粉白色,花被片具绿色中脉,矩圆状卵形,长 4～5 mm,宽约 2 mm。花丝等长,稍长于花被片,约在基部 1/5 处合生,合生部分下部的 1/2 与花被片贴生,内轮花丝的基部极为扩大,扩大部分每侧各具 1 齿,外轮锥形。子房近球状,腹缝线基部具有帘的凹陷蜜穴。花柱长约 4 mm。花果期 5～7 月。

洋葱含有前列腺素 A,能降低外周血管阻力,降低血黏度,可用于降低血压、提神醒脑、缓解压力、预防感冒。此外,洋葱还能清除体内氧自由基,增强新陈代谢能力,抗衰老,预防骨质疏松,是适合中老年人的保健食物。

红 绣 球

选育过程："红绣球"（*Allium cepa* L.）是由内蒙古自治区农牧业科学院 2000 年从美国引进的黄皮洋葱杂交种"黄冠王"中发现一株紫色单株,第二年开始进行自交分离纯化,经多代单株系统选育而成的。

特征特性：播种至收获共 150 天左右。植株生长势强,株高 60～70 cm,鳞茎为圆球形,外皮亮紫红色,鳞茎纵横径为 8.6 cm×9.0 cm。收口好,肉质水分较多,品质风味好,内部肉质有紫色晕圈,耐储性较强,形似苹果状。早熟性强,高产,长日照类型,此新品种对洋葱紫斑病、灰霉病和黄矮病的抗性较强,该品种适宜在北方长日照地区推广应用,适合鲜销市场和短期储藏。

品质指标：糖含量 8.5%,干物质含量 9.2%,蛋白质含量 1.1%、碳水化合物含量 8.1%,粗纤维含量 0.9%,脂肪含量 0.2%及胡萝卜素、维生素、钾、钠、钙、硒、锌、铜、铁、镁等多种微量元素。

产量表现：平均单鳞茎重 300 g,亩产达 6 500 kg 左右。

栽培技术要点：

1. 适应范围　内蒙古自治区呼和浩特市、包头市、通辽市等适宜地区种植。

2. 栽培方法　育苗时间在 3 月上旬,移栽在 5 月上旬,覆膜 4 行滴管,两根毛管滴水,底肥为复合肥,追肥为尿素、硫酸钾,存放时间越长越亮,不脱皮,它最大的特点是对土质、肥水要求不严即可获得高产。定植株行距为(15～17) cm×20 cm,密度为 19 000 株/亩。

3. 水肥管理　追肥要少量多次,增施磷钾肥。整个生长季水肥充足营养均衡,施用次数为 5～6 次,膨果期以高钾肥为主。

4. 收获　适时收获。

红 美

选育过程："红美"（*Allium cepa* L.）是由广东金作农业有限公司选育而成的。

特征特性：早熟,长日照类型。红皮洋葱,春播,高产、优质、圆球形。根据当年当地气候条件,适时播种,防止前期抽薹,及时防治各类病害,科学合理施肥,用药。适合鲜销市场和短期储藏。

品质指标：糖含量 8.5%,干物质含量 9.2%,蛋白质含量 1.1%、碳水化合物含量 8.1%,粗纤维含量 0.9%,脂肪含量 0.2%及胡萝卜素、维生素、钾、钠、钙、硒、锌、铜、铁、镁等多种微量元素。

产量表现：单鳞茎重 250～300 g,亩产达 4 500～5 000 kg。

栽培技术要点：

1. 适应范围　北方地区露地种植。

2. 栽培方法　育苗时间在 3 月上旬,移栽在 5 月上旬,覆膜 4 行滴管,两根毛管滴水。底肥为复合肥,追肥为尿素、硫酸钾。存放时间越长越亮,不脱皮,它最大的特点是对土质、肥水要求不严即可获得高产。定植株行距 13 cm×15 cm,亩栽苗 22 000 株。

3. 水肥管理　追肥要少量多次,增施磷钾肥。整个生长季水肥充足营养均衡,施用次数

为 5～6 次,膨果期以高钾肥为主。

4. 收获　适时收获。

(七)胡萝卜

胡萝卜(*Daucus carota* var. sativa)又称红萝卜或甘荀,为野胡萝卜的变种,本变种与原变种区别在于根肉质,长圆锥形,粗肥,呈红色或黄色。二年生草本,高 15～120 cm。茎单生,全体有白色粗硬毛。基生叶薄膜质,长圆形。叶柄长 3～12 cm。茎生叶近无柄,有叶鞘。复伞形花序,花序梗长 10～55 cm,有糙硬毛。总苞有多数苞片,呈叶状,羽状分裂。伞辐多数,结果时外缘的伞辐向内弯曲。小总苞片 5～7,线形。花通常白色,有时带淡红色。花柄不等长,长 3～10 mm。果实圆卵形,长 3～4 mm,宽 2 mm,棱上有白色刺毛。花期 5～7 月。胡萝卜含多种维生素及胡萝卜素。每 100 g 胡萝卜中,约含蛋白质 0.6 g,脂肪 0.3 g,糖 7.6～8.3 g,铁 0.6 mg,维生素 A(胡萝卜素)1.35～17.25 mg,维生素 B_1 0.02～0.04 mg,维生素 B_2 0.04～0.05 mg,维生素 C 12 mg,热量 150.7 kJ,另含果胶、淀粉、无机盐和多种氨基酸。各类品种中尤以深橘红色胡萝卜素含量最高,各种胡萝卜所含能量 79.5～1 339.8 kJ。胡萝卜是一种质脆味美、营养丰富的家常蔬菜,素有"小人参"之称。胡萝卜富含糖类、脂肪、挥发油、胡萝卜素、维生素 A、维生素 B_1、维生素 B_2、花青素、钙、铁等人体所需的营养成分。研究证实:每天吃两根胡萝卜,可使血中胆固醇降低 10%～20%;每天吃三根胡萝卜,有助于预防心脏疾病和肿瘤。中医认为胡萝卜味甘,性平,有健脾和胃、补肝明目、清热解毒、壮阳补肾、透疹、降气止咳等功效,可用于肠胃不适、便秘、夜盲症(维生素 A 的作用)、性功能低下、麻疹、百日咳、小儿营养不良等症状。胡萝卜富含维生素,并有轻微而持续发汗的作用,可刺激皮肤的新陈代谢,增进血液循环,从而使皮肤细嫩光滑,肤色红润,对美容健肤有独到的作用。同时,胡萝卜也适宜皮肤干燥、粗糙,或患毛发苔藓、黑头粉刺、角化型湿疹者食用。胡萝卜里面的胡萝卜素和很多微量元素可以增强人的免疫系统。胡萝卜素转变成维生素 A,有助于增强机体的免疫功能,在预防上皮细胞癌变的过程中具有重要作用。

红誉七寸

选育过程:"红誉七寸"(*Daucus carrot*)是由大连米可多国际种苗有限公司选育而成的。

特征特性:植株直立,根长 22～25 cm,根重 200 g,肉厚,粗圆柱形,几乎无畸根,且不易裂根。根肩较宽,尾部较小,肉质橙红色,内外一致,适合加工出口。生长速度快,尤其耐寒冷,高山地春播栽培。生育期 100 天。抗黑斑病强,不易生长过旺,不易抽薹。

品质指标:碳水化合物含量 7.6%～8.8%,蛋白质含量 0.6%～1.4%,膳食纤维含量 3.2%及钙、钾、钠、维生素 C、胡萝卜素、叶酸、果胶、无机盐、多种氨基酸。

产量表现:单根重 200 g,亩产达 4 000～4 500 kg。

栽培技术要点:

1. 适应范围　内蒙古、河北坝上地区露地种植。

2. 栽培方法　覆盖地膜时,建议种植季节为 5 月上旬至 5 月中旬,露地种植时建议种植季节为 5 月下旬至 6 月上旬,请根据当地当年气候,合理安排播期,避免低温抽薹等风险。播种后注意保湿,5～6叶期不宜太控水,地下根长到5～6 cm,每亩留苗35 000株左右。

3. 水肥管理　追肥要少量多次,增施磷钾肥。整个生长季水肥充足营养均衡,防止单一施用氮肥,对连年出现空心的地块,亩施硼酸或硼砂0.5～1 kg,并在直根膨大期用0.2％～0.5％的硼酸或硼砂溶液喷施叶面,每3～4天喷1次,共喷3～4次。严禁后期施尿素,萝卜膨大期后如果施尿素,萝卜既不耐贮运、易变烂、味道也会变苦。

4. 收获　成熟后适时收获,以免裂根。

红誉6号

选育过程:"红誉6号"(*Daucus carrot*)是由大连米可多国际种苗有限公司选育而成的。

特征特性:植株直立,根长22～24 cm,根重180～200 g,肉厚,粗圆柱形,几乎无畸根,且不易裂根。根肩较宽,尾部较小,肉质橙红色,内外一致,适合加工出口。生长速度快,尤其耐寒冷,高山地春播栽培。生育期100天。抗黑斑病强,不易生长过旺,不易抽薹。

品质指标:碳水化合物含量7.6％～8.8％,蛋白质含量0.6％～1.4％,膳食纤维含量3.2％,富含钙、钾、钠、维生素C、胡萝卜素、叶酸、果胶、无机盐、多种氨基酸。

产量表现:单根重180～200 g,亩产达4 000～4 500 kg。

栽培技术要点:

1. 适应范围　内蒙古、河北坝上地区露地种植。

2. 栽培方法　覆盖地膜时,建议种植季节为5月上旬至5月中旬,露地种植时建议种植季节为5月下旬至6月上旬,请根据当地当年气候,合理安排播期,避免低温抽薹等风险。播种后注意保湿,5～6叶期不宜太控水,地下根长到5～6 cm,每亩留苗35 000株左右。

3. 水肥管理　追肥要少量多次,增施磷钾肥。整个生长季水肥充足营养均衡,防止单一施用氮肥,对连年出现空心的地块,亩施硼酸或硼砂0.5～1 kg,并在直根膨大期用0.2％～0.5％的硼酸或硼砂溶液喷施叶面,每3～4天喷1次,共喷3～4次。严禁后期施尿素,萝卜膨大期后如果施尿素,萝卜既不耐贮运,易变烂,味道也会变苦。

4. 收获　成熟后适时收获,以免裂根。

(八)甘蓝

甘蓝(*Brassica oleracea* L.)为十字花科芸薹属的一年生或两年生草本植物,二年生草本,被粉霜。矮且粗壮,一年生茎肉质,不分枝,绿色或灰绿色。基生叶质厚,层层包裹成球状体,扁球形,乳白色或淡绿色。二年生茎有分枝,具茎生叶。基生叶顶端圆形,基部骤窄成极短有宽翅的叶柄,边缘有波状不显明锯齿。上部茎生叶卵形或长圆状卵形,基部抱茎。最上部叶长圆形,长约4.5 cm,宽约1 cm,抱茎。总状花序顶生及腋生。花淡黄色,直径2～2.5 cm。花梗长7～15 mm。萼片直立,线状长圆形。花瓣宽椭圆状倒卵形或近圆形,顶端微缺,基部骤变窄成爪,爪长5～7 mm。长角果圆柱形,两侧稍压扁,中脉突出,喙圆锥形。果梗粗,直立开展。种子球形,棕色。花期4月,果期5月。各地栽培,作蔬菜及饲料用。叶的浓汁用于治疗胃及十二指肠溃疡。是中国重要蔬菜之一。

中甘 21

选育过程:"中甘 21"(*Brassica oleracea*)是由北京中蔬种业科技有限公司用雄性不育系配制的早熟春甘蓝一代杂种。

特征特性:整齐度高,球色绿,叶质脆嫩,品质优良,圆球形,球形美观,不易裂球,冬性强,抗干烧心病,从定植到收获 50～55 天。

品质指标:蛋白质含量 2%,碳水化合物含量 3.6%,膳食纤维含量 2.5%及钙、磷、铁、维生素、硫胺素、核黄素、叶酸、抗坏血酸等成分。

产量表现:单球重 1.0～1.5 kg,亩产可达 3 000～3 800 kg。

栽培技术要点:

1.适应范围　适宜我国北方春季露地种植,冷凉地区夏季栽培。

2.栽培方法　从定植到收获 50～55 天。一般 4～5 月播种,6 月定植,7～8 月收获。定植时幼苗以 6～7 片叶为宜,定植后注意蹲苗,控制幼苗前期生长过旺而发生未熟抽薹。开始包心时注意追肥浇水,3～4 水后即可收获上市。每亩约 4 500 株,每亩用种量约 50 g。

3.水肥管理　追肥要少量多次,增施磷钾肥。整个生长季水肥充足营养均衡。

4.收获　成熟后适时收获,以免裂球。

中甘 828

选育过程:"中甘 828"(*Brassica oleracea*)是由中蔬种业科技(北京)有限公司选育而成的。

特征特性:用雄性不育系配制的早熟春甘蓝一代杂交品种,整齐度高,杂交率 100%,叶球绿,叶质脆嫩,圆球形,耐裂性强,耐先期抽薹,抗枯萎病。定植到收获 58 天左右,主要适合我国北方露地栽培。

品质指标:蛋白质含量 2%,碳水化合物含量 3.6%,膳食纤维含量 2.5%及钙、磷、铁、维生素、硫胺素、核黄素、叶酸、抗坏血酸等成分。

产量表现:单球重 1 kg 左右,亩产量 3 600 kg 左右。

栽培技术要点:

1.适应范围　适宜我国北方春季露地种植,冷凉地区夏季栽培。

2.栽培方法　从定植到收获 50～55 天。一般 4～5 月播种,6 月定植,7～8 月收获。定植时幼苗以 6～7 片叶为宜,定植后注意蹲苗,控制幼苗前期生长过旺而发生未熟抽薹。开始包心时注意追肥浇水,3～4 水后即可收获上市。每亩约 4 500 株,每亩用种量约 50 g。

3.水肥管理　追肥要少量多次,增施磷钾肥。整个生长季水肥充足营养均衡。

4.收获　成熟后适时收获,以免裂球。

(九)芹菜

芹菜(*Apium graveolens*),别名芹、旱芹、蒲芹、药芹菜、野芫荽,为伞形科,属一、二年生草本植物。芹菜分为水芹、旱芹两种,功能相近,药用以旱芹为佳。芹菜为浅根性根系,主要分布在 10～20 cm 土层,横向分布 30 cm 左右,所以吸收面积小,耐旱、耐涝能力较弱。但主根可深入土中并贮藏养分而变肥大,主根被切断后可发生许多侧根,所以适宜于育苗栽培。营养生长期茎短缩,叶着生于短缩茎上,为 1～2 回羽状全裂,小复叶 2～3 对,小叶卵圆形分裂边缘缺齿状。总叶柄长而肥大,为主要食用部分,长 30～100 cm,有维管束构成的纵棱,各维管束之间充满薄壁细胞,维管束韧皮部外侧是厚壁组织。在叶柄表皮下有发达的厚角组织。优良的品种维管束厚壁组织及厚角组织不发达,纤维少,品质好。在维管束附近的薄壁细胞中分布油腺,分泌具有特殊香气的挥发油。茎的横切面呈近圆形、半圆形或扁形。叶柄横切面直径:中国芹菜为 1～2 cm,西芹为 3～4 cm。叶柄内侧有腹沟,柄髓腔大小依品种而异。叶柄有深绿色、黄绿色和白色等。深绿色的难于软化,黄绿色的较易软化。在高温干旱和氮素不足的情况下,厚角组织和维管束发达,品质下降。在不良的栽培条件下,常致薄壁细胞破裂,叶柄空心,不充实,影响品质。秋播的芹菜春季抽薹开花,伞形花序,花小、白色,花冠有 5 个离瓣,虫媒花,通常为异花授粉,也能自花授粉。果实为双悬果,圆球形,结种子 1～2 粒,成熟时沿中缝开裂,种子褐色,细小,千粒重 0.4 g。

新四季西芹

选育过程:"新四季西芹"(*Apium graveolens*)是由天津市蔬菜研究所选育而成的。

特征特性:定植后 80 天收获,叶色翠绿,叶柄宽厚心实,纤维少,品质脆嫩,耐寒耐热,不易抽薹,抗病性强。

品质指标:蛋白质含量 2.2%,脂肪含量 0.3%,碳水化合物含量 1.9%,粗纤维含量 0.6%及胡萝卜素、维生素 B_1、维生素 B_2、叶酸、维生素 C、钙、磷、铁、钾等,此外还含有挥发油、佛手柑内酯、有机酸等物质。

产量表现:单株重 1 kg 左右,亩产 7 000 kg 以上。

栽培技术要点:

1. 适应范围　适用于我国北方露地或保护地春秋栽培。

2. 栽培方法　北方露地栽培于 3 月上中旬播种育苗,5 月上中旬定植,8 月收获,一般株行距 23～26 cm,每亩栽 1 万～1.2 万株。亩用种量约 50 g。

3. 水肥管理　追肥要少量多次,增施磷钾肥。整个生长季水肥充足营养均衡。

4. 收获　成熟后适时收获。

文图拉西芹

选育过程:"文图拉西芹"(*Apium graveolens*)是由中国农业科学院蔬菜花卉研究所(中蔬)选育而成的。

特征特性:国外引进新品种,植株生长旺盛,株高 80 cm 左右,叶柄浅绿色、肥厚,表面光滑,质地致密脆嫩,腹沟浅、宽平、纤维极少,单株重 1 kg 左右。在适宜的栽培条件下,从定植到商品成熟约 80 天,抗枯萎病和缺硼病。

品质指标:蛋白质含量 2.2%,脂肪含量 0.3%,碳水化合物含量 1.9%,粗纤维含量 0.6%及胡萝卜素、维生素 B_1、维生素 B_2、叶酸、维生素 C、钙、磷、铁、钾等,此外还含有挥发油、芹菜苷、佛手柑内酯、有机酸等物质。

产量表现:单株重 1 kg 左右,亩产 7 800 kg 以上,水肥条件和管理水平高的地区可达 10 000 kg。

栽培技术要点:

1. 适应范围 适宜我国北方露地或保护地春秋栽培。

2. 栽培方法 北方露地栽培于 3 月上中旬播种育苗,5 月上中旬定植,8 月收获,一般株行距 23～26 cm,每亩栽 1 万～1.2 万株。亩用种量约 50 g。

3. 水肥管理 追肥要少量多次,增施磷钾肥。整个生长季水肥充足营养均衡。

4. 收获 成熟后适时收获。

(十)大白菜

白菜(*Brassica campestris* L.),十字花科芸薹属,二年生草本,高 40～60 cm,白菜全株无毛,有时叶下面中脉上有少数刺毛。基生叶多数,大形,倒卵状长圆形至宽倒卵形,长 30～60 cm,宽不及长的一半,顶端圆钝,边缘皱缩,波状,有时具不明显牙齿,中脉白色,很宽。叶柄白色,扁平,长 5～9 cm,宽 2～8 cm,边缘有具缺刻的宽薄翅。上部茎生叶长圆状卵形、长圆披针形至长披针形,长 2.5～7 cm,顶端圆钝至短急尖,全缘或有裂齿,有柄或抱茎,有粉霜。花鲜黄色,直径 1.2～1.5 cm。花梗长 4～6 mm。萼片长圆形或卵状披针形,长 4～5 mm,直立,淡绿色至黄色。花瓣倒卵形,长 7～8 mm,基部渐窄成爪。长角果较粗短,长 3～6 cm,宽约 3 mm,两侧压扁,直立,喙长 4～10 mm,宽约 1 mm,顶端圆。果梗开展或上升,长 2.5～3 cm,较粗。种子球形,直径 1～1.5 mm,棕色。花期 5 月,果期 6 月。

白菜原产于中国北方,是中国的传统蔬菜。白菜最早称作菘,但是菘菜并不完全是白菜,现代的白菜一般分为大白菜和小白菜,北方人一般把大白菜叫作"白菜",小白菜则称作"油菜"。

北京新三号

选育过程:"北京新三号"(*brassica pekinensis*)是由北京东升鸿均种苗园艺所选育而成的。

特征特性:该白菜杂交种是最新育成的一代杂种,生育期 80～85 天。植株半直立,生长势较旺,整齐一致,株高 50 cm,开展度 75 cm,外叶深绿,叶面皱,叶球中桩叠抱,紧实。口感佳,品质优,耐贮运。抗病毒病和霜霉病。

品质指标:蛋白质含量 1.5%、脂肪含量 0.1%、碳水化合物含量 3.2%、膳食纤维含量 0.8%及叶酸、维生素 A、胡萝卜素、硫胺素、核黄素、烟酸、维生素 C、维生素 E、钙、磷、钠、镁、铁、锌等微量元素。

产量表现:单株在 4～5 kg,亩产可达 7 500～9 000 kg。

栽培技术要点:

1. 适应范围 该品种适应性广,适宜北京、河北、天津、辽宁、内蒙古、山东、河南等地种植,北京和华北地区立秋前后播种。

2. 栽培方法 选择排灌水条件好的中性土壤种植,北方露地栽培按行株距 60 cm×

46 cm,亩种植 2 400 株左右。

3. 水肥管理　追肥要少量多次,增施磷钾肥。整个生长季水肥充足营养均衡。

4. 收获　成熟后适时收获。

秋绿 78

选育过程:"秋绿 78"(*brassica pekinensis*)是由天津科润研究所选育而成的。

特征特性:青麻叶大白菜一代杂交种,生育期 75～80 天。为高桩直筒青麻叶类型,株高 56 cm,球高 52 cm,开展度 64 cm,株型直立紧凑,外叶少,叶色深绿,中肋平直浅绿,球顶花心,叶纹适中。适应性广,结球性强。抗霜霉病、软腐病和病毒病。

品质指标:蛋白质含量 1.5%、脂肪含量 0.1%、碳水化合物含量 3.2%、膳食纤维含量 0.8%及叶酸、维生素 A、胡萝卜素、硫胺素、核黄素、烟酸、维生素 C、维生素 E、钙、磷、钠、镁、铁、锌等微量元素。

产量表现:单株净重 3.5～4.0 kg,亩产可达 12 000 kg。

栽培技术要点:

1. 适应范围　该品种适应性广,适宜北京、河北、天津、辽宁、内蒙古、山东、河南等地种植,北京和华北地区立秋前后播种。

2. 栽培方法　选择排灌水条件好的中性土壤种植,一般以当地日平均温度 25℃为适宜播种期,并参考当地同类型品种进行管理。北方露地栽培按行株距 60 cm×46 cm,亩种植 2 400 株左右。

3. 水肥管理　追肥要少量多次,增施磷钾肥。整个生长季水肥充足营养均衡。

4. 收获　成熟后适时收获。